Mitarbeitergespräche führen

Martina Boden

Mitarbeitergespräche führen

situativ, typgerecht und lösungsorientiert

 Springer Gabler

Martina Boden
Winsen (Aller)
Deutschland

ISBN 978-3-658-02362-1   ISBN 978-3-658-02363-8 (eBook)
DOI 10.1007/978-3-658-02363-8

Die Deutsche Nationalbibliothek verzeichnet diese Publikation in der Deutschen Nationalbibliografie; detaillierte bibliografische Daten sind im Internet über http://dnb.d-nb.de abrufbar.

Springer Gabler
© Springer Fachmedien Wiesbaden 2013

Lektorat: Juliane Wagner, Eva-Maria Fürst

Gedruckt auf säurefreiem und chlorfrei gebleichtem Papier

Springer Gabler ist eine Marke von Springer DE. Springer DE ist Teil der Fachverlagsgruppe Springer Science+Business Media

www.springer-gabler.de

Vorwort

Einstein soll einmal gesagt haben: Es ist Wahnsinn, immer in der gleichen Weise zu verfahren und dabei auf neue Ergebnisse zu hoffen. Genau das ist auch in Sachen Führung und Gesprächsführung richtig. Versuch und Irrtum. Der Hauptgedanke lautet: Immer wieder neu versuchen!

Wenn Sie einmal vor die Wand gerannt sind und sich eine dicke Beule geholt haben, suchen Sie beim nächsten Mal nach der Tür. Bei Menschen rennen wir gerne immer wieder vor die gleiche Wand – ohne nach der Tür zu suchen…

Dieses Buch enthält Erklärungen und Modelle, die helfen, die Mechanismen dieser Türen zu verstehen. Es bietet Ideen, Leitfäden und Beispiele für konkrete Gesprächssituationen im Führungsalltag. Sie werden bei vielen Beispielen sagen: „Ja, aber das geht in dieser oder jener Situation doch gar nicht!" Stimmt! Das ist dann eine neue Situation, für die Sie neu überlegen.

Der Mensch will verstehen, und die Realität ist oft so komplex, dass das schwer fällt. Darum bauen wir Modelle, versuchen die Komplexität zu sortieren. Jedes Modell ist eine mehr oder weniger angemessene Reduktion der Komplexität. Genau das mache ich, wenn ich von plakativen Vergleichen, Modellen und Typologien spreche. Es geht darum, eine Idee/Hypothese zu haben, um mein eigenes Verhalten daran ausrichten zu können. Wenn das dann nicht zum gewünschten Erfolg führt, muss eine neue Hypothese her.

Eine Grundannahme dahinter: Menschen sind bewusst wahrnehmende Wesen. Sie „erfinden" Wirklichkeit, sie entdecken sie nicht objektiv. Das menschliche Nervensystem ist operational und funktional geschlossen. Es unterscheidet nicht zwischen internen und externen Auslösern. Es kennt und unterscheidet nicht zwischen Wahrnehmung und Illusion. Das heißt, wir machen keinen Unterschied zwischen inneren und äußeren Reizen. Unser Zugang zur Welt ist indirekt – über unsere Wahrnehmung – und darum konstruieren wir unsere Wirklichkeit, so wie es für uns einen Sinn ergibt. Jeder seine eigene.

Dazu gehört auch das Phänomen der Autopoiesis (griechisch: „Selbst" und „Machen"). Dieses Konzept aus der Neurobiologie und Kognitionswissenschaft (interdisziplinäre Erforschung von geistigen Prozessen, Maturana/Varela) erklärt, dass Organismen ihre Grenze zur Außenwelt und innere Komponenten selbst produzieren. Das kann am Beispiel der Körperzelle erklärt werden:

Menschen (wie die Körperzelle) nehmen Dinge aus der Umwelt auf, jedoch nur, was sie brauchen und was zu ihrer Struktur passt. So nehmen auch Kommunikationssysteme nur das wahr, was zu ihren „Themen" passt, was an den Sinn der bisherigen Kommunikation „anschlussfähig" ist. Einflüsse aus der Umwelt, die für das System keine Bedeutung haben, werden ignoriert (Umweltrauschen). Das jeweilige System = die Person selbst, bestimmt, was sinnvoll ist. Und genau das macht Kommunikation so schwierig.

Ich freue mich, wenn meine Modelle, Erklärungen und Geschichten Ihnen helfen, Ihre ganz persönliche Konstruktion von der Wirklichkeit zu hinterfragen und Impulse für Veränderungen zu entwickeln.

Hinweis: Aus Gründen der Lesbarkeit habe ich darauf verzichtet, durchgängig beide Geschlechter zur nennen, wenn es um die Vorgesetzte und den Vorgesetzten, den Gesprächspartner und die Gesprächspartnerin, Chefinnen und Chefs, Mitarbeiter und Mitarbeiterinnen, Arbeitnehmerinnen und Arbeitnehmer geht. Ob Einzahl oder Plural, es sind immer beide Geschlechter gemeint.

Literatur und Quellen: Am Ende des Buches finden Sie eine Auswahl interessanter Literatur. Im Text und in den Fußnoten sind mir bekannte Quellen genannt. Trainer lesen wissenschaftliche Bücher, tauschen sich aus, gucken voneinander ab und entwickeln aus eigenem Erleben neues Material. Coachees und Seminarteilnehmer wollen selten wissen, wer etwas erfunden hat. Diese wollen wissen, was sie wie für sich nutzen können. Im Laufe meiner über zehn Jahre als Trainerin und Coach habe ich mir vieles von dem, was Sie hier lesen, angeeignet, erarbeitet, für meine Zwecke adaptiert, neu geschöpft. Da stellte sich ein ums andere Mal die Frage: Woher kommt das eigentlich? War das mein eigener Gedanke? Ich habe diese Frage so weit ich konnte recherchiert und Quellen angegeben, wenn ich die Urheber identifizieren konnte.

Autorin:
Martina Boden

Inhaltsverzeichnis

Abkürzungen und Vokabeln

AHA:	Atmen, Hinhören, Antworten
Casual Friday:	Lässiger Freitag, Abrücken von strenger Kleiderordnung bei der sonst üblichen Geschäftskleidung; beispielsweise Hemd ohne Krawatte, Rollkragen und Freizeitjackett.
Coachee:	Person, die ein Coaching in Anspruch nimmt
Director's Cut:	Spezieller Filmschnitt durch den Regisseur
Economies auf Scale:	betriebswirtschaftliche Produktionstheorie, Einsparungen durch Größenvorteile (Skaleneffekte)
ERP:	Enterprise Resource Management
Funzelig:	trübes Licht verbreitend
Go-live:	Echtbetrieb, Regelbetrieb aufnehmen
Headcount:	Angestelltenzahl/Anzahl der Mitarbeiter
Ishikawa:	Ursache-Wirkungsdiagramm (Methode aus der Prozessoptimierung)
Jour-fixe:	„fester Tag" bezeichnet regelmäßige Treffen in einem festen Rhythmus
KPI:	Key Performance Indicators (Schlüsselzahlen für die Leistungserbringung)
Lead:	Vorspann einer Zeitungsmeldung
Leading:	Führen, Ton angeben
NLP:	Neurolinguistische Programmierung
Pacing:	Schritte angleichen, mitgehen (pace = engl. Tempo, Schritt, Gangart, Geschwindigkeit)
Peergroup:	Gruppen von Gleichartigen oder Ebenbürtigen, z. B. gleicher Hierarchieebene, Funktion, Fachkollegen
PGI:	Planned General Inspections (Methode aus der Prozessoptimierung)
Poka Yoke:	Wenig Schnitzer (Methode aus der Prozessoptimierung)
QCD:	Quality, Cost, Delivery (Qualität, Kosten, Termineinhaltung)
Reframing:	umdeuten, neu ausrichten, in einen neuen Rahmen setzen

Roll-out:	Auslieferung (z. B. Installation eines neu entwickelten EDV-Programms)
Stehrümchen:	Dinge, die herumstehen
SWIP:	Single Week Improvement Plan (Methode aus der Prozessoptimierung)
SWOT:	Strengths, Weaknesses, Options, Threats – Stärken, Schwächen, Chancen, Risiken
TPM:	Total Production Maintenance
TQM:	Total Quality Management
Tschakka:	eingedeutsche Version, Ausruf und Buchtitel des niederländischen Motivationstrainers Emile Ratelband
Würmli:	Bezeichnung von Maja Storch für den Fluchtinstinkt, Fachbegriff: somatische Marker
WWW:	Wahrnehmung, Wirkung, Wünschen

Zeitgemäß führen

Aufgaben des Personalmanagements		
Personaldienstleistung im Unternehmen	Begleitung von Führung und Zusammenarbeit	Personal- und Organisationsentwicklung
Personal(bedarfs)planung Personalmarketing Personalbeschaffung Einführung neuer Mitarbeiter Personaleinsatz und Personalsteuerung Arbeitsbedingungen gestalten: Arbeitsplatz, Arbeitsorganisation, -zeit und -ort, Arbeitssicherheit Lohn- und Gehaltsfindung (Vergütungssysteme) Personalabrechnung und -verwaltung Unterstützung und Beratung der Mitarbeiter	Führungsmodelle und -kultur Unternehmensphilosophie, Betriebsklima Führungsinstrumente: Mitarbeitergespräch, Zielvereinbarung, Beurteilungen, Mitarbeiterbefragungen Diversity Management: Führung unterschiedlicher Mitarbeitergruppen, interkulturelle Zusammenarbeit Information der Mitarbeiter (Kommunikation)	Berufsausbildung Personalentwicklung Weiterbildung und Qualifikation Potenzialeinschätzung Coaching E-Learning Verhaltenstraining Teamentwicklung Führungsnachwuchsentwicklung Führungskräfteentwicklung
Personalbestandsanpassung (Freisetzung von Personal) Personalkosten/Personalcontrolling Kooperation mit der Arbeitnehmervertretung	Motivation Projektmanagement Gruppen- und Teamarbeit	Veränderungsprozesse begleiten

Führungskräfte stehen heute vor einer Vielzahl von Aufgaben. Sie setzen die Ziele des Unternehmens um, und sie haben ein Auge auf die Potenziale der Mitarbeiter, um an Entwicklungs- und Nachfolgeplanung mitzuwirken. Sie sind erste Ansprechpartner, wenn es um die Bindung der Mitarbeiter geht. Sie sollen Diversity Management und das Gleichbehandlungsgesetz im Blick haben, erforderliche Reaktionen auf den demographischen Wandel für ihre Mitarbeiter und das Unternehmen gestalten, die Veränderungen durch Digitalisierung, Virtualisierung und Automatisierung auffangen und steuern. Sie sollen Menschen einzeln und in Teams führen. Sie sind gefordert, wenn es darum geht, mit Mit-

M. Boden, *Mitarbeitergespräche führen*,
DOI 10.1007/978-3-658-02363-8_1, © Springer Fachmedien Wiesbaden 2013

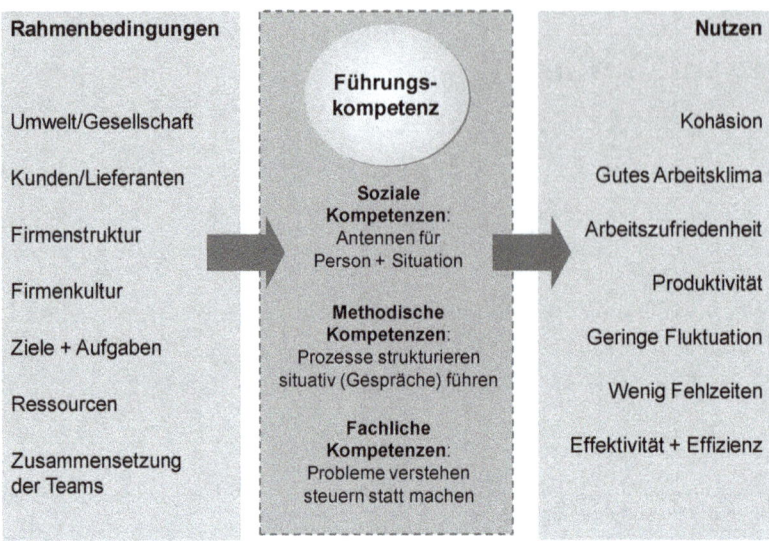

Abb. 1 Nutzen kompetenter Gesprächsführung

arbeiterinnen und Mitarbeitern zu arbeiten, die unterschiedlichen Generationen und Kulturen angehören und an unterschiedlichen Stellen im Lebenszyklus stehen.

Kurz gesagt: Ohne Führungskräfte kein Personalmanagement.

Komplexe Aufgaben und Arbeitsverdichtung nehmen zu, die Frequenz der Wellen des Wandels wird kürzer, Motivation und Feedback werden immer wichtiger, dezentrale Führung, Mitarbeiter an verteilten Standorten, kulturübergreifende Unternehmensführung, Muttergesellschaften im Ausland – all dies hebt die Messlatte für die Kommunikationsfähigkeiten von Führungskräften (s. Abb. 1).

Lesen Sie die Bedienungsanleitung?!

Für Maschinen gibt es Bedienungsvorschriften und Wartungsintervalle, für den Schutz und Erhalt der Umwelt haben wir Richtlinien und Grenzwerte, bei den Kunden greifen Marketing und Customer Relationship Management. Welche Orientierung haben wir beim Führen? Wer hat sich da nicht schon mal eine Bedienungsanleitung für Menschen gewünscht? Und zwar eine, die möglichst nicht aus dem Koreanischen übersetzt wurde! Ja, da gibt es die Unternehmensphilosophie und Leitbilder. Und dann gibt es das, was von oben nach unten vorgelebt wird. Und natürlich gibt es den Bereich Human Resources und die Personalentwicklung, die den Führungskräften in Sachen Personalführung zur Seite stehen.

Und im entscheidenden Moment kommt es dann doch wieder darauf an, wie gut eine Führungskraft ihr Werkzeug beherrscht: Hat sie ihre Wahrnehmungsantennen ausgefahren? Kann sie ihre Wünsche und Ziele klar in Worte fassen? Kann sie ihre Emotionen kontrollieren? Hat sie ein Händchen für die passende Ansprache? Trifft sie die „richtigen" Worte, kommen ihre Botschaften an?

Vor Inbetriebnahme: Rolle, Aufgaben und Kompetenzen kennen

Unternehmen und Mitarbeiter setzen unterschiedliche Prioritäten: Während der einzelne Mitarbeiter nach Freiraum und Selbstverwirklichung strebt, können sich Unternehmerinnen und Unternehmer nicht darauf verlassen, dass alle das Richtige tun. Sie brauchen Sicherheit – Kontrolle.

Arbeitsprozesse im Kontext eines Unternehmens enden im Chaos, wenn sie den Gestaltungsideen und -vorstellungen jedes einzelnen Mitarbeiters überlassen bleiben. Damit alle auf ein Ziel zuarbeiten können, sind Vorgaben durch die Führung erforderlich. Kostenkontrolle und Zusagen gegenüber Dritten sind weitere Punkte, die eine Koordination der Individuen, also Führung erforderlich machen.

Führen bedeutet „smart" planen
- **S**pezifisch:
  Ziel konkret beschreiben
- **M**essbar:
  Erfolg definieren. Woran messen wir, ob wir unsere Ziele erreicht haben?
- **A**ktionsorientiert:
  Aufgaben und Arbeitspakete definieren.
- **R**ealistisch:
  Standort definieren, checken: Passen die Ziele zu den Fähigkeiten und Kapazitäten?
- **T**erminiert:
  Zeitrahmen für die Umsetzung festlegen, Zeitpunkt fixieren, an dem das Ergebnis erreicht sein wird und bewertet werden kann.

Wer andere führen will, muss selbst wissen, wo er steht. Er sollte auch wissen: Wo will ich hin? Wie sieht mein roter Faden aus? Eine weitere Anforderung an Führungskräfte: Sie sollten sich selbst führen können. Auch wenn ein Vorgesetzter gegenüber Mitarbeitern immer das Weisungsrecht auf seiner Seite hat, ist wenig ratsam, sich allein auf den längeren Hebel zu verlassen. Anders gesagt, Führungskräfte sollten Vorbildfunktion übernehmen und vorleben, was sie predigen.

Beim Wechsel von der Rolle des Mitarbeiters/der Mitarbeiterin zur Führungskraft verändert sich der Verantwortungsbereich. Während Mitarbeiter die Verantwortung für die Durchführung und (Mit)Gestaltung von Aufgaben tragen, sind die Führungskräfte – in

Abb. 2 Verantwortungsebenen

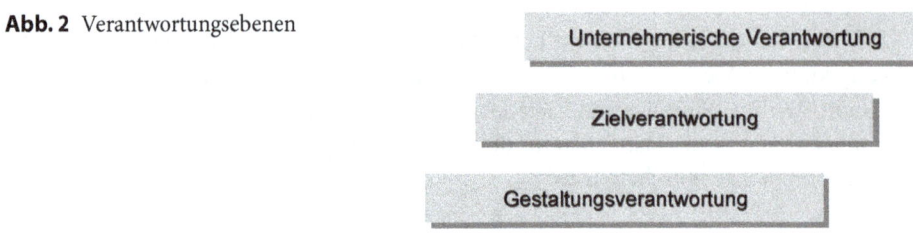

unterschiedlichem Ausmaß je nach Führungsebene – für die Gestaltung der Prozesse und Aufgaben sowie für die Ziele und für das Unternehmen verantwortlich.

Verantwortlich für die Ziele sein bedeutet in diesem Zusammenhang auch, sie zu verstehen und an die Mitarbeiter weiter zu vermitteln. Im Klartext heißt das: Wenn Sie selbst denn Sinn eines Unternehmensziels nicht verstehen oder nicht mittragen, dann können Sie dieses Ziel auch keinem Mitarbeiter „verkaufen" (s. Abb. 2).

Führungsaufgaben zu übernehmen kann zunächst zusätzliche fachliche Verantwortung bedeuten, beinhaltet in aller Regel jedoch auch die disziplinarische Verantwortung für Mitarbeiter. Mit wachsender Führungsverantwortung steigen Risiko und Komplexität der Aufgaben. Führungskräfte brauchen darum neben einer fachlichen Basis vor allem Kommunikations- und Steuerungsfähigkeit.

Die Begriffe Manager/in und Führungskraft werden häufig synonym gebraucht. Eine Unterscheidung zwischen „managen" im Sinne von effizient und effektiv steuern und verwalten und „führen" im Sinne von Ziele gestalten und stetig neu definieren ist dabei müßig – egal wie die Bezeichnung lautet, Unternehmen brauchen Menschen, die beides können.

Wollen Sie als Führungskraft Verantwortung übernehmen, dann brauchen Sie „Macht" und „Autorität". Die „Macht", d. h. Handlungsbefugnis, ergibt sich aus der Struktur der Organisation. Sie spiegelt sich in Statuten, Rollen- und Stellenbeschreibungen, in Regeln, Prozessen und Verfahrensweisen. Um sie auszuüben, benötigen Führungskräfte die Mittel, Anreize zu geben (Vergütungen, Prämien), und sie benötigen „Konsequenzen", d. h. Warnsignale und Sanktionen. Die Ziele des Unternehmens definieren den Handlungsrahmen.

Autorität (lateinisch: auctoritas, selbst sein), erwächst aus einer Reihe von Faktoren, darunter Fachwissen, kommunikative Kompetenzen, Interesse an und Verständnis für Menschen, sowie aus der Fähigkeit, Mitarbeiter zu unterstützen, auszubilden und zu entwickeln. Der vielleicht wichtigste Aspekt ist es, Mitarbeiter als autonome Persönlichkeiten zu respektieren und an den Prozessen zu beteiligen.

Schon die auf den ersten Blick erkennbaren Dinge sorgen dafür, dass wir einen Menschen als souverän wahrnehmen. So attestieren wir Menschen Ausstrahlung, wenn sie die nach Situation und Kultur üblichen Konventionen und damit die Erwartungen ihrer Gesprächs-

Abb. 3 Faktoren für Autorität
und Souveränität

Äußere Faktoren	Innere Faktoren
- Kleidung	- Kenntnisse
- Aussehen, Frisur	- Fähigkeiten
- „Pflegezustand"	- Vorbereitung
- Körperhaltung	- Reflektierte Erfahrung
- Stimme	- Selbst-Bewusstsein
- Geruch	- Position
- Blickkontakt	- Motivation
- Distanzverhalten	- Interesse an anderen
- Äußerungen	

Autorität ausstrahlen – souverän auftreten

Um herauszufinden, was eine selbstbewusste Ausstrahlung, einen souveränen Auftritt ausmacht, beobachten Sie zunächst einmal Menschen, die in Ihren Augen genau das haben. Sie werden feststellen, dass es eine Reihe von äußeren Faktoren gibt: beobachtbares, auf den ersten Blick erkennbares Verhalten. Und weiter werden Sie feststellen, dass eine Reihe von inneren Faktoren hinzukommen, die sich in der Haltung ausdrücken. Diese Haltung wird in der Interaktion mit Menschen erkennbar (Abb. 3).

partner erfüllen. Das heißt, sie kleiden sich beispielsweise dem Anlass und der Rolle entsprechend. Darüber hinaus spielen so scheinbar banale Dinge eine Rolle wie eine „ordentliche" Frisur und ein angenehmer, das heißt möglichst kein intensiver Geruch (also weder zu viel Parfum, noch zu wenig Seife). Eine klare, angenehme Stimme unterstützt ebenso wie eine gute Körperspannung und ein offener Blickkontakt mit dem Gesprächspartner. In Sachen Distanzverhalten werden wir einem Menschen (im nordeuropäischen Kulturraum) dann eine souveräne Ausstrahlung attestieren, wenn er uns im bilateralen Gespräch weder zu nah auf die Pelle rückt, noch ungewöhnlich viel Raum lässt (üblich ist etwa eine Armlänge).

An dem, was Menschen sagen und tun, wird ihre Haltung erkennbar. Wir nehmen Menschen als souverän wahr, die sich ihrer Kenntnisse und Fähigkeiten bewusst sind, die sich auf eine Situation vorbereitet haben, die eine positive Einstellung zur eigenen Position an den Tag legen und die sichtbar Motivation, d. h. Freude an dem zeigen, was sie tun. Selbstbewusstsein durch reflektierte Erfahrung bedeutet, dass sie zu dem stehen, was sie können und auch zu dem, was sie nicht können – und damit zufrieden sind. Und die wahrscheinlich wichtigste Grundhaltung für eine souveräne Ausstrahlung ist: Interesse an Menschen. All das spiegelt sich beispielsweise, wenn wir einen Raum betreten. Mit welchem Tempo betritt jemand einen Raum, setzt die Person die Füße fest auf, schlägt sofort eine klare Richtung ein? Geht jemand in die Mitte des Raumes und hält dort Ausschau nach einem freien Platz oder macht er/sie das im Türrahmen?

Autorität haben heißt auch „überzeugt sein" von sich selbst – warum sollten andere an Sie glauben, wenn Sie selbst nicht an sich glauben?!

Souveränität stärken – persönliche Erfolgsfaktoren bewusst machen
Schreiben Sie auf: 25 Gründe, warum Sie „gut" sind!
- Warum kann Ihr Unternehmen gar nicht anders, als mit Ihnen als Führungskraft arbeiten zu wollen?
- Warum arbeitet Ihr Chef gerne mit Ihnen zusammen und fördert Sie?
- Was schätzen Ihre Kollegen und Mitarbeiter an Ihnen?
- Was schätzen Kunden und Lieferanten?
- Welche Kenntnisse und Erfahrungen bringen Sie ein?
- Welchen Nutzen bringen Sie Ihren Mitarbeitern/Vorgesetzten/Kollegen/Kunden?
- Zu welchen Ergebnissen haben Sie in Erfüllung Ihrer Aufgaben schon beigetragen?

Erarbeiten Sie Ihre persönlichen Erfolgsfaktoren:
Wählen Sie aus den 25 Gründen die fünf Punkte aus, die für Ihre Führungsaufgabe am wichtigsten sind. Schreiben Sie kleine Erfolgsgeschichten dazu.

Fragestellungen für diese Geschichten:
1. Was war das Problem/die Schwierigkeit, für die ich eine meiner Stärken eingesetzt habe?
2. Was habe ich getan, um die Sache anzugehen, das Problem zu lösen (Handlungen/Arbeitsschritte)?
3. Welchen Nutzen hatte ich davon?
4. Welchen Nutzen hatten andere davon?

Noch ein Hinweis zum Stichwort „Autorität": Wir glauben erst einmal das, was dran steht. Ob also eine Führungskraft von außen in mein Unternehmen kommt oder ich in einer Tennishalle einen Tennislehrer buche: Ich werde der Person zunächst mit der zur angekündigten Position passenden Haltung begegnen: Dem Tennislehrer wie der Führungskraft erlaube ich, die Führungsposition einzunehmen und mir Anweisungen zu erteilen.

Wenn Sie aus dem Team heraus zur Führungskraft aufsteigen, ist das häufig anders. Sie haben bisher eine andere „Aufschrift". Da stand bislang „Kollege" dran. Zu akzeptieren, dass mit dem neuen Label nun auch Weisungsbefugnisse verbunden sind, ist für die anderen Team-Mitglieder weniger einfach. Darum sorgen Sie dafür, dass Ihr/e Vorgesetzte/r Sie offiziell in ihrer neuen Aufgabe vorstellt und einführt – also für alle sichtbar das neue Label anbringt. Nicht umsonst gaben früher Fürsten die Insignien der Macht an ihre Nachfolger weiter. Das ist ein wichtiger, unterstützender erster Schritt, Autorität zu erlangen.

Abb. 4 Vom Fachexperten zur
Führungskraft: Komplexität
steigt

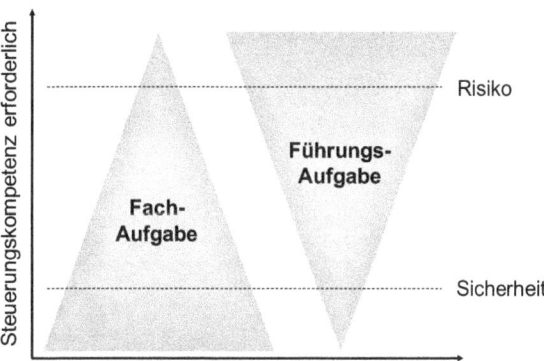

Weitere Schritte folgen. Sorgen Sie dafür, dass Sie selbst wissen, warum Sie auf diesem Posten sind – welche besonderen Qualitäten haben Sie dorthin gebracht? Wie können Sie die informellen Führer der Gruppe an Ihre Seite bringen? Wie können Sie die „alten Hasen" zu Ihren Verbündeten machen? Holen Sie sich im Einzelfall Unterstützung von Ihrem Vorgesetzten.

Führungsaufgaben

Auf dem Weg von der Fachfrau, dem Fachmann zur Führungskraft verschiebt sich der Tätigkeitsschwerpunkt von fachlichen Aufgaben hin zu steuernden Aufgaben. Abbildung 4 zeigt diese Verschiebung.

Eine Führungskraft
- analysiert Situationen und Probleme und organisiert die Lösung;
- sorgt dafür, dass Mitarbeiter sich mit den Zielen des Unternehmens identifizieren können – d. h. dass Mitarbeiter diese Ziele kennen und verstehen;
- formuliert klar Erwartungen und Ziele;
- beteiligt Mitarbeiter angemessen an Informations- und Entscheidungsprozessen;
- trifft Entscheidungen, kontrolliert, gibt Rückmeldung.

Daraus ergeben sich fünf Kernaufgaben der Führung:Informieren – Entscheiden – Delegieren – Kontrollieren – Rückmeldungen geben.

Informieren Welche Informationen benötigt der Mitarbeiter/die Mitarbeiterin, um seine/ihre Aufgabe optimal zu bewältigen? Welche Information soll wann und wie mitgeteilt werden? Was soll die jeweilige Information bewirken? Was löst die Information aus,

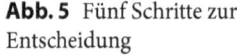

Abb. 5 Fünf Schritte zur
Entscheidung

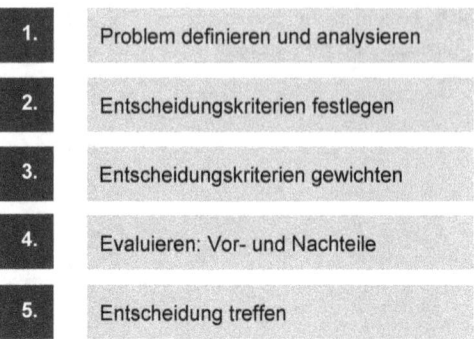

welche Reaktion ist beim Mitarbeiter zu erwarten? Wo können Missverständnisse entstehen? Welche Informationen benötigt die Führungskraft vom Mitarbeiter?

Achtung: Keine Information ist auch eine Information. Sie wissen nicht mehr als die Mitarbeiter und es gibt Gründe dafür, die außerhalb Ihres Einflusses liegen? Sagen Sie das! Sie vermeiden so eine Belastung der Beziehung zu Ihren Mitarbeitern.

Entscheiden Entscheidungen sollten nach Rücksprache mit den Mitarbeitern getroffen werden und deren Sachkenntnis, Fähigkeiten und Vorstellungen einbeziehen (s. Abb. 5).

Definieren und analysieren Sie zunächst das Problem, die Frage, über die es zu entscheiden gilt. Anschließend können Sie Kriterien festlegen, an denen die Entscheidung ausgerichtet werden soll. Was ist für diese Entscheidung relevant?

- Kosten und Zeitaufwand
- Durchführbarkeit/Kapazitäten
- Nutzen
- Risiken
- Abhängigkeiten
- Folgen für Dritte

Im nächsten Schritt werden die Entscheidungskriterien gewichtet – welche Punkte wiegen schwerer als andere? Sie loten die potenziellen Lösungswege aus und prüfen sie auf Plausibilität. Evaluieren Sie die Vorteile und Nachteile der unterschiedlichen Lösungsansätze: Gibt es Widersprüche? Entstehen dadurch neue Schwierigkeiten? Ist das geklärt, können Sie die beste Lösung auswählen.

Rahmenbedingungen für tragfähige Entscheidungen Damit Entscheidungen zum gewünschten Ergebnis führen, d. h. sich als tragfähig erweisen können, sollten diese Kriterien erfüllt sein:

- Treffen Sie Entscheidungen eindeutig, verbindlich und sachlich begründet.
- Informieren Sie Ihre Mitarbeiter über getroffene Entscheidungen.
- Setzen Sie Entscheidungen durch Aufträge an Mitarbeiter in Handeln um.
- Setzen Sie einmal getroffene Entscheidungen auch gegen Widerstände durch.
- Entscheiden Sie im Rahmen Ihres Verantwortungsbereiches (nicht überschreiten!).
- Akzeptieren Sie Widerstände und arbeiten Sie daran, diese abzubauen.
- Bereiten Sie Entscheidungen organisatorisch vor,
    - stimmen Sie sich z. B. mit Vorgesetzten ab,
    - stimmen Sie sich mit anderen Bereichen ab, wenn diese berührt sind.
- Vertreten Sie übergeordnete Entscheidungen gegenüber den Mitarbeitern loyal.
- Beobachten Sie die Auswirkungen Ihrer Entscheidungen.
- Passen Sie Ihre Entscheidungen an, wenn sich die Voraussetzungen ändern.

Delegieren Halten Sie die „5 W" der Delegation ein: Wer macht was bis wann? Warum und wie genau? (Querverweis Delegieren: Freiraum lassen, Kontrolle behalten)

Wer: Mitarbeiter »passend« zur Aufgabe auswählen
- Welche fachlichen Kenntnisse und Erfahrungen sind nötig?
- Welche Anforderungen stellt die Aufgabe an persönliches Verhalten?
- Entspricht die Aufgabe den Zielen und Wünschen des Mitarbeiters?

Was, warum, wie bis wann: Aufgabe und Rahmenbedingungen klar definieren
- Aufgabe klar abgrenzen und Ziele festlegen
- Messlatten und Erfolgskriterien definieren
- Aufgabe in Zwischenschritte gliedern und Zwischenziele definieren
- Zeitplan mit eindeutigen Terminen festlegen (Datum und Uhrzeit)
- Befugnisse des Mitarbeiters festlegen (Budget, Handlungsspielraum für Eigenverantwortung)
- Zwischenberichte planen und Kontrollen vereinbaren
- Abstimmung mit Dritten
- Rahmenbedingungen prüfen, Hilfsmittel festlegen
- Notwendige Informationen zusammenstellen
- Übertragung von Aufgaben mit Mitarbeitern und Team abstimmen

Kontrollieren Kontrollieren bedeutet, den Zustand eines Arbeitsergebnisses zu einem vereinbarten Zeitpunkt mit dem vereinbarten Zielergebnis zu vergleichen.

Wichtig: Unterscheiden Sie zwischen Handeln und Ergebnis des Handelns. Betrachten Sie zunächst das Output und nicht die Strategie.

Der vielleicht wichtigste Aspekt von Kontrolle ist, Leistung erfahrbar zu machen, um sie anzuerkennen und als positive Motivation zu nutzen. Keine falsche Scham und Rücksichtnahme – Kontrollen sichern das Produktionsergebnis und damit langfristig Ihren Job. … Und Sie sichern den Job Ihrer Mitarbeiter.

▶ Führen Sie Kontrollen offen durch. Heimliche Überwachung ist ein deutliches Zeichen Ihres Misstrauens und schürt solches Misstrauen bei den Mitarbeitern. Vorsicht: Wenn Sie Ihren Mitarbeitern zwar offen, aber ständig auf die Finger sehen und unwesentliche Dinge kontrollieren, werden diese verunsichert und neigen zur Unselbständigkeit. Gehen Sie bei Kontrollen sachlich und korrekt vor. Kontrolle ohne sachliche Gründe wird als Willkür ausgelegt. Sie sollten ebenso wenig explizit und vorrangig nach Fehlern „suchen" (fördert Vertuschung), wie aus Bequemlichkeit die Augen zumachen (zieht wahlweise Unsicherheit oder Schlendrian nach sich). Außerdem gilt: Kontrolle ohne Konsequenzen führt zu Gleichgültigkeit. Überlegen Sie sich also vorher, welche Konsequenzen Sie bei Fehlverhalten oder mangelhafter Leistungserbringung ziehen können (siehe auch Konsequenzenmanagement und die Abbildung „Die Verantwortung für das Ziel bleibt bei der Führungskraft").

Wie und wo Sie kontrollieren? Beim Rundgang durch Beobachtung vor Ort, über schriftliche Berichte, Statistiken und maschinelle Messverfahren und im direkten Austausch. Statusmeetings und Arbeitsbesprechungen (Querverweis: Besprechungsmanagement) sind ein solches Kontrollinstrument.

Beurteilen und Rückmeldungen geben Sie haben vorher definiert, was „Erfolg" bedeutet. Die Kriterien für die Beurteilung einer Leistung werden bei Übertragung der Verantwortung gemeinsam vereinbart. Jetzt gilt es zurück zu spiegeln, wie gut die Sache gelaufen ist. Und das gilt nicht nur, wenn das Ergebnis nicht passt. Viele Führungskräfte stehen auf dem Standpunkt, Lob sei unnötig – die vertraglich vereinbarte Vergütung für eine Leistung müsse ausreichen. „Wenn ich nichts sage, war das schon in Ordnung…" Unglücklicherweise – für diese Chefs – funktioniert Beziehungsaufbau und Motivation bei Menschen nun einmal über positive Rückmeldungen. Darum: Loben Sie wo möglich! Besprechen Sie Verlauf und Ergebnis regelmäßig, sachlich und konstruktiv. Es ist nicht gut gelaufen? Warum? Wie kann es beim nächsten Mal besser laufen (Querverweise: Fehlerkultur und Feedbackregeln, Projektfeedback/Manöverkritik/Lessons Learned, Jahresgespräche und Leistungsbeurteilung).

Führungskompetenzen

Erwartungen an eine Führungskraft kommen von den Mitarbeitern und den Vorgesetzten – also von zwei Seiten. Überlegen Sie, was Sie selbst an Ihren Führungskräften schätzen und was nicht. Was erwarten Sie selbst von einer Führungskraft? Meist beziehen sich unsere Erwartungen auf die fachliche und methodische Kompetenz der Führungskraft, vor allem aber auf die soziale Kompetenz!

Fachkompetenz. In welchem Maß eine Führungskraft fachliche Kompetenzen benötigt, hängt von der jeweiligen Position und Hierarchie-Ebene ab. Während beispielsweise

Meister in der Produktion neben Führungsqualitäten noch in hohem Maße ihre handwerklichen Kompetenzen benötigen, steht in anderen Führungsfunktionen die Koordination von Expertenwissen und weniger das detaillierte Expertenwissen selbst im Vordergrund.

Methodische Kompetenzen in Führungsfunktionen können sein: Entscheidungsfindung, Strukturieren, Visualisieren, Präsentieren, Moderieren, Ziele formulieren, Aufgaben priorisieren und organisieren, Prozesse gestalten, …

Soziale Kompetenz bedeutet für Führungskräfte vor allem: zuhören können und Wahrnehmungsantennen ausfahren, d. h. eine gute Beobachtungsgabe haben, Empathiefähigkeit und emotionale Unabhängigkeit.

Ein weiteres Kompetenzfeld ist die **Selbstkompetenz**. Dazu gehören Stressmanagement und Lebensbalance-Management. So brauchen Führungskräfte einen konstruktiven Umgang mit belastenden Faktoren wie Intransparenz, Mehrdeutigkeit und sozialen Spannungen. Und es ist hilfreich, wenn sie in der Lage sind, gesundheitliche Aspekte wie Ernährung, Bewegung und Regeneration zu steuern und das persönliche mentale und körperliche Gleichgewicht immer wieder herzustellen.

Befragt man Mitarbeiter, was sie von einem guten Chef, einer guten Chefin erwarten, so kommen Stichworte wie: Ist ein Vorbild, ist fürsorglich, ist korrekt, vertrauenswürdig und gerecht, ist loyal gegenüber den Mitarbeitern, ist menschlich rücksichtsvoll, interessiert sich für die private Situation der Mitarbeiter, hat Humor, ist ein Kumpeltyp, ist selbstbewusst, hat Mut, hat Ausstrahlung (Autorität), respektiert die Fachkompetenz der Mitarbeiter und vertraut ihnen, lässt sich was sagen, hat einen guten Draht nach „oben", bleibt in schwierigen Situationen ruhig und sachlich, übernimmt Verantwortung, gibt Rückendeckung, ist „spendabel".

Die Fähigkeiten, die eine Führungskraft benötigt, um so wahrgenommen zu werden, werden in der Führungsliteratur vielfach beschrieben.[1] Hier ein paar zentrale Punkte:

- Die Fähigkeit, Menschen so zu nehmen, wie sie sind. „Nehmen se de Minsche wie se sind, andere jibt et nich!" (Konrad Adenauer)
- Die Fähigkeit, an Beziehungen und Probleme gegenwartsbezogen und nicht vergangenheitsbezogen heranzugehen. „Ein Problem lösen heißt, sich vom Problem lösen!" (Goethe)
- Die Bereitschaft, die Menschen um uns herum höflich und aufmerksam zu behandeln – unabhängig von Hierarchien und Bekanntheitsgrad.
- Der Mut, anderen zu vertrauen, selbst wenn das Risiko groß erscheint.
- Die Fähigkeit, ohne ständige Zustimmung und Anerkennung von außen auszukommen. „Ich kenne keinen sicheren Weg zum Erfolg, nur einen zum sicheren Misserfolg: es jedem recht machen zu wollen." (Plato)

---

[1] Beispielsweise Bennis, Warren und Burt Nanus, Führungskräfte, Frankfurt am Main 1985, eine Befragung von 90 Führungspersönlichkeiten S. 67 f.

- Die Fähigkeit, sich selbst und seine Handlungen kritisch zu betrachten – sich selbst auf die Finger schauen zu können: „Die Weisheit eines Menschen misst man nicht nach seinen Erfahrungen, sondern nach seiner Fähigkeit, Erfahrungen zu machen." (George Bernard Shaw)

Linie oder Matrix? Bewegen Sie sich in einer hierarchischen Führungsposition in einer Linien-Organisation, so fahren Sie gut, wenn Sie Regeln und Vorgehensweisen einen Sinn geben können, und wenn sie diese mit Ihren Mitarbeitern gemeinsam einhalten und entwickeln und dabei Ihre „Macht" nicht überstrapazieren. Weitere wichtige Assets sind: Entscheidungs- und Durchsetzungsfähigkeit, Berechenbarkeit, d. h. Übereinstimmung von Worten und Handeln, Vorbild sein und Sinn für Gerechtigkeit.

Die Arbeitsumgebung heutiger Führungskräfte ist jedoch häufig eine andere. Sie arbeiten „transversal", meist in Matrixorganisationen. Diese projektorientierte Methode breitet sich aus, weil die Unternehmen sich auf ein zunehmend komplexes Umfeld und immer raschere Veränderungen einstellen wollen und müssen. In solchen Strukturen gilt es, Menschen aus verschiedenen Abteilungen und Geschäftsfeldern und häufig auch verschiedenen Standorten zusammenzubringen. Und das soll funktionieren, ohne dass die Führungskraft disziplinarische Weisungsbefugnis hat. Solche projekt- und zeitweise vereinten Menschen zu Teams zu schmieden und zu einer effizienten Zusammenarbeit zu bringen, ist kein leichtes Unterfangen. Häufig stehen sie vor einer Vielzahl teils widersprüchlicher Interessen. Als zentrale Grundeigenschaft ist hier – über die „üblichen" Führungsfähigkeiten hinaus – eine besondere Konflikt- und Verhandlungsfähigkeit gefordert.

Führungsstile: „partnerschaftlich" führen – aber wie?

Drei Aspekte beeinflussen Ihren Führungsstil. Sie richten sich in der Art und Weise wie Sie führen an der Person, der Situation und dem aktuellen Problem aus.

Voraussetzung für partnerschaftliches Führen ist ein positives Menschenbild: Mitarbeiter/Kollegen, die sich mit ihrer Arbeit identifizieren, sind motiviert, daraus erwächst Leistung.

- Menschen streben grundsätzlich nach Selbständigkeit und Selbstverwirklichung.
- Menschen brauchen Ziele, keine Handlungsanweisungen.
- Menschen wollen dazugehören, eine Rolle spielen.

Für die Führungskräfte sind zwei Erkenntnisse wichtig:

- Führung übernehmen ist eine aktive Handlung.
- Führen wird also gegeben und nicht „zugeteilt" bzw. erlaubt.

Andererseits:

> Wer meint zu leiten, ohne dass ihm jemand folgt, geht nur spazieren. John C. Maxwell

Wie jemand führt, hat mit der Persönlichkeit der Führungskraft zu tun – aber auch mit der jeweiligen Situation. Der Stil des Führungshandelns hängt unter anderem davon ab, ob für eine Führungskraft die Aufgabe oder die Personen im Vordergrund stehen. Im einen Fall wird der Schwerpunkt des Führungshandelns sich auf die maximale Quantität und Qualität der Arbeitsleistung richten, im anderen auf die maximale Unterstützung und Motivation der Person, die die Arbeitsleistung erbringt.

Person, Situation und Problemstellung bestimmen den Führungsstil Die Führungslehre kennt eine Reihe von Führungsstilen. Wie wollen Sie führen, wie führen Sie bisher? Meine Empfehlung: situativ mit einem hohen Anteil partnerschaftlich!

Autoritärer Führungsstil: Der Vorgesetzte gestaltet die betrieblichen Aktivitäten ohne Beteiligung der Mitarbeiter. Er trifft seine Entscheidungen ohne Begründung und erwartet Pflichterfüllung und Gehorsam. Die Folge eines solchen Führungsstils: Geringe Flexibilität, Initiative und Innovation werden durch zu enge Grenzen erstickt. Ohne Beteiligung entsteht keine Identifikation.

Und doch brauchen Sie diesen Stil in der Praxis: Bei drohenden Gefahren ist rasches Handeln erforderlich. In solchen Fällen ist kein Raum, die Entscheidungen zu diskutieren. Als Führungskraft brauchen Sie Mitarbeiter, die umsetzen, was Sie sagen – und zwar sofort. Erklärt wird später.

Patriarchalischer Führungsstil: Die Mitarbeiter werden wie Kinder gesehen und behandelt. Die Motivation durch Abhängigkeit und Informationsfluss nach Wohlwollen prägen diesen Stil.

Wenn Sie als Führungskraft in der Rolle Mama oder Papa unterwegs sind, kann z. B. Folgendes passieren: Ein Mitarbeiter will mit Ihnen über XY sprechen. Und schon legen Sie Ihre Lösungen für XY auf den Tisch. Auch die vorauseilende Fürsorge bei der Berücksichtigung der privaten Situation von Mitarbeitern gehört in diesen Verhaltensstil. Ebenso gern genommen: die kritische, belehrende Elternhaltung, „Haben Sie wieder nicht aufgepasst Müller?"

Und doch ist diese Führungshaltung gelegentlich nützlich. Sie vermittelt Geborgenheit, wenn Mitarbeiter mit einer Situation überfordert sind, wenn Mitarbeiter ein starkes Bedürfnis nach Absicherung haben, es nicht gewohnt sind, selbständig zu arbeiten.

Bürokratischer Führungsstil: Mitarbeiter sind für Führungskräfte dieses Stils »Faktoren«, sie kommunizieren und motivieren durch Anordnungen und Vorschriften und erwarten Vertragserfüllung. Die Bindung der Mitarbeiter an das Unternehmen oder gar Einsatzbereitschaft triggern Sie damit nicht.

In der Praxis nutzen Sie diesen Führungsstil dennoch, beispielsweise, wenn es um die Einhaltung gesetzlicher Vorgaben geht. Das Tragen von Schutzkleidung wird weder wohlwollend „väterlich" eingefordert, noch kann der Umstand durch die Einbeziehung der Mitarbeiter in den Entscheidungsprozess beeinflusst werden. In diesem Fall führen Sie indem Sie die Vorschrift zitieren und Schluss.

Laisser-faire-Führungsstil: Dieser Führungsstil geht davon aus, dass die Mitarbeiter selbst wissen, was zu tun ist. Die Gewährung größtmöglichen Freiraums dient der Motivation. Informationen fließen nicht gezielt und regelmäßig, können aber abgefragt werden.

In der Praxis erfordert dieser Führungsstil auch eine Aufgabe, die diesen Freiraum zulässt. Bei der Führung von Arbeitsgruppen an einer Produktionsstraße ist mir dieser Stil noch nicht begegnet. Bei kreativen Aufgaben oder in der Projektentwicklung dagegen kann es durchaus sinnvoll sein, Mitarbeiter mit einer vagen Idee zu impfen und dann erst einmal laufen zu lassen. Das erfordert jedoch großes Vertrauen in die Fähigkeiten der Mitarbeiter und ein gewisses Zeitbudget.

Kooperativer Führungsstil: Vorgesetzte und Mitarbeiter stimmen sich über die betrieblichen Aktivitäten ab. Der Vorgesetzte informiert regelmäßig und umfassend und bezieht die Mitarbeiter in den Entscheidungsprozess ein.

In der Praxis sind alle bekannten Austauschroutinen Ausdruck dieses Führungsstils: Gruppenwandbesprechungen und Whiteboard-Meetings, Status- und Projektbesprechungen etc.

Partnerschaftliche Führung ist zeitintensiv, sichert andererseits ein hohes Maß an Identifikation. Sie schöpfen die kreativen und Know-how-Potenziale der Mitarbeiter aus und sichern durch die Beteiligung der Mitarbeiter die ergebnisorientierte Umsetzung. Denn: Wenn wir selbst an einer Entscheidung beteiligt waren, ist es auch unsere Entscheidung, und wir sind eher bereit, sie umzusetzen.

Situativ führen! Wie Sie führen, orientiert sich an der Situation, in der Sie führen, an den Menschen, die Sie führen, und an den Problemen, vor denen sie stehen. Sie nutzen also mehrere der oben aufgeführten Varianten.

Wie an den Praxisbeispielen erkennbar, kommen Führungskräfte gar nicht umhin, gelegentlich den Bürokraten zu geben, einmal eine Entscheidung zu treffen, die nicht diskutiert wird, oder auch wie fürsorgliche oder kritische Eltern gegenüber ihren Mitarbeitern zu agieren. All das wird dann nach meiner Erfahrung erfolgreich sein, wenn das Grundprinzip der partnerschaftlichen Führung für die Mitarbeiter erkennbar bleibt und die Führungskraft so viel wie möglich erklärt und den Input der Mitarbeiter in Entscheidungen einbezieht. Haben Sie sehr erfahrene, fachlich sattelfeste Mitarbeiter und die Wogen der See in Ihren Projekten sind flach, dann können Sie hervorragend kooperativ und delegierend führen. In Krisenzeiten, wenn die Zeit für Besprechungen und intensive Gesprächskontakte fehlt, wird das schwieriger.

Partizipativ führen lebt von der Beteiligung der Mitarbeiter und fördert deren Engagement durch Konsens. Die Basis ist die Fähigkeit der Mitarbeiter, für die eigene Orientierung zu sorgen und ihre Konflikte sachorientiert und konstruktiv zu lösen. Auf Ihrer Seite gehört intensiver Austausch von Informationen und Beteiligung an Entscheidungen sowie die Suche nach Konsens dazu.

Die Erfahrung der Führungskraft spielt ebenfalls eine Rolle. Laisser-faire kann gefährlich werden, wenn Sie neu im Geschäft sind.

Sind in einer Arbeitssituation persönliche Hilfe und Unterstützung erforderlich, oder ist die Zustimmung aller Beteiligten für den Erfolg einer Aufgabe unerlässlich, dann wollen Sie stärker steuernd eingreifen. Zum Beispiel, um die vertrauensvolle Zusammenarbeit in einer neuen Gruppe aufzubauen oder unterschiedliche konfliktträchtige Gruppen zu harmonischer Zusammenarbeit zu bewegen.

Betriebssysteme kennen – psychologische Aspekte von Führung

Was passiert eigentlich, wenn Sie ein Fahrzeug mit Dieselmotor mit Benzin betanken? Die ADAC-Site weiß: „Wer versehentlich Benzin statt Diesel tankt, kann einen tausende Euro teuren Motorschaden provozieren." Der Autoclub rät: Auch bei kleinen Mengen falschem Sprit im Tank den Motor nicht mehr anlassen bzw. sofort anhalten und ausschalten. Das Benzin löse den für den Motor wichtigen Schmierfilm und Einspritzsystem, Kraftstoffleitungen und Tank nähmen irreparablen Schaden, so dass die Teile ausgetauscht werden müssten.

Wo da der Zusammenhang zum Thema ist, fragen Sie? Nun: Mit welchem Kommunikations-Sprit betanken Sie Ihre Mitarbeiter? Ist der kompatibel?

Und ja, die beschriebenen Folgen beim Automotor lassen sich genau so auf die zwischenmenschliche Situation übertragen – Schmierfilm = Beziehung.

Die Hauptschwierigkeit dabei hat die französische Schriftstellerin Anais Nin auf den Punkt gebracht:

Wir sehen die Dinge niemals so wie sie sind, wir sehen sie so wie wir sind.

Das heißt, wir sehen auch andere Menschen immer durch unsere ganz persönliche Brille, messen andere mit unserer Messlatte, legen unsere eigenen Beurteilungs- und Bewertungskriterien an. Übertragen auf das Autobeispiel: Sie sind ein Auto mit Benzin-Motor und behaupten einfach: „Die anderen sind keine richtigen Autos!" Oder: „Wenn ich mit Benzin fahren kann, dann muss der andere das auch können. Das Leben ist schließlich kein Wunschkonzert/Ponyhof."

Wenn der Schmierfilm erhalten bleiben soll, dann sollten Sie unterscheiden können zwischen dem, was für Sie selbst gut und richtig ist, und dem, was andere brauchen. Und wenn Sie andere Menschen so behandeln wie diese es brauchen, dann machen Sie etwas, das schon John D. Rockefeller als wichtige Fähigkeit bezeichnete:

Für die Fähigkeit, mit Menschen umgehen zu können, zahle ich mehr als für jede andere Fähigkeit unter der Sonne.[2]

Mein Tipp: Gehen Sie in die Welt der anderen. Verstehen Sie, wie die Person tickt, mit der sie arbeiten. Kommunizieren Sie aus diesem Verständnis heraus, argumentieren Sie passend zum Empfänger der Botschaft. Um im Vergleich zu bleiben: So schonen Sie langfristig das Material und verlängern die Lebensdauer Ihres menschlichen Fuhrparks.

Alles eine Frage des „Typs"?!

Was sind Sie selbst für ein Typ? Kennen Sie Ihre Präferenzen, Motive und Bedürfnisse? Was treibt Sie an? Auf welchem Ohr hören Sie besonders gut? Wie kommunizieren Sie bevorzugt?

Nehmen wir das Grundmodell „Vier Seiten einer Nachricht" von Friedemann Schulz von Thun.

Sind Sie empfänglich für Appelle? Wie gut hören Sie auf dem Beziehungsohr? Oder sind Sie hauptsächlich mit dem Sachohr unterwegs?[3]

Kleiner Ohren-Test – Beispiele aus der Praxis
Sie leiten ein Team von Sachbearbeitern, die jede/r individuell eine Reihe von Projekten für interne Kunden betreuen. Sie begleiten die Arbeit und werden immer wieder in die Vorbereitung eingebunden, weil Sie selbst – anders als die Sachbearbeiter – früher selbst auf Kundenseite gearbeitet haben, und deren Bedürfnisse und die Besonderheiten gut/besser kennen.

Ein Mitarbeiter kommt zu Ihnen und sagt: „Ich wollte mit Ihnen mal über das Projekt XY sprechen. Wie sollen wir da am besten vorgehen?"

Was ist Ihre erste, spontane Reaktion?

Wenn Sie jetzt spontan loslegen und dem Mitarbeiter erklären, was zu tun ist, und wie die Sache aus Ihrer Sicht am besten anzupacken sei, sind Sie – je nach Mitarbeitertypus – schon in die falsche Richtung unterwegs.

Manche Menschen sind stärker aufgabenorientiert, andere stärker beziehungsorientiert. Aufgabenorientiert heißt, eine Frage triggert bei Ihnen die Reaktion:

---

[2] „The ability to deal with people is as purchasable a commodity as sugar or coffee and I will pay more for that ability than for any other under the sun." John D. Rockefeller.

[3] Das 4 Ohren, 4 Schnäbel-Modell findet sich in Band eins. Die weiteren Bände als Basisliteratur ebenfalls hilfreich. Schulz von Thun, Friedemann, Miteinander Reden (1) Störungen und Klärungen; Miteinander Reden (2) Stile, Werte und Persönlichkeitsentwicklung, Miteinander Reden (3) Das innere Team und situationsgerechte Kommunikation, Rowohlt Taschenbuch Verlag, Hamburg.

„Lösung anbieten". Beziehungsorientiert heißt, eine Frage ist eine Gesprächseröffnung und Sie binden Ihrerseits den Fragesteller sofort ein.

In der Ansage: „Ich wollte mit Ihnen mal über das Projekt XY sprechen…" steckt für die beziehungsorientierten schon der Hinweis: „Ich habe schon eigene Lösungen, will Dir aber nicht vorgreifen!" Geschickte Antwort: „Welche Überlegungen haben Sie denn schon angestellt?" Nun hat der Mitarbeiter freie Bahn und kann seine Lösung präsentieren. Hat Ihr Mitarbeiter, ihre Mitarbeiterin sich noch nichts überlegt, dann erfahren Sie das jetzt und können ihrerseits eine Lösung anbieten.

Wie Menschen bevorzugt kommunizieren, hängt unmittelbar mit der „Typfrage" zusammen. Wenn Sie also gut und typgerecht mit Menschen sprechen wollen, sollten Sie wissen, welchen Typ Sie vor sich haben, was diese Menschen antreibt und bewegt.

Was uns antreibt

Jeder Mensch ist motiviert, denn jeder hat „Motive", die sein Verhalten antreiben. Zu welchem Verhalten uns unsere Motive antreiben, ist dabei unterschiedlich.[4]

Herauszufinden und zu beschreiben, was Menschen antreibt, wie sie ticken, beschäftigt die Gelehrten seit der Antike. Schon Hippokrates hat seine Beobachtungen dazu festgehalten. Zu diesem Thema gibt es eine große Bandbreite an Theorien und Modellen. Vor allem Psychologen untersuchten und untersuchen Persönlichkeitsaspekte und die daraus folgenden unterschiedlichen Motivationen und Verhaltensweisen von Menschen. Dabei ging und geht es nicht nur um die Behandlung von Krankheiten, sondern auch um Anwendungen außerhalb der Therapie.

Zahlreiche heute verwendete Erklärungsmodelle und psychometrische Verfahren (Persönlichkeitstests), die z. B. bei Personalauswahl, Mitarbeiterführung, Personalentwicklung und Teamentwicklung Anwendung finden, basieren auf der Arbeit von Wissenschaftlern, die Anfang des 20. Jahrhunderts ihre ersten Werke veröffentlichten. Zwei wichtige Vertreter: Der Schweizer Psychologe Carl Gustav Jung, er veröffentlichte 1921 ein Werk über „psychologische Typen", und der Amerikaner William Moulton Marston, ebenfalls Psychologe, er schrieb 1928 über „emotions of normal people". Deren Modelle und Theorien werden heutigen Ansprüchen an Wissenschaftlichkeit nicht mehr gerecht. Das gilt auch für einige auf dieser Grundlage entwickelte moderne Modelle und Analyseverfahren. In

---

[4] Sprenger, Reinhard K., Mythos Motivation, Wege aus der Sackgasse, Campus, Frankfurt/New York 2002 (zu Motivation und Motivierung im Unternehmen); ein wichtiger Protagonist in Sachen Motivationsforschung war Frederick Irving Herzberg, Professor für Arbeitswissenschaft und klinische Psychologie, u. a. mit seinem Werk „On Motivation" von 1988. Die Schweizer Psychologin Maja Storch schrieb mit Ihrem Buch „Machen Sie doch was Sie wollen! Wie ein Strudelwurm den Weg zur Zufriedenheit und Freiheit zeigt" eine wunderbare Anleitung für Verständnis und Dressur unseres Fluchtinstinkts, Verlag Hans Huber, Bern, 2010.

der Definition von „Typen" liegt die Gefahr, diese wie Schubladen zu verwenden und nicht als Hypothesen auf dem Weg zu besserem Verständnis. Und die Validität der Ergebnisse psychometrischer Fragebögen wird allein dadurch eingeschränkt, dass es sich um subjektive Einschätzungen handelt und wir trotz methodischer Sorgfalt bei der Entwicklung der Testbögen nicht ausschließen können, dass Menschen bei der Bewertung von Aussagen erwartete oder erwünschte Antworten wählen. Dennoch: Die Welt ist komplex, und wir Menschen brauchen Werkzeuge, diese Komplexität zu reduzieren. Die diversen Erklärungsversuche sind hilfreich, wenn es darum geht, einen Zugang zur Unterschiedlichkeit von Menschen zu finden.[5]

In all diesen Modellen wird der Versuch unternommen, Grundprägungen/Grundmuster zu identifizieren. Übrigens sind die Unterschiede, die die wissenschaftlichen Beobachter seit Hippokrates machen immer wieder ähnlich. So ähnlich, dass man sie übereinander legen kann wie Schnittmuster. Das könnte nun bedeuten, dass alle voneinander abgeschrieben haben … Oder das ist so, weil es tatsächlich solche Grundmuster gibt (s. Abb. 6).

Die Typenmodelle tragen dazu bei, die verschiedenen Facetten unserer Persönlichkeiten beobachtbar zu machen. Sie werden die Grundprägungen in unterschiedlicher Intensität bei anderen Menschen entdecken können: Die einen sind leicht zu begeistern und überlegen eher was geht, die anderen sind skeptischer und vorsichtig, sie bedenken vielmehr, was nicht geht. Es gibt Menschen, die stärker introvertiert sind, andere sind eher extrovertiert. Die einen haben eine niedrige Hemmschwelle, sind spontaner, neugieriger, probieren gerne etwas aus, die anderen sind zurückhaltender, bedächtiger und pragmatischer in ihren Handlungen. Für manche ist die Beziehung wichtiger, sie achten mehr auf andere

---

[5] Persönlichkeitstests gehören zum Spektrum der Eignungsdiagnostik. Sie prüfen jedoch nicht Kompetenzen, Fähigkeiten oder Leistungen, sondern Dimensionen der Persönlichkeit. Es gibt sog. psychometrische Tests, bei denen die Testperson Aussagen in Fragebögen einordnet, die Ergebnisse werden dann mit einer Normstichprobe verglichen. In sog. projektiven Tests deuten die Personen angebotenes Material oder produzieren selbst etwas und im Gespräch darüber erfolgt eine Deutung. Gängige Tests und Modelle betrachten Persönlichkeit jeweils aus unterschiedlichen Blickwinkeln – Arbeitspräferenzen, Verhalten, Denkstile etc. und bieten standardisierte Ergebnisprofile. Hier eine Auswahl, die ich selbst ausprobiert habe:
DISG-Modell (Basis Marston, Typen: dominant, initiativ, stetig, gewissenhaft)
NEO-FFI (basiert auf dem Fünf-Faktoren-Modell. Faktoren: Neurotizismus, Extraversion, Offenheit für Erfahrungen, Verträglichkeit, Gewissenhaftigkeit)
Insights (Basis C.G. Jung, 8 Typen: Initiator, Motivator, Inspirator, Berater, Unterstützer, Koordinator, Beobachter, Reformer.)
Myers-Briggs-Typen-Indikator (Denk- und Wahrnehmungskategorien, Basis C. G. Jung. 16 Typen, Aspekte: Fühlen, Denken, Sensorik/Empfinden, Intuition jeweils kombiniert mit introvertiert/extravertiert)
Hermann Brain Dominanz Instrument (HBDI, analysiert Denkstile. Basis: Gehirnforschung, cerebral/limbisch, links/rechts)
TeamManagementSystem (TMS, Margerison/McCann, basiert auf Arbeitspräferenzen: beraten entdecken, organisieren, kontrollieren)
Hogan Personality Inventory, Development Survey und Motives, Values, Preferences Inventory (basiert auf Fünf-Faktoren-Modell. Skalen: Ausgeglichenheit, Ehrgeiz, Soziale Umgänglichkeit, Einfühlungsvermögen, Besonnenheit, Wissbegierde, Lernansatz)
Bochumer Inventar der berufsbezogenen Persönlichkeitsbeschreibung BIP (stark differenzierender, nicht vergleichender Fragebogen zur Persönlichkeitsstruktur, keine „Typen").

Abb. 6 Grundmuster unserer Persönlichkeit

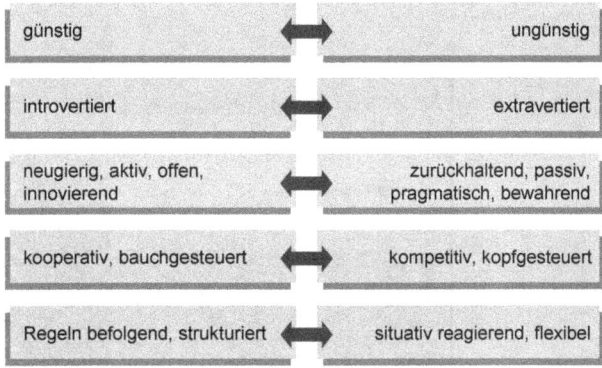

günstig	⟷	ungünstig
introvertiert	⟷	extravertiert
neugierig, aktiv, offen, innovierend	⟷	zurückhaltend, passiv, pragmatisch, bewahrend
kooperativ, bauchgesteuert	⟷	kompetitiv, kopfgesteuert
Regeln befolgend, strukturiert	⟷	situativ reagierend, flexibel

Menschen. Auf der anderen Seite dieses Spektrums ist logische Analyse und Abgrenzung wichtiger. Die einen sind eher strukturiert, gewissenhaft und halten sich an Regeln, die anderen sind flexibel und machen ihr Handeln von der jeweiligen Situation abhängig.

Motive – Definition

Für die Beschäftigung mit dem Thema „Motivation" ist es sinnvoll, zunächst einmal ein paar Begrifflichkeiten zu betrachten: Was ist überhaupt ein Motiv und wie kommt es zu Stande?

Der Begriff „das Motiv" stammt aus dem Lateinischen: motivum, lat. movere: bewegen, motus: Bewegung. Wir verstehen darunter die Summe der Beweggründe für menschliches Verhalten. Ein Motiv ist also etwas, das uns „bewegt", das uns in Gang bringt und unser Handeln antreibt.

Dabei stellt sich nicht die Frage „ob" ein Mensch motiviert ist, sondern „wie" er motiviert ist. Jeder Mensch trägt in sich ein Geflecht von Antrieben und Handlungsstrategien, das ihn meist unbewusst leitet, wenn er seine Entscheidungen trifft.

Aspekte, die wir betrachten können, um Motive zu ergründen sind unter anderem:

- Einstellungen und Werte: Was ist dieser Person wichtig?
- Selbstkonzepte: Wie denkt sie über sich selbst?
- Disposition: Welche Möglichkeiten hat diese Person?
- Rolle(n): Welche Rollen nimmt die Person ein?
- Rahmenbedingungen: Welchen Handlungsrahmen hat die Person?

Wer motiviert wen? Können wir andere motivieren?

Der erster Gedanke dazu lautet: Wenn motivieren „bewegen" bedeutet, heißt das, eine Führungskraft müsste, um ihre Mitarbeiter zu motivieren, diese bewegen … Nun stellen Sie sich bitte einmal bildlich vor, wie Sie Ihre Mitarbeiter hochheben und durch die Gegend tragen! Ein paar alte Spruchweisheiten zeigen, dass dieser Gedanke nicht ganz neu ist:

Ein Sprichwort, vermutlich englischen Ursprungs, lautet: „Du kannst Pferde zur Tränke führen, aber zum Saufen zwingen kannst Du sie nicht." Und auch in dem Spruch: „Den

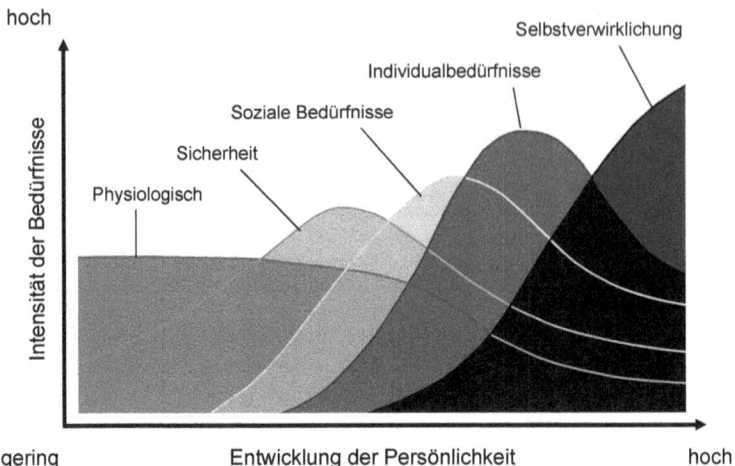

Abb. 7 Veränderung von Bedürfnissen im Maslow-Modell. (Bedürfnisse nach Abraham Maslow, In Anlehnung an Krech, Crutchfield & Ballachey (1962, S. 72/77). Darstellung: Philipp Guttmann)

Hund musst du zum Jagen tragen", steckt ein starker Hinweis auf die Grenzen der Motivation anderer.

Aus der langen Liste von Wissenschaftlern, die sich mit dem Thema auseinander gesetzt haben, seien hier nur ein paar genannt. Sie analysieren was menschliches Verhalten erzeugt, und wie/wodurch es beeinflusst wird.

Ein bekannter Name ist Abraham Maslow. Der amerikanische Psychologe entwickelte seit den 40er Jahren aus der Erkenntnis heraus, dass manche Bedürfnisse Priorität vor anderen haben, ein hierarchisches Modell. So haben Elementarbedürfnisse, die die physischen Funktionen des Körpers betreffen, Vorrang vor dem Bedürfnis nach Sicherheit, und dieses wiederum Vorrang vor dem Bedürfnis nach sozialen Beziehungen oder weiter individuellen Bedürfnissen wie dem Wunsch nach Erfolg, Stärke, Prestige, Anerkennung. So statisch, wie die häufig dargestellte Bedürfnispyramide suggeriert, verstand Maslow sein Modell übrigens nicht. Die dynamische Darstellung zeigt, dass mehrere Bedürfnisse gleichzeitig wirken können (s. Abb. 7).

Zum Stichwort Motivation und Arbeitswelt untersuchte der amerikanische Arbeitswissenschaftler und Psychologe Frederick Herzberg in den sechziger Jahren des 20. Jahrhunderts, was Menschen hinsichtlich ihrer Arbeit motiviert und demotiviert. Er erkannte dabei einerseits „Hygienefaktoren", das sind Dinge, die das Entstehen von Unzufriedenheit verhindern, wie Gehalt, Führungsstil, zwischenmenschliche Beziehungen, Sicherheit des Arbeitsplatzes. Davon unterschied er „Motivatoren", die zur Leistung reizen: Erfolg, Anerkennung, Arbeitsinhalte, Verantwortung, Aufstieg und Beförderung sowie Wachstum.

Neueren Datums sind die Überlegungen von Reinhard K. Sprenger. Er analysiert beim Thema Motivation die Instrumente in Unternehmen: Anreize, Lob etc. und beobachtet dabei eine allgemeine Motivation, nämlich die Kraft, etwas zu wollen. Sein Verständnis: Der Mensch hat ein natürliches Interesse daran, etwas zu tun: „Funktionslust" und eigen-

Abb. 8 Was uns bei der Arbeit motiviert

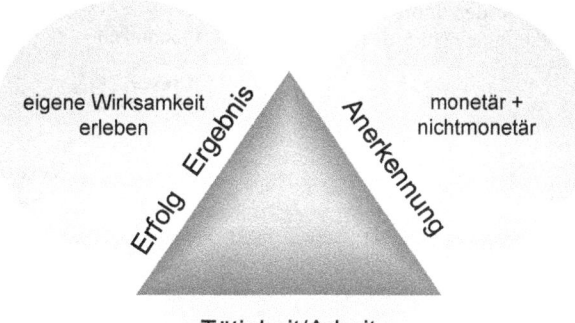

eigene Wirksamkeit erleben

Erfolg Ergebnis

Anerkennung

monetär + nichtmonetär

Tätigkeit/Arbeit

eigene Verantwortung, Sinn, gutes Team, Spaß, Herausforderung

ständig Dinge auszuprobieren und zu gestalten „Neugieraktivität". Der Antrieb ist nach Sprenger unterschiedlich stark ausgeprägt und hängt mit den Aufgaben und Möglichkeiten zusammen. Aus seiner Sicht motiviert Belohnung nur dazu belohnt zu werden. Statt Anreizsystemen empfiehlt er: Fordern statt Verführen, Lassen statt Machen, Quellen der Demotivation beseitigen, Rahmenbedingungen für individuellen Spielraum schaffen, klare Vereinbarungen und Selbstverpflichtung.

Andere Modelle aus dem Umfeld der Führungstheorien sprechen vom „Reifegrad" von Mitarbeitern, so beispielsweise das Modell von Paul Hersey und Ken Blanchard, das Führungsstile und die Reife von Mitarbeitern hinsichtlich Fähigkeiten und Bereitschaft zum Handeln in Beziehung setzt.

Eigene Erfahrungen und Berichte meiner Coachees und Seminarteilnehmer bestätigen zunächst das Motivations-Dreieck: Wir ziehen unsere Motivation

- aus dem was wir tun, der Tätigkeit/Handlung an sich,
- aus der Rückmeldung, die wir dazu bekommen, also aus der Anerkennung durch unsere Umgebung und
- aus dem, was wir damit erreichen, dem Erfolg, den wir haben.

Dieses Dreieck gerät ins kippen, wenn einzelne Faktoren wegfallen oder erodieren (s. Abb. 8).

Nun kommt der Dreiklang aus Wollen, Können und Dürfen hinzu (siehe auch Sprenger). Wie wir motiviert sind, ist ein Produkt aus Bereitschaft, Fähigkeiten und Möglichkeiten (s. Abb. 9).

Handlungsbereitschaft: Wille, Kraft, Temperament, Dynamik, Entschiedenheit. Zustand aktivierter Verhaltensbereitschaft. Das Wollen zielt auf materielle und immaterielle Werte und Bedürfnisse.

Abb. 9 Andere motivieren –
Ansatzpunkte für Motivation

Handlungsfähigkeit: Fertigkeiten, Kenntnisse, Erfahrungen, Können, fachliche Eignung, Kompetenz, Talent. Mit Handlungsbereitschaft kann Handlungsfähigkeit wachsen = Lernfähigkeit.

Handlungsmöglichkeit: Realistische Chance, das eigene Potenzial zu entfalten. Dürfen, Spielregeln, Rolle, Rahmenbedingungen.

Die drei Faktoren bedingen einander. Vor allem Fähigkeiten und Möglichkeiten können von außen beeinflusst werden. Sind alle drei Bedingungen erfüllt, wird das Ergebnis passen. Das heißt, ein Mensch hat die erforderlichen fachlichen, sozialen und methodischen Fähigkeiten, ist also qualifiziert, eine geforderte Leistung zu erbringen, eine Aufgabe zu erfüllen. Gleichzeitig stimmen die Rahmenbedingungen, das heißt der Handlungsspielraum ist ausreichend und die Spielregeln sind klar, die Ziele „smart" formuliert. Wenn dann auch das Wollen passt, das heißt Arbeitsklima, Bezahlung und Anerkennung sind angemessen und der Mitarbeiter will die Aufgabe übernehmen, dann haben Sie als Führungskraft Ihren Job gemacht (siehe auch Delegieren: Freiraum lassen, Kontrolle behalten).

Das Wollen können Sie als Führungskraft zwar nicht direkt beeinflussen (siehe die Sache mit den Pferden und der Tränke), Sie können jedoch sicherstellen, dass die demotivierenden Einflüsse sich in Grenzen halten.

Erfolgsfaktoren für Führung: Mitarbeiter, die wollen, können und dürfen

Handlungsmotivation	Das können wir selbst tun	Das können andere beeinflussen
Wollen, Handlungsbereitschaft	Sich selbst in die Pflicht nehmen	Demotivation vermeiden
Können, Handlungsfähigkeit	Die eigenen Stärken kennen, nutzen und lernen fördernd fordern, Erwartungen formulieren	Angebote machen
Dürfen, Handlungsmöglichkeit	Spielfeld wählen, Entscheidungen bewusst treffen	Freiraum eröffnen einander Platz lassen

Erfolg, ein sichtbares Ergebnis der eigenen Bemühungen, ist ein wichtiger Motivationsfaktor. Haben Sie schon einmal bemerkt, wie befriedigend es sein kann, die Fenster zu putzen oder das Balkongeländer zu streichen? Der Spaß kommt daher, dass Sie in überschaubarer Zeit ein Ergebnis produzieren und sehen können. Das ist in vielen Arbeitsbereichen heute keine Selbstverständlichkeit mehr. Bei Projektaufgaben ist es sogar oft so, dass Sie gar keine Zeit haben, Ihre Erfolge zu betrachten, weil in der heißen Schlussphase des letzten Projekts schon die Akquise oder erste Arbeitsschritte eines neuen Projekts anstehen. Selbst wenn Sie Ihren Erfolg sichtbar machen könnten, Sie haben oft keine Zeit, ihn zu genießen. Gerade das führt auf Dauer zu einem Motivationsloch. Für die Führungskraft heißt das: Es ist Ihr Job dafür zu sorgen, dass Erfolge sichtbar werden und Ihr Team Gelegenheit hat, sie zu feiern und zu genießen.

Die Art und Weise der Führung richtet sich schließlich danach, ob die jeweilige Mitarbeiterin, der jeweilige Mitarbeiter die Aufgabe machen will und in welchem Maß er/sie beziehungs- und/oder aufgabenorientiert ist. Bei einer starken Beziehungsorientierung kommen Sie über die Beziehungsebene weiter. Sie binden die Person ein, beteiligen sie an Ihren Überlegungen. Steht für die Mitarbeiterin/den Mitarbeiter die Aufgabe im Vordergrund, ist die richtige Aufgabe Motivation genug. Übertragen Sie der Person die Verantwortung für die Aufgabe. Ist beides gering ausgeprägt, führen Sie enger: Sie strukturieren die Aufgaben und kontrollieren stärker. Jemand, der will und kann, den brauche ich als Führungskraft nur noch überzeugen, dass die Aufgabe jetzt richtig und wichtig ist[6] (Querverweis: Delegieren: Freiraum lassen, Kontrolle behalten).

Motive durch Bedürfnisse

Nun sehen Sie in der Regel ein Verhalten, wissen aber noch lange nicht, was genau die Beweggründe dafür sind.

Motivation entsteht durch Bedürfnisse, die wir befriedigen wollen. Wie das Maslowsche Modell beschreibt: sind die Grundbedürfnisse nicht befriedigt, rücken die höheren Bedürfnisse aus dem Blickfeld. Das bedeutet grob vereinfacht: Wenn ich um meine physische Existenz kämpfen muss und nicht weiß, woher die nächste Mahlzeit kommt, werde ich mir weniger Gedanken um Status und Macht (Ich-Bedürfnisse) machen.

Motivation ist also ein Bedürfnis und ein Zustand innerer Spannung. Angst, Neugier, Neid, Lust, Einsamkeit, Wunsch nach Anerkennung, Hunger, Selbstachtung, … Unsere Aktivitäten richten sich auf die Erfüllung des Bedürfnisses, um die innere Spannung zu lösen.

Wenn wir ein unerfülltes Bedürfnis haben, empfinden wir das als Zustand, den wir ändern wollen. Ist das Bedürfnis erfüllt, sind wir für den Moment zufrieden, dann haben wir Nahrung, Belohnung, Entlohnung, Paarungsobjekt, Behausung, Spielzeug, Lob, An-

---

[6] Die Theorie des situativen Führens entstand Ende der 60er Jahre des 20. Jahrhunderts. Bekannte Autoren, die sie maßgeblich weiter entwickelt haben, sind Paul Hersey und Ken Blanchard, vgl. u. a. deren Publikation: Management of Organizational Behavior. 4. Auflage. Prentice-Hall, New York 1982.

erkennung, Bewunderung etc. bekommen. Die unweigerliche Folge ist aber auch Demotivation. Wenn Bedürfnisse erfüllt sind, ist die Motivation weg. Sie kehrt erst mit neuen Bedürfnissen wieder.

Bedürfnisse und Sozialisation

Wenn wir das Licht der Welt erblicken, sind wir zunächst ein Lebewesen mit einer Reihe genetischer Voraussetzungen. Menschen können sich in der Regel bewegen, sprechen, hören, riechen, handeln, denken, fühlen, … Sie haben eine bestimmte Haut-, Augen- und Haarfarbe. Körperbau und Größe stecken in den mitgelieferten Informationen und auch ein paar Veranlagungen dazu, wie wir ticken. Zu welchen Teilen eine Persönlichkeit und Verhalten vorbestimmt oder durch Sozialisation geprägt werden, ist in der Forschung umstritten. Ich neige zu der Annahme, dass grundlegende Züge durch Sozialisation zwar in die eine oder andere Richtung verändert werden und wir lernen und uns verändern können, so lange wir leben, dass diese Veränderungen sich jedoch innerhalb eines begrenzten Spektrums bewegen. Du kannst aus einem Esel kein Rennpferd machen, sagt ein Sprichwort. Das gilt übrigens auch umgekehrt. Oder wie es ein Handballtrainer einmal formulierte: Du kannst aus einem 1,76-Mann einen guten Handballer machen, aber keinen 1,95-Mann.

Wir entwickeln uns im Laufe unserer Sozialisation zur „Person". Wir lernen permanent: frühkindliche Erfahrungen, Schulzeit, Pubertät, der Eintritt ins Erwachsenen- und Berufsleben etc. Erlebnisse wirken verstärkend, wenn wir etwas als „unsere Existenz sichernd" empfinden oder durch eine bestimmte Handlungs- und Verhaltensweise Wahrnehmung und Anerkennung bekommen haben. Solche Handlungen werden wir wiederholen. Haben wir Erfahrungen als nachteilig erlebt oder gar nicht erst gemacht, werden sie auch später nicht zum Tragen kommen. Wir vertiefen das, was Erfolg verspricht.

Unser Selbstkonzept entwickelt sich in der Sozialisation durch die Interaktion mit Bezugspersonen: Eltern, Geschwister, Gleichaltrige, Lehrer und Ausbilder, Vorgesetzte. Einmal gefunden, hat dieses Selbstkonzept die Tendenz, sich selbst zu bestätigen, das bedeutet: Wir entwickeln einen Wahrnehmungsfilter; spätere Erfahrungen und Erlebnisse werden durch frühere Erlebnisse gefiltert.

Unsere erlernten Motive und unser Verhalten wirken sich in den verschiedenen Rollen aus, die wir im Leben einnehmen. Menschen leben in wechselnden Situationen, in denen sie unterschiedliche Rollen einnehmen/spielen, und bekleiden oft mehrere Rollen gleichzeitig: Kind der Eltern, Mutter/Vater, Lebenspartner, Kollegin, Kunde, Vorgesetzte, Mitarbeiter, Sportskameradin, Vereinsmitglied. Dabei beeinflussen verschiedene Aspekte unser Verhalten – unsere Motivation:

- Eigene Vorstellungen und Werte:
  Was erwarte ich selbst, welche Vorstellungen habe ich durch meine Sozialisation?
- Erwartungen der anderen:
  Welche Erwartungen haben andere? (die Sozialisation der anderen). Sind die Anforderungen definiert?

Abb. 10 Das Niveau der
Ansprüche orientiert sich an
unserem Bezugssystem

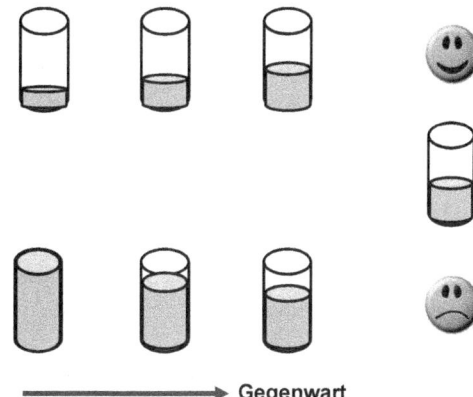

Gegenwart

- Persönliche Kompetenzen:
  Passen Wollen und Können aufeinander? Kann ich mich fachlich, methodisch und sozial weiter qualifizieren, d. h. entwickele ich mich durch weitere Sozialisationserfahrungen?
- Die Hierarchie:
  Wo stehe ich in der jeweiligen Umgebung im Verhältnis zu den anderen? Welche Bedeutung, welches (soziale) Gewicht habe ich im Verhältnis zu anderen Menschen um mich herum?
- Wirkung und Ausstrahlung:
  Wie wirke ich auf andere (Freunde, Nachbarn, Kollegen, Vorgesetzte, Kunden etc.).

Motivation und Bezugssysteme

Wie wir eine Sache bewerten, wie stark wir motiviert sind, hängt davon ab, in welchem Bezugsrahmen wir uns befinden. Wir vergleichen zwischen uns selbst und anderen Personen. Das Hauptziel dieser Vergleiche ist es, einen positiven Selbstwert daraus zu ziehen. Wir vergleichen uns mit anderen Menschen nach Bildung, Gesundheit, Leistung, Einkommen, Fähigkeiten und Fertigkeiten, Handlungsspielräumen … Auch vergleichen wir in einem zeitlichen Rahmen kurz-, mittel- oder langfristig, Vergangenheit, Gegenwart, Zukunft.

Vergleichsobjekte sind andere Personen oder Gruppen, die uns ähnlich oder vertraut sind oder scheinen. Es können reale Menschen sein, aber auch virtuelle (Film, Fernsehen, Literatur, Phantasie…). Ob wir mit etwas zufrieden sind, hängt davon ab, was wir vorher hatten (s. Abb. 10).

Ob wir handeln hängt davon ab, was wir glauben gewinnen zu können. Unser Handeln wird von dem bestimmt, was wir erwarten. Wir kommen erst dann in Bewegung, wenn wir glauben, etwas zu gewinnen, wenn wir glauben, dass etwas Erwünschtes bei der Veränderung herauskommt.

Erwartungen bestimmen unser Handeln (Anekdote)

Einem brütenden Huhn wurde eines Tages ein Adler-Ei untergeschoben. Die Henne brütete ihre Küken aus und so auch den jungen Adler. Der Adler wuchs mit den anderen jungen Küken auf dem Hühnerhof auf. Er lernte zu gackern, zu scharren und zu picken, wie es das Hühnervolk so tut. Eines Tages, als der Adler schon alt war, stand er mit einer Henne zusammen und sah am Himmel einen Adler kreisen. Er fragte die Henne: „Was ist das für ein schöner Vogel?" Die Henne antwortete: „Das ist der König der Lüfte, aber mach Dir nichts draus, unsereins kommt da sowieso nie hin!" (zitiert nach Bernd Wildenmann, Professionell Führen)

So, wie der Adler auf dem Hühnerhof gar nicht erst versucht zu fliegen, werden wir Dinge gar nicht erst angehen, wenn unsere Instinkte oder Erfahrungen dagegen sprechen. Selbst dann, wenn rational alles dafür spricht, die Sache genauer anzusehen.

Du bist, was Du denkst, Du erlebst, was Du tust: Die Geschichte von den drei Steineklopfern:
Ein Professor untersucht in einem Feldversuch das Thema Motivation. Er sieht dem Ersten zu, der da sitzt und eher lustlos auf einem Stein herumklopft. „Darf ich Sie was fragen? Es scheint Ihnen keinen Spaß zu machen?", will der Professor wissen. „Wie soll denn Steineklopfen Spaß machen?! Da muss man eben durch!", bekommt er zur Antwort. Er kommt zum Zweiten. Der klopft ganz fröhlich auf seinem Stein herum, pfeift, lächelt. Auf die Frage des Professors sagt der Typ: „Doch, macht Spaß, wollte ich schon immer machen, man sieht wie der Stein Form annimmt, und ich bin draußen, die Sonne scheint…". Beim Dritten steht der Professor eine ganze Weile daneben, ohne dass der Mann ihn überhaupt bemerkt. Der ist gänzlich von seiner Arbeit absorbiert und voll und ganz bei der Sache. Auf die Frage des Professors antwortet er entgeistert: „Ja sehen Sie denn nicht, was ich hier mache? Sehen Sie das denn nicht? Ich baue das Gewölbe vom Kölner Dom…".

Als Führungskraft haben Sie wenig Einfluss auf diesen inneren Antrieb. Dennoch können Sie viel dazu beitragen, denn Motivation ist mehr als finanzieller Anreiz. Hier eine kleine Auswahl …

Motivieren kann ich, indem ich meine Führungsaufgabe in allen Facetten erfülle!

- Mitarbeiter informieren
- Klare Ziele setzten
- Aufgaben smart formulieren
- Mitarbeiter in Entscheidungen einbeziehen
- Rückendeckung geben
- Helfen und unterstützen
- Klare Rückmeldungen geben – positiv wie negativ
- Aufmerksamkeit schenken
- Interesse am Menschen zeigen

Beobachtungsmöglichkeiten im Führungsalltag

Im Arbeitsalltag können Sie durch Hinsehen und Hinhören schon eine ganze Menge über Ihre Mitarbeiter und deren Facetten erfahren. Wie kleidet sich die Person? Wie spricht sie? Wie ist ihr Distanzverhalten? Wie verhält sie sich in Einzelgesprächen, wie in Besprechungen? Wir reagiert sie auf neue Aufgaben bzw. bei Routinetätigkeiten? Welche Rolle spielt sie im Team? Wie gestaltet sie Privatleben und Freizeit? Sport? Wenn ja, welche Art? Wie sieht der Schreibtisch aus? Wie geht die Person mit Terminen um?

Hier noch einmal eine Reihe von Grundprägungen und Beispiele für mögliche Beobachtungen. Wichtig: Wenn Sie eine bestimmte Verhaltensweise beobachten, dann heißt das nicht, dass die Person „so ist". Erst in der Zusammenschau aller Aspekte und Facetten ergibt sich ein Bild. Modelle sind dazu da, Komplexität zu reduzieren, um etwas besser zu verstehen. Wenn Sie es verstanden haben, legen Sie das Modell bitte wieder weg. Menschen sind zu vielschichtig, um sie in Modelle und Schubladen zu packen! Außerdem kommt immer noch der Kontext hinzu.

Wir haben unterschiedliche Biorhythmen. Darum werden wir Menschen zu unterschiedlichen Tageszeiten unterschiedlich wahrnehmen. Körperliche Befindlichkeiten wirken sich auf unser Verhalten aus. Wenn wir Kopfschmerzen haben, hat das Einfluss auf unsere Kommunikation (Querverweis: Die „positive" Absicht suchen).

Ein Beispiel

Ein Teilnehmer in einem Seminar ist mit dem Stuhl etwas zurückgerückt, sitzt vornüber gebeugt und Ellenbogen auf's Knie gestützt, Kopf auf die Hand gestützt und schaut auf den Boden. Sein Sitznachbar stuppst ihn an, weil er das unhöflich findet, in dieser Weise körpersprachlich Desinteresse zu signalisieren. Es war aber kein Desinteresse. Ich hatte schon eine Weile beobachtet, wie er auf dem Stuhl hin und her rutschte. Er war nicht desinteressiert, sondern hatte Rückenschmerzen und konnte auf diesen Stühlen nicht gut sitzen.

Eher pro-aktiv oder eher re-aktiv? Extrinsisch oder intrinsisch motiviert? Wie kommt eine Person in Bewegung? Wo liegen die Einflussfaktoren, die zum Handeln führen?

Die Einflussfaktoren liegen in der Person selbst – der Mensch „ist" motiviert. Diese Menschen bezeichnen wir auch als „pro-aktiv" motiviert. Sie reflektieren stärker, was sie antreibt und wie sie diese Bedürfnisse gezielt einsetzen können, um sich selbst zu motivieren. Sind es die eigenen Wünsche und Bedürfnisse, die einen Menschen antreiben (innerer Drang, Wille, Wunsch, Streben), dann sprechen wir von intrinsischer Motivation.

Die Einflussfaktoren kommen aus der Situation – Mensch wird motiviert. Diese Menschen bezeichnen wir als „re-aktiv" motiviert. Sie brauchen häufig Anreize von außen, die ihre persönlichen Präferenzen und Erfahrungen ansprechen. Wird ein Mensch eher durch Rahmenbedingungen motiviert (Anreiz, Anregung, Ermächtigung, Möglichkeit, Prämie) dann handelt es sich um extrinsische Motivation. Re-aktive Menschen sind vom Prinzip her nicht weniger stark motiviert, z. B. Strafe zu vermeiden oder einen unangenehmen Kontext zu verlassen, dennoch genießen pro-aktive Menschen häufig ein höheres Ansehen. Das gilt besonders für den Arbeits- und Leistungsprozess aber ebenso im privaten Umfeld.

Ein Indiz ist beispielsweise die übliche Reaktionszeit, nachdem eine Frage oder eine Aufgabe in den Raum gestellt wurde. Mit der aktiveren Person werden in der Regel keine längeren Gesprächspausen entstehen.

Sichtweise: eher günstig oder eher ungünstig? Die einen tragen eine rosa Brille und sehen laufend Möglichkeiten. Die anderen schauen durch eine graue Brille und sehen überall die Hemmnisse. Wir könnten hier auch den Gegensatz Optimisten und Pessimisten anführen. Sie wissen doch: Pessimisten sind die Leute, die so lange den Kopf über der Suppe schütteln, bis ein Haar drin liegt.

Das eine ist so wichtig wie das andere. Denn wir brauchen Menschen, die Begeisterung mitbringen und wecken, Dinge in Gang bringen, Ideen haben. Und wir brauchen Menschen, die prüfen, hinterfragen und analysieren, damit wir nicht übers Ziel hinausschießen oder voller Begeisterung in die falsche Richtung rennen.

Was ist das erste, was eine Person erzählt, wenn Sie sie z. B. nach dem gerade beendeten Urlaub fragen: „Wie war Ihr Urlaub?" Kommt als erstes: „Es war heiß, ziemlich überfüllt. Meine Frau hat sich den Zeh verstaucht und ich habe drei Kilo zugenommen." Oder hören Sie: „Wir haben schöne Ausflüge ins Hinterland unternommen und so lecker gegessen, dass ich jetzt wieder mehr Sport machen muss." Machen Sie den Test. Fragen Sie mal ein paar Leute nach ihrem Heimatort oder Wohnort. Daran, welche Aspekte die Personen herausgreifen, werden Sie die Brillenfarbe erkennen können.

Linke oder rechte Gehirnhälfte bevorzugt? Aufgaben- oder Menschen im Vordergrund? Sehr plakativ ausgedrückt ist dies die Unterteilung in Linkshirne und Rechtshirne, Mammutjäger und Höhlenbewohner. Unser Gehirn besteht aus zwei miteinander verknüpften Hälften. Und in der Hirnforschung gibt es Anhaltspunkte dafür, dass unsere beiden Gehirnhälften unterschiedliche Arbeitsschwerpunkte/Funktionsweisen haben. Das heißt, wenn unser Gehirn lineare Prozesse bearbeitet, mit Sprache umgeht, Dinge analysiert, logisch denkt, Zeit eine Rolle spielt, dann funken mehr Neuronen auf der linken Seite, wenn wir assoziieren, Zusammenhänge herstellen, Dinge im Überblick betrachten, musisch, kreativ oder mit Bildern arbeiten, wenn Gefühle und nichtsprachliche Informationen interpretiert werden, räumliche Wahrnehmungen eine Rolle spielen, dann funken mehr Neuronen auf der rechten Seite.[7] Wir alle nutzen beide Gehirnhälften und sie arbeiten simultan. Dennoch können wir davon ausgehen, dass es Präferenzen und in der Folge unterschiedliches Verhalten gibt.

---

[7] Einer der ersten, der die unterschiedliche Spezialisierung der Hirnhälften in den 50er Jahren untersuchte und beschrieb, war der amerikanische Nobelpreisträger Roger W. Sperry.

Abb. 11 Männliche und
weibliche Prägung im
Kommunikationsverhalten

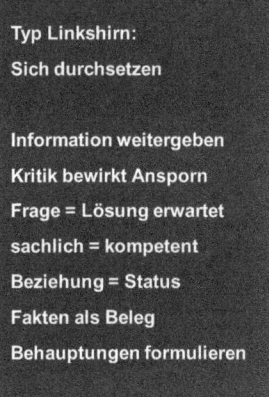

Typ Linkshirn:	Typ Rechtshirn:
Sich durchsetzen	Vermitteln
Information weitergeben	Beziehung herstellen
Kritik bewirkt Ansporn	Kritik bewirkt Unsicherheit
Frage = Lösung erwartet	Frage = andere einbinden
sachlich = kompetent	sachlich = streng/„zickig"
Beziehung = Status	Beziehung = Harmonie
Fakten als Beleg	Eigene Erfahrung als Beleg
Behauptungen formulieren	Möglichkeiten formulieren

Eine starke Vorliebe für die eine oder andere Gehirnhälfte drückt sich in einem entsprechenden Verhalten aus. Linkshirne marschieren geradewegs auf ein einmal erkanntes Ziel zu – wie ein Mammutjäger: Die Aufgabe steht im Mittelpunkt und wird strukturiert und planvoll erledigt. Kommunikation dient der Klärung von sachlichen Fragen. Sie steuern mit Tunnelblick konzentriert und fokussiert auf ein Ziel zu und vergessen dabei gerne vor lauter Aufgabe, dass auch Menschen beteiligt sind.

Rechtshirne betrachten Dinge ganzheitlicher, sehen was rechts und links des Weges liegt und bearbeiten das gleich mit. Diese Höhlenbewohner sind – anders als die Mammutjäger – für die Harmonie in der Höhle geschaffen, Kommunikation dient in erster Linie der Beziehungspflege. Sie mäandrieren mit einem sehr breiten Blickwinkel durchs Leben, jederzeit bereit, den Kurs zu ändern, mehr Freude am Weg als am Ziel; bei ihnen steht der Mensch im Mittelpunkt und dann kommt erst die Aufgabe.

Überlegen Sie kurz, wie Sie sich in einer Alltagssituation verhalten: Sie wohnen in einem Haus und wollen im oberen Stockwerk etwas erledigen. Nehmen Sie unterwegs die Dinge, die auf der Treppe liegen mit hoch, und müssen dann anschließend oben noch mal überlegen, was sie da eigentlich wollten? Oder gehen Sie schnurstracks nach oben und werden von Ihrem/Ihrer Lebenspartner/in hinterher gefragt, warum Sie dies und das nicht gleich mitgenommen haben (Abb. 11)?

Kommunikation und Sozialisation

Je nachdem, ob Aufgabe/Sache oder Beziehung im Fokus stehen, unterscheiden wir uns in der Art, wie wir Dinge vermitteln und verstehen. In der Ratgeberliteratur wird hier gern ein direkter Bezug zum Geschlecht hergestellt. Dem möchte ich mich nicht anschließen. Sicherlich wirken genetische Unterschiede, hormonelle Einflüsse in der Entwicklung und individuelle Sozialisation zusammen und ergeben unterschiedliches Kommunikationsverhalten. Ein plakatives Beispiel: Die Jungen bekommen zu hören: „Ein Indianer kennt keinen Schmerz!" Und den Mädchen schreiben wir ins Poesiealbum: „Sei höflich und bescheiden wie das Röslein auf der Heiden." Geschlechterrollen und gesellschaftliche Erwartungen an ein rollenspezifisches Verhalten bestehen nach wie vor. Dennoch sind die hier beschriebenen Verhaltensweisen nach meinen Beobachtungen auf beide Geschlechter verteilt. Es gibt ein eher links geprägtes, männliches Kommunikationsverhalten und ein eher rechts geprägtes weibliches Kommunikationsverhalten. Und es kann zu Reibungsverlusten kommen, wenn Menschen der jeweiligen Prägung aufeinander treffen. Ebenso kann es Irritationen geben, wenn wir nicht „passend" zu unserer Geschlechterrolle kommunizieren. Bitte nutzen Sie die folgende Auflistung – wie alles andere auch – als Hypothese und gleichen es mit Ihren eigenen Erfahrungen ab.[8]

Verhaltens- und Kommunikationsweisen zwischen männlicher und weiblicher Prägung

Männlich geprägte Kommunikation	Weiblich geprägte Kommunikation
Kommunikation dient der Informationsvermittlung und Lösung von Aufgaben	Kommunikation soll Beziehungen herstellen
Beispiel: Beobachtung beim Smalltalk. Gastgeber: Guten Tag! Schön dass Sie kommen konnten! Wie war die Anreise, haben Sie uns gut gefunden?	
Reaktion: Guten Tag. Danke, gut.	Reaktion: Hallo! Ich freue mich auch, dass es endlich geklappt hat! Da war ein ziemlicher Stau auf der Autobahn. Gut, dass ich den Verkehrsfunk gehört habe, so konnte ich ausweichen. Und es war super, dass ich gleich auf Ihren Parkplatz fahren konnte. Danke noch mal, dass sie mir da einen Platz reserviert hatten! ...

---

[8] Bei Deborah Tannen, einer amerikanischen Soziolinguistin, finden Sie jede Menge Beispiele für diese unterschiedlichen Kommunikationsweisen. Sie veröffentlicht seit Mitte der 80er Jahre populärwissenschaftliche Bücher zu ihren empirischen Forschungen. Ihr erster Bestseller: Du kannst mich einfach nicht verstehen. Warum Männer und Frauen aneinander vorbeireden, erschien 1986 auf Deutsch (Ernst Kabel Verlag, Hamburg).
Das Ehepaar Allan und Barbara Pease landete Ende der 90er Jahre mit dem Titel „Warum Männer nicht zuhören und Frauen schlecht einparken" einen Bestseller und eröffnete damit eine wahre Flut solcher Titel in der Ratgeberliteratur. Diese stereotype Form der Betrachtung – Männer sind so, Frauen sind so – bietet im Sinne einer Reduzierung von Komplexität sicherlich einige Körner Wahrheit. Mir scheint dabei jedoch der Unterhaltungswert im Vordergrund zu stehen.

Männlich geprägte Kommunikation	Weiblich geprägte Kommunikation
Rolle: sich behaupten, durchsetzen, siegen	Rolle: Harmonie herstellen, daher Anpassungsstreben
Wettbewerb macht Spaß	Kooperation macht Spaß
Beispiel: Beobachtung bei Gruppenarbeit im Seminar. Auftrag an zwei Gruppen, in begrenzter Zeit eine Lösung zu einer Aufgabe zu präsentieren.	
Teilnehmer nimmt als erstes eine Pinnwand und baut einen Sichtschutz auf. Aufforderung an Gruppenmitglieder: Los! Wir müssen schneller sein als die!	Teilnehmer zögert. Warum denn zwei Gruppen? Können wir das nicht alle zusammen bearbeiten?
Im Gespräch zählen Fakten und Resultate	Im Gespräch zählt das Gesprächsklima
Hört vorzugsweise mit dem Sachohr und dem Selbstdarstellungsohr	Hört vorzugsweise mit dem Beziehungs- und Appell-Ohr
Sachliche Argumentation, die Gefühle ausklammert, wird als kompetent wahrgenommen	Sachliche Argumentation, die Gefühle ausklammert, wird als unfreundlich, streng und distanziert wahrgenommen
Personen dieser Prägung verstehen nicht, warum ihre Sachinformationen nicht ankommen	Personen dieser Prägung wundern sich, wenn Appelle, Botschaften zwischen den Zeilen, nicht verstanden werden
Die Frage: „Was halten Sie davon, XY zu tun?" wird als Aufforderung verstanden, eine Entscheidung zu treffen.	Die Frage: „Was halten Sie davon, XY zu tun?" wird als Einleitung eines Gesprächs verstanden. Die fragende Person hat eine Idee, will sie aber niemandem aufzwingen, sondern besprechen.
Sachliche Kritik spornt an	Sachliche Kritik führt zu Verunsicherung – weil Beziehung in Frage gestellt
Beispiel: Eine Aufgabe wurde anders gelöst, als Sie es erwartet hatten. Herr/Frau X, ich hatte Sie beauftragt Grün zu produzieren, das hier ist jetzt Gelb. So kann ich das nicht einsetzen..	
Beobachtung: Mitarbeiter will genau wissen und verstehen, wo der Fehler lag und was anders werden soll.	Beobachtung: Mitarbeiter reagiert beleidigt. Aber wieso denn?! Gelb ist doch auch schön. Ihnen kann man aber auch gar nichts recht machen. Am besten ich lasse es nächstens ganz bleiben!
Das Beziehungsohr wird genutzt, um den eigenen Status zu checken, die Rangordnung zu klären.	Für diese Personen ist Status weniger wichtig.
Besprechungen sind eine Gelegenheit, sich zu präsentieren und bei Ranghöheren aufzufallen. In einer Gruppe von links geprägten Personen verändert sich das Klima, wenn ranghöhere Personen dazu kommen.	Nicht auffallen ist oberstes Gebot in Besprechungen. Stattdessen demonstrieren sie Harmonie. Das etablierte Gruppenklima bleibt, auch wenn der Chef dazukommt

Männlich geprägte Kommunikation	Weiblich geprägte Kommunikation
Für diese Gruppe zählen in der Diskussion Thesen und Fakten aus empirischen Untersuchungen – Frage: Wo steht das? Wer hat das außer Dir schon gesagt? Persönliche Erfahrungen und Beobachtungen werden als unsachlich empfunden und nicht als Beleg anerkannt.	Diese Gruppe baut eigene Erfahrungen in ihre Argumentation ein, um die Distanz zum Gesprächspartner zu überbrücken. Individuelle Beobachtungen und Erlebnisse werden als Beleg anerkannt.
Arbeiten mit der „Wucht der Behauptung". Sagen „das ist so", auch wenn sie sich nicht sicher sind. Wenn sie ein „ich meine" hören, nehmen sie den Inhalt nicht für voll, nehmen den Sprecher als unsicher wahr.	Formulieren vorsichtig mit Konjunktiven, formulieren Möglichkeiten. Selbst wenn sie etwas ganz sicher wissen, sagen diese Personen eher: „ich meine" statt „ich weiß". Nehmen Rücksicht auf ihr Gegenüber, wollen niemanden „überfahren".
Privates und Beruf werden getrennt. Mein Privatleben geht meine Kollegen doch nichts an! Personen dieser Prägung können auch mit Menschen arbeiten, die ihnen nicht sonderlich sympathisch sind.	Beziehungsaufbau beinhaltet auch den Austausch von Informationen über Privates. Wenn der Gesprächspartner nichts Persönliches preisgibt, reagiert die Person enttäuscht und verletzt. Personen dieser Prägung arbeiten nicht gerne mit Menschen, zu denen sie keine Beziehung aufbauen können.

Eine Reihe weiterer Verhaltensfacetten lassen sich in diesem Kontext beobachten:

Strukturiert oder flexibel Was beobachten Sie: Eine Person, die To-do-Listen und Pläne macht und sich dran hält – ergo übernommene Aufgaben termingerecht abliefert? Oder eine Person, die, wenn sie überhaupt Listen führt, diese ohne mit der Wimper zu zucken über den Haufen wirft, spontanen Impulsen nachgibt und am Ende unter Zeitdruck gerät? Ist der Schreibtisch eines Mitarbeiters, einer Mitarbeiterin eher leer, säuberlich geordnet, alles beschriftet und übersichtlich, oder tendiert der Anblick eher Richtung „Genie beherrscht Chaos"? Wie viele Staubfänger, Stehrümchen und Erinnerungsdinge befinden sich rund um den Arbeitsplatz?

Die Person mit dem aufgeräumten Schreibtisch und wenig Klimbim wird eher zu den strukturierten und damit zu den Linkshirnen tendieren, die anderen haben zwar auch eine Struktur, sortieren diese aber immer wieder neu und der Schreibtisch spiegelt eine Präferenz für rechtsseitiges Denken.

Handhaben Mitarbeiter Aufgaben nacheinander oder parallel? Lieben sie Routinen oder mögen sie die Abwechslung? Die Unterscheidung in monochronische/konvergente und polychronische/divergente Zeitmanager gehört auch in diesen Zusammenhang. Wir müssen alle mehrere Dinge gleichzeitig im Blick haben, das fällt jedoch manchen leichter als anderen. Die einen bevorzugen es, Dinge konzentriert und in Ruhe abzuarbeiten, sie können aus dem Tritt geraten, wenn sie die eingetreten Pfade verlassen müssen. Die anderen jonglieren lieber und nehmen auch gerne noch einen zusätzlichen Ball auf, lassen sich gerne und leicht ablenken.[9] Für die Führungskraft gilt es, dies bei der Aufgabenverteilung mit zu bedenken.

Entscheidungen treffen: situativ oder Regeln folgen Wie leicht fällt es einer Person, sich an Regeln zu halten beziehungsweise diese, wenn es gerade nicht passt, über Bord zu werfen? Eine Fußgängerampel in Berlin. Samstagnachmittag. Es ist rot, kein Auto in Sicht. Vor mir zwei Damen, die sich auf Französisch unterhalten. Sie schauen kurz und marschieren rüber. Ich gucke auf den restlichen Haufen aus Touristen um mich herum, die Straße ist weithin leer – und gehe ebenfalls. Der Rest meiner Gruppe bleibt stehen, bis grün ist.

Kommunizieren: direkt oder indirekt Spricht die Person, die Sie beobachten Klartext, oder verpackt sie ihre Botschaft zwischen den Zeilen? Die einen sagen: „Fahr bitte an der nächsten Ausfahrt raus, ich möchte einen Kaffee." Die anderen fragen: „Möchtest Du einen Kaffee?" Fragt ein Mitarbeiter: „Wer wird denn dieses Projekt übernehmen?" Oder kommt direkt: „Ich möchte das machen!"

„Typgerecht" führen heißt, Bedürfnisse zu kennen und zu adressieren

Ein Modell, mit dem ich gerne arbeite, ist das Riemann-Thomann-Modell der Bedürfnistypen (s. Abb. 12). Es basiert auf dem Werk des deutschen Psychologen und Psychotherapeuten Fritz Riemann über die „vier Grundformen der Angst", das der Schweizer Psychologe Christoph Thomann weiterentwickelte. Es beschreibt nicht die Ängste, sondern entsprechende Grundbedürfnisse, die uns allen eigen sind. Das heißt, alle vier Aspekte finden sich in jedem von uns – in unterschiedlicher Ausprägung. Diese Bedürfnisschwerpunkte äußern sich in beobachtbarem Verhalten. Für Führungsaufgaben ein hilfreicher Gedanke, denn wenn ich weiß, was jemand braucht, kann ich dieses Bedürfnis ansprechen und so einen Zugang finden. Ebenfalls hilfreich: Wenn ich weiß, wie ich selbst ticke, kann ich meine Wahrnehmungsfilter besser kontrollieren, denn wir neigen dazu, Menschen besser zu verstehen, wenn sie so fühlen und sich so verhalten wie wir selbst. Stehen sie auf der anderen Seite des Spektrums, kann es sein, dass wir Eigenschaften kritischer sehen.

Das Modell beschreibt die Bedürfnisse nach Nähe oder Distanz, nach Dauer oder Wechsel.

Das Bedürfnis nach Nähe haben Gruppenmenschen. Sie sind stark beziehungsorientiert, die anderen stehen im Mittelpunkt, die Gruppe, nicht das Individuum. Nähe steht für zwischenmenschlichen Kontakt, Harmonie, Geborgenheit. Ist das Bedürfnis nach Distanz stärker, ist die Person eher ein Einzelkämpfer. Menschen mit diesem Bedürfnis kreisen

---

[9] Eine Beschreibung und Lösungsansätze für beide Varianten finden sich u. a. beim „Papst" des Zeitmanagements Lothar Seiwert, Wenn Du es eilig hast, gehe langsam, überarbeitete Auflage 2005.

Abb. 12 Modell der Bedürfnistypen nach Riemann/
Thomann

eher um sich selbst, das Individuum steht im Vordergrund, der Wunsch nach Unabhängigkeit, Ruhe, Abstand, Individualität.

Das Bedürfnis nach Dauer steht für die Suche nach Planbarkeit, Kontinuität, Sicherheit, den Wunsch, Wurzeln zu schlagen. Dauertypen mögen Ordnung, Regelmäßigkeiten
und haben die Dinge gerne unter Kontrolle. Wechsel dagegen steht für das Streben nach
Veränderung, das Bedürfnis nach Abenteuer, Entwicklung, „action". Für Menschen mit
starkem Wechselbedürfnis bedeuten Ordnung und Regeln nicht Sicherheit sondern Un-
freiheit. Bei ihnen überwiegt im Zweifel die Neugier. Sie lieben Abwechslung, das Prickeln
des Unerwarteten, Spontaneität und Kreativität.

Wir tragen alle jedes dieser Bedürfnisse in uns. Die Frage ist, in welchem Ausmaß. Viele
Menschen haben einen Schwerpunkt in einem der Quadranten: Dauer/Nähe, Nähe/Wech-
sel, Wechsel/Distanz oder Dauer/Distanz. Finden Sie heraus, in welchem Quadranten Sie
selbst hohe Anteile haben und schauen Sie bei Ihren Mitarbeiterinnen und Mitarbeitern
genauer hin. Dabei ist Vorsicht geboten, denn Menschen können lernen! Das heißt, wenn
Sie das Bedürfnis nach Spontaneität haben und damit schon mehrfach auf die Nase gefallen sind, werden Sie lernen, Ihre spontanen Impulse zu zügeln. Das wird dann für den
Beobachter schwer einzuschätzen. Erst in der Zusammenschau mehrerer Aspekte und Beobachtungen ergibt sich eine brauchbare Hypothese. Nutzen Sie zur Beobachtung die oben
genannten Möglichkeiten:

Wie sieht der Schreibtisch aus? Viel freier Platz und Struktur sprechen für hohe Dauer-
Anteile, die Version „Genie beherrscht Chaos" spricht für Wechsel-Bedürfnisse.

Was macht die Person in ihrer Freizeit? Teamsport, gesellige Freizeitgestaltung, Mit-
glied in mehreren Vereinen spricht für ein Bedürfnis nach Nähe, Individualsportarten,
Beschäftigungen, die man alleine oder maximal zu zweit betreibt oder Exotisches (wie
Schlittenhunderennen als Hobby) sprechen eher für Distanz. Regelmäßigkeit und langjäh-
rig gleichbleibende Hobbys sprechen für Dauer, häufiger Wechsel in der Freizeitgestaltung
in der Tendenz für das Bedürfnis nach Wechsel.

Wie verhält sich die Person in Besprechungen? Diskutiert sie gerne? Hat sie auf jeden
Pott einen Deckel, füllt Gesprächspausen, ist wortreich, kann immer einen Beitrag leisten,

Abb. 13 Motive und Bedürfnisse ansprechen

Nutzen	→ Return on Investment
Prestige	→ Du wirst besser gesehen
Anerkennung	→ Beziehung: Du bist mir wichtig
Sicherheit	→ Du musst keine Angst haben!
Kontinuität	→ Dinge bleiben verlässlich
Gerechtigkeit	→ Rechte & Pflichten für alle gleich
Abenteuer	→ Neu, anders, prickelnd, Spaß
Bequemlichkeit	→ Es ist einfach, leicht …

dann spricht das für einen Schwerpunkt bei Wechsel. Spricht die Person eher selten, hält sich gerne im Hintergrund, drängt auf Einhaltung von (Spiel-)Regeln, kann das Bedürfnis nach Dauer dahinter stehen. Entscheidungsorientierte Beiträge, auch mal gegen den Strom, sprechen für Distanz. Die Bereitschaft, sich der Meinung anderer anzuschließen, nachzugeben, für andere zu sprechen, wenn die sich selbst nicht äußern, kann Anzeichen für das Bedürfnis nach Nähe sein.

Wie hoch ist der Energie-Einsatz für andere? Organisiert die Person gerne Teamevents, sorgt dafür, dass in der Kantine alle an einem Tisch Platz finden, macht die Kaffeemaschine sauber, ist bei gemeinsamen Aktivitäten immer dabei, wird ihr Nähe wichtig sein. Klinkt sie sich schon mal aus, macht die Tür eher zu als auf, kann recht gut „nein" sagen, wenn sie selbst andere Pläne hat, dann spricht das gegen Nähe und für Distanz.

Je nach Arbeitsumgebung hilft auch ein Blick auf die Kleidung. Wie auffällig oder angepasst kleidet sich jemand? Öfter mal was Neues oder Kleidungsstücke als langjährige Begleiter?

Wie verhält sich jemand im Umgang mit Aufgaben? Arbeitet eine Person Dinge gerne der Reihe nach ab, fällt es ihr schwer, eine einmal angefange Aufgabe zur Seite zu legen, um etwas anderes vorzuziehen, das im Augenblick wichtiger ist, spricht das für Dauer. Schnell aufkeimende Ungeduld und kreative Abkürzungen sprechen für Wechsel. Nähe-Typen werden ungern Aufgaben übernehmen, mit denen sie sich vom Team abheben. Distanz-Typen werden es toll finden, etwas alleine zu machen und selbst die Gangart zu bestimmen.

Sie beobachten Ihre Mitarbeiter nach diesen Aspekten und haben einen Anhaltspunkt für deren Bedürfnisschwerpunkt gefunden? Dann überlegen Sie, mit welcher Argumentation Sie Ihr Gegenüber für etwas gewinnen, motivieren können (s. Abb. 13).

Ein Beispiel

Das Team ist gewachsen, die Räumlichkeiten bleiben – Sie haben keine andere Wahl, als Mitarbeiter und Räume neu zu sortieren und zusammenzufassen. Zwei sollen sich künftig ein Büro teilen.

Der eine ist Peter Ordnung. Ein eher ruhiger Mann. Kümmert sich um Reports und Analysen, ein „number cruncher", der sich hervorragend in Zahlen vertiefen kann. Lieblingsfarbe grau. Ist ehrenamtlich beim Roten Kreuz und macht seit 30 Jahren den Kassenwart der Ortsgruppe. Zeichnet sich durch ordentlich beschriftete Akten und Verlässlichkeit aus.

Der andere ist Hans Dampf. Arbeitet im Marketing und ist in verschiedene bereichsübergreifende Projekte eingebunden. Lacht gerne, lehnt öfter Mal im Türrahmen anderer Büros für einen kurzen Plausch, beendet Aufgaben meist auf den letzten Drücker. Sucht sich gerne Sparringspartner, um neue Ideen zu entwickeln. Macht in seiner Freizeit Downhill (mit Mountainbikes Berge runterrasen), hat auch einen Gleitschirm zu Hause und diverse andere Sportausrüstungen. Wechselt die Brillen, passend zum jeweiligen Outfit.

Hier ein paar Argumente und die Motive, die Sie damit ansprechen:

Bitte! Tun Sie das für mich! Ich weiß mir keinen anderen Rat!	Beziehung, Anerkennung
Das ist mal was Neues und zugleich eine Herausforderung für Sie!	Abenteuer, Wettbewerb
Wenn Sie dieser Regelung zustimmen, sorge ich dafür, dass Sie dieses tolle zusätzliche Projekt bekommen. Da können Sie sich dann super profilieren!	Nutzen, Anreiz
Dieses Büro liegt auf der Vorstandsetage!	Prestige, Image
Sie sind von der Aufgabenstellung her der einzige, der mit dem Kollegen kompatibel ist. Ich habe die Kriterien aufgelistet und gewichtet, und die meisten Punkte sprechen für diese Kombination.	Sachliche Analyse, Sicherheit, Nachvollziehbarkeit, Gerechtigkeit
Alle müssen zusammenrücken, allein aus Gründen der Gerechtigkeit kann ich niemandem den Fortbestand eines Einzelbüros zusagen.	Gerechtigkeit, Gleichbehandlung
Wenn wir das jetzt umgeändert haben, bleibt es auch für die nächsten Jahre so bestehen!	Sicherheit, Kontinuität
Bitte, versuchen Sie es wenigstens erst einmal! Wir setzen uns nach einer Probephase wieder zusammen und wenn es gar nicht gehen sollte, finden wir eine andere Lösung!	Sicherheit
Es ist für Sie das kleinere Übel. Immerhin bleiben Sie in Ihrem angestammten Büro und müssen nur ein bisschen rücken.	Sicherheit, Bequemlichkeit
Von diesem Büro aus haben Sie kürzere Wege zum Besprechungsraum.	Nutzen
Das Büro ist besser ausgestattet als das des Abteilungsleiters!	Nutzen, Prestige

Nun, wen bewegen Sie mit welchem Argument? Wird Hans Dampf auf Kontinuität abfahren? Oder doch eher auf einen Return on Investment? Welcher der beiden wird eher auf das Argument der Gerechtigkeit eingehen? Der Individualist?

Wenn Menschen Nähe wichtig ist, reicht es häufig aus, um Hilfe zu bitten, denn sie werden sich gerne dafür einsetzen, die Beziehung zu Ihnen zu stabilisieren. Gerechtigkeit, Gleichbehandlung wird ebenfalls ziehen. Ist Distanz wichtiger, dann fruchten Nutzen-Angebote – finanzielle und andere. Auch Wettbewerb, Konkurrenz und Prestige-Aspekte können Distanz-Typen motivieren. Steht ein starkes Dauerbedürfnis im Raum, dann hilft es, herauszustellen, warum die vorgeschlagene Lösung Sicherheit und Dauerhaftigkeit garantiert, verlässlich ist: Darum sind Sie mit dieser Lösung auf der sicheren Seite! Es kann Ihnen nichts passieren! Wechsel-Typen haben ohnehin weniger Schwierigkeiten mit Veränderungen, das ist ja geradezu ihr Lebenselixier. Nehmen wir an, im Beispielfall haben Sie die richtige Ansprache gewählt, die beiden ziehen zusammen. Natürlich ist das keine Garantie dafür, dass die Sache gut geht: Hans Dampf wird in seinem neuen Bürogenossen nicht den Stichwortgeber und Spiegel bekommen, den er braucht. Peter Ordnung wird ausreichend Nähe-Bedürfnis haben, um seinem neuen Kollegen entgegenzukommen, möglicherweise jedoch bald von dem „Sprechdenker" in seinem Büro genervt sein, weil Hans Dampf dauernd Fragen stellt, um sie im nächsten Satz selbst zu beantworten. Ich sehe gute Chance, dass die beiden Spielregeln entwickeln, damit sie es miteinander aushalten.

Bedien- und Warnhinweise: Worauf es im Gespräch ankommt

Eigene Haltung

Ihre Haltung und Ihre Einstellung sind maßgeblich an gelungener Kommunikation beteiligt! Stellen Sie sich vor, Sie gehen in ein Gespräch und denken: „Diese Person nervt!" oder: „Die soll jetzt endlich funktionieren, schließlich wird sie dafür bezahlt!" oder: „Das ist mir hier zu anstrengend, ich habe keine Lust, auf diese/n Mitarbeiter/in einzugehen". Alles legitime Gedanken. Die Wirkung solcher Gedanken können Sie überprüfen. Schauen Sie sich bei Ihrem nächsten Gang durch ein Kaufhaus/Modehaus die Verkäufer und Verkäuferinnen an und versuchen Sie zu erraten, welche Haltung Sie hinter diesem Gesicht wahrnehmen. Achtung, bitte ein bisschen länger hinschauen und auch mal im Verkaufsgespräch beobachten – nehmen Sie eine Situation, in der die Person präsent ist. Jemand, der gerade Pullover zusammenlegt, ist möglicherweise in Gedanken woanders, und dann sacken die Gesichtszüge schon mal ab. (Ich spreche aus Erfahrung: Immer wenn ich voll konzentriert bei einer Sache war, fragten Kollegen mich: „Sag mal, bist Du sauer oder schlecht gelaunt? Das kenne ich gar nicht von Dir!" Nein, ich war nicht sauer oder schlecht gelaunt. Wenn ich mich stark konzentriere, kümmert sich meine Steuerung nicht mehr um die Muskeln im Gesicht. Und mein neutrales Gesicht sieht für andere unfreundlich aus, weil die Mundwinkel nach unten zeigen.)

Was lesen Sie nun also in den Gesichtern des Verkaufspersonals? Sehen Sie, ob diese Lust haben, Sie zu bedienen? Und nun stellen Sie sich vor, Sie würden mit den oben beschriebenen Gedanken in ein Gespräch mit einem Kunden/Vorgesetzten/Mitarbeiter gehen... Genau: Ihre Gesprächspartner lesen Ihre Haltung, so wie Sie die Haltung anderer lesen. Grundvoraussetzung für gute Kommunikation ist also, anderen offen und mit einer positiven Erwartung zu begegnen, denn auch das können Ihre Gesprächspartner/innen lesen.

M. Boden, *Mitarbeitergespräche führen*,
DOI 10.1007/978-3-658-02363-8_2, © Springer Fachmedien Wiesbaden 2013

Akzeptiert werden heißt selbst akzeptieren

Mögen Sie sich selbst gut leiden? Gut! Damit fängt Akzeptanz an. Voraussetzung dafür ist, dass Sie sich selbst ein wenig kennen:

Was sind Ihre Einstellungen und Werte, was ist Ihnen wichtig? Welche Rollen haben Sie? Wie denken Sie über sich, wie sieht Ihr Selbstkonzept aus? Was steht Ihnen zur Verfügung, welche Möglichkeiten haben Sie? Aus den Antworten auf diese Fragen ergibt sich Ihre Haltung und die wiederum bestimmt Ihr Verhalten.

> Niemand .kann anderen gut Freund sein, der sich nicht selbst ein guter Freund ist.
> (Aristoteles)

Ob der Funke überspringt und Sie von anderen akzeptiert werden, hängt von verschiedenen Faktoren ab, die Sie zum Teil steuern können. Sie haben gute Chancen auf Akzeptanz und Sympathie bei anderen, wenn:

- Sie Ihre eigenen Qualitäten kennen und sich mögen;
- Sie sich für Ihre Gesprächspartner interessieren;
- Begeisterung für die Sache/Aufgabe mitbringen;
- die nötigen (Fach-)Kenntnisse besitzen;
- über eine Palette von Methoden verfügen;
- erkennbar vorbereitet und präsent sind;
- Ihre Haltung (Kleidung, Körperhaltung, Sprache etc.) auf die Erwartung der Gesprächspartner ausrichten;
- ein positives Menschenbild haben.
  Wenn ich erwarte, dass Leute „schwierig" sind, dann werde ich das auch erleben…
  Weg mit negativen selbsterfüllenden Prophezeiungen!

Außerdem springt der Funke eher über, wenn

- es Gemeinsamkeiten gibt (Alter, Familiensituation, Hobbies und Interessen, Herkunft…)
- Sie sich öffnen können, zeigen, dass Sie verletzlich sind,
- räumliche Nähe möglich ist,
- gemeinsame Schwierigkeiten/Anstrengungen zu überwinden sind.

Die eigene Aufmerksamkeit steuern

Weitere Bausteine Ihrer Akzeptanz bei anderen sind Gerechtigkeit und Gleichbehandlung. Erinnern Sie sich an Ihre Schulzeit? Haben Sie sich damals geärgert, wenn der Lehrer den

Klassenbesten oder seinen bevorzugten Schüler antworten ließ, obwohl Sie zuerst aufgezeigt hatten? Begegnen Sie allen Beteiligten mit der gleichen Freundlichkeit, Wertschätzung und Sympathie, damit schaffen Sie die Basis für Ihre Akzeptanz, ein entspanntes Team und ein für alle Beteiligten nutzbringendes Projekt.

Wie es Menschen geht, wenn sie nicht genug Aufmerksamkeit bekommen, können Sie an sich selbst feststellen. Beispielsweise im Restaurant oder Biergarten. Sie möchten noch etwas bestellen oder die Rechnung bezahlen und versuchen, die Aufmerksamkeit der Bedienung zu erhaschen. Die aber läuft mit gesenktem Kopf herum und Sie können keinen Blickkontakt herstellen, um Ihren Wunsch anzubringen. Gute Servicekräfte schaffen es, einzelne Gäste aufmerksam zu bedienen und trotzdem alle anderen im Blick zu behalten. Und das gilt auch für gute Führungskräfte.

Sie merken, dass sie einzelne Mitarbeiter bevorzugen und wollen das ändern? Beantworten Sie für sich die Frage: Woran liegt das? Ist es Unachtsamkeit? Bin ich zu sehr mit der Aufgabe beschäftigt? Liegt mir eine Person eher als eine andere?

Strategien für mehr Aufmerksamkeit Ein paar Ideen, wie Sie Ihre Aufmerksamkeit bewusst gleichmäßiger verteilen können:

- Begrüßen Sie die Mitarbeiter morgens bei einem Rundgang durch die Büros.
- Machen Sie regelmäßige Statusbesprechungen oder täglich fünf Minuten vor der Planungswand im Stehen.
- Sorgen Sie dafür, dass Sie mit allen gleichermaßen regelmäßig sprechen. Wenn bestimmte Aufgaben eine höhere Kontaktfrequenz mit Einzelnen erfordern, gleichen Sie das nach Möglichkeit aus, z. B. durch einen bewussten Plausch an der Kaffeemaschine mit denen, die Sie nicht so oft sehen.
- Achten Sie in Besprechungen darauf, wen Sie wie oft fragen oder ansehen. Legen Sie sich bewusst Regeln zurecht, in welchem Rhythmus Sie Fragen an die Team-Mitglieder/Besprechungsteilnehmer geben. Je nach Sitzordnung lassen Sie z. B. den Blick abwechselnd in Form eines „M" und „W" über die Gruppe wandern. Auf diese Weise versteigen Sie die Chance für Blickkontakte und bemerken Äußerungswünsche leichter.
- Wenn Sie das Gefühl haben, es sind immer dieselben, die Sie ansprechen, dann äußern Sie diese Vermutung laut: „Ich habe das Gefühl, ich frage immer dieselben. Habe ich jemanden vernachlässigt? Bitte melden Sie sich, wenn Sie nicht zu Wort kommen!"
- Eine Frage bewusst an eine ganze Gruppe geben: „Ich frage jetzt mal die erste Reihe/Sie hier auf der linken Seite/alle neuen Kollegen im Team: Wie ist das mit…?"
- Bauen Sie Frageen/Ideensammlungen/Blitzlichter ein, bei denen alle Beteiligten aufgefordert sind, etwas zu sagen.

Vorsicht: Übertragungsphänomen!

Wichtig ist es auch, das sogenannte „Übertragungsphänomen" zu vermeiden. Steckt hinter der ungleichen Behandlung persönliche Sympathie oder Antipathie? Sie bemerken, dass Sie bestimmte Teammitglieder weniger häufig fragen oder weniger freundlich behandeln, weil Sie etwas stört? Weil Sie sich mit diesen Menschen nicht so wohl fühlen, ohne dass Sie konkret benennen könnten, warum das so ist? Das kann daran liegen, dass Sie unbewusst die Erinnerung an andere Menschen mit dieser Person verbinden und die Eigenschaften/ Unmut aus früheren Erlebnissen auf die aktuelle Situation übertragen. Solchen unbewussten Prozessen begegnen Sie, in dem Sie sich bewusst mit der Person auseinander setzen. Suchen Sie nach Aspekten, die Sie an dieser Person gut leiden mögen, überlegen Sie, welche Qualitäten die Person hat/haben könnte. Wie hat sich diese Person bisher wirklich verhalten? Wenn Sie diesen Menschen genau betrachten und dabei die Wahrnehmungsfilter ausschalten, haben Sie gute Chancen, neue Aspekte zu entdecken. Ich empfehle in solchen Situationen ein T-Konto: Schreiben Sie auf die eine Seite, was Sie an der Person stört. Und dann zwingen Sie sich, die positive Seite des Kontos ebenfalls zu füllen. Gab es in der Vergangenheit positive Eindrücke? Wofür könnten andere Menschen die Person schätzen? Gibt es Situationen, in denen das, was Sie stört, eine Stärke sein kann? So gleichen Sie Ihre persönlichen Wahrnehmungsfilter aus und können offener agieren.

Richtige Haltung beim Vertrieb abgucken

Was ist eigentlich der Job eines Verkäufers/einer Verkäuferin? Waren oder Dienstleistungen an Kunden verkaufen? Stimmt. Und – dürfen Verkäufer Unterschiede machen, das heißt nur an Kunden etwas verkaufen, die sie leiden mögen? Natürlich nicht! Das würde die Möglichkeiten, Umsatz zu machen, zu sehr einschränken. Sie wollen doch auch möglichst alle Optionen ausschöpfen, einen guten Job zu machen. Darum ist es eine gute Idee, die Grundregeln für ein Verkaufsgespräch auch in Gesprächen mit Mitarbeitern anzuwenden.

Der erfolgreiche Vertriebsmensch führt das Gespräch dabei durch eine Reihe von Phasen oder Gesprächsschritten:

Zunächst geht es darum, eine gute Chemie herzustellen. Der Grundgedanke im Verkauf lautet: Der Kunde kauft „mich" – hat er kein Vertrauen zu mir, kauft er mich nicht – und auch nicht mein Produkt. Ist das Vertrauen hergestellt, eine Basis geschaffen, will der Verkäufer wissen, ob der Kunde einen Bedarf hat. Hat er keinen, kann ich ihm voraussichtlich auch nichts verkaufen. Einzige Chance: das Interesse des Kunden und damit doch einen Bedarf wecken. Im dritten Schritt findet ein Vertriebsprofi heraus, ob der Kunde bereit ist, zu handeln. Manche wollen nur schauen, sich informieren und später erst entscheiden. Angenommen, die Person hat ein ernsthaftes Kaufinteresse. Nun gilt es herauszufinden, ob sie „fähig" ist, den Kauf zu tätigen. Hat sie das nötige Budget? Trifft sie die Entscheidung alleine? Geld ist da und Entscheidungsfähigkeit gegeben? Dann können wir das Geschäft abschließen und für einen freundlichen Ausklang sorgen, damit dieser Kunde wiederkommt.

Wahrscheinlich kommen Ihnen diese Überlegungen bekannt vor. Es ist im Kern nichts anderes als der bereits vorgestellte Dreiklang „Wollen-Können-Dürfen" beim Stichwort Motivation. Wichtig ist hier die Flankierung durch die eigene Haltung: Es geht darum, eine Beziehung herzustellen und zu pflegen. Im Zentrum steht für den Vertriebler wie für die Führungskraft: Den Gesprächspartner in den Mittelpunkt stellen, herausfinden, was auf dessen Seite los ist – was der andere braucht, um mich zu „kaufen".

Vorbereitung und Wahrnehmung

Weil die Beziehungsebene in der Zusammenarbeit so wichtig ist, verdient sie besonderes Augenmerk bei der Vorbereitung von Gesprächen. Zunächst die Frage, warum unser Gefühl oft im Weg steht und es uns schwer macht, eine gute Beziehung herzustellen.

Bauchgefühl, Instinkt, limbisches System

Verbale wie nonverbale Kommunikation entfaltet eine intensive und oft unmittelbarere Wirkung auf unser Denken, Fühlen und damit auch Verhalten. Dahinter steckt die Entwicklungsgeschichte des Menschen und die Tatsache, dass wir über zwei Entscheidungssysteme verfügen: den Verstand und den Instinkt.

Den Verstand, die Ratio, die Vernunft nutzen wir, um Argumente zu sammeln, zu prüfen und gegeneinander abzuwägen. So können wir zu einer Entscheidung gelangen. Dieses Entscheidungssystem braucht Zeit und Ruhe. Diesen Entscheidungsmechanismus ordnen Hirnforscher dem entwicklungsgeschichtlich jüngsten Teil unseres Gehirns zu, dem aus zwei Hemisphären bestehenden Großhirn.

Das zweite Bewertungssystem ist entwicklungsgeschichtlich wesentlich älter und sitzt im ältesten Teil unseres Gehirns, dem sogenannten Reptiliengehirn (es steuert bei Wirbeltieren die Grundvoraussetzungen des Lebens wie Atmung, Herzschlag, Nahrungsaufnahme etc.). Es beeinflusst unsere verbale und nonverbale Kommunikation, darum ist es hilfreich, in schwierigen Situationen gut zu beobachten und diese nonverbalen Signale aufzunehmen, um einen Gesprächspartner wirklich zu verstehen.

Die Schweizer Psychologin Maja Storch nennt es den Strudelwurm – das Würmli – ausgehend von der Überlegung, dass schon der Strudelwurm in der Ursuppe und nach ihm alle Lebewesen auf der Welt diese grundlegende Entscheidungsfähigkeit hatten und haben. Das Würmli bietet instinktive Bewertungen von Erlebnissen an – es ist ein auf Erfahrungen beruhendes Überlebenssystem. Dieser Strudelwurm ist bereits im Mutterleib einsatzbereit, jedoch nicht an das Bewusstsein gekoppelt.

Das Würmli arbeitet wesentlich schneller als der Verstand. Es bietet keine sprachlich fassbaren Gedanken, sondern diffuse Gefühle und unterscheidet nicht wie der Verstand zwischen richtig und falsch, sondern zwischen mag ich (juhu!) und mag ich nicht (grummel…). Es sind ererbte Instinkte und persönliche Erfahrungen, die uns helfen, den Alltag zu meistern. Denn der Wurm ist robust und kann auch dann reagieren, wenn der Verstand durch zu hohen Druck, Lärm, Adrenalinausstoß etc. nur eingeschränkt arbeiten kann.

Eine wichtige Botschaft von Maja Storch: Wir sollten die Signale unseres Strudelwurms ernst nehmen und beachten. Zufriedenheit, so die Psychologin, ist das Ergebnis eines glücklichen Wurms. Außerdem empfiehlt Storch eine Balance zwischen beiden Bewertungssystemen zu finden, vor allem, wenn der Bauch/Wurm anders will als der Verstand.

Der Mensch kann mit der Kraft seines Verstandes sein Würmli zwingen, etwas zu tun, das es nicht will. Beispiel Zahnarzttermin: Hier ist es sinnvoll, den Wurm an die Leine zu legen. Achtung, hier ist Vorsicht geboten: Zu viel Selbstkontrolle – bei Maja Storch heißt das „das Würmli würgen" – macht krank, zu wenig Selbstkontrolle möglicherweise lebensuntüchtig.

Die neurowissenschaftliche Bezeichnung für das Würmli, den körperlichen Beitrag zu Entscheidungen beruhend auf emotionalen Erfahrungswerten, ist: „somatische Marker" (somatisch = vom Körper her).[1]

Autopilot im Griff?

Wir steuern unsere Handlungen, Aktionen wie Reaktionen zum größten Teil nicht bewusst, sondern unbewusst – wir fliegen sozusagen auf Autopilot. Sie denken nicht darüber nach, ob Sie bremsen, wenn die Ampel auf Rot springt. Sie überlegen nicht, wie Sie beim Fahrradfahren das Gleichgewicht halten. Lächeln und Rotwerden sind unwillkürliche Handlungen – der Kopf/Wille ist nicht beteiligt, wenn Ihre Mundwinkel beim Anblick eines süßen Welpen hochgehen, oder wenn Ihnen bewusst wird, dass Sie gerade in ein Fettnäpfchen getreten sind.

Unseren Vorfahren, den Steinzeitjägern, fuhr beim Anblick von Bewegung im hohen Gras sofort ein Adrenalinstoß in die Glieder: Säbelzahntiger! Weg hier! Hätten sie rationale Überlegungen angestellt, wären sie wahrscheinlich gefressen worden. Auch heute brauchen wir diese Fähigkeit, rasche Entscheidungen zu treffen und komplexe Informationen rasch zu sortieren. Das Würmli – also unser Instinkt, unser Bauchgefühl – ist nützlich und wichtig! Achten Sie auf diese diffusen Signale und Empfindungen.

Für geschickte und ergebnisorientierte Kommunikation in schwierigen Situationen schicken Sie Ihr Gefühl zusätzlich durch einen Filter: Was genau haben Sie beobachtet,

---

[1] Storch, Maja, Machen Sie doch was Sie wollen! Wie ein Strudelwurm den Weg zur Zufriedenheit und Freiheit zeigt, Verlag Hans Huber, Bern, 2010

Den Begriff der „somatischen Marker", die Maja Storch in ihrem Züricher Modell mit dem „Würmli" in Beratung zur Selbstorganisation nutzt, hat der portugiesische Neurowissenschaftler António R. Damásio in seinen Arbeiten zur Bewusstseinsforschung geprägt.

wahrgenommen? Wie beurteilen Sie das? Welche Ihrer eigenen Werte und Normen spielen mit?

Üben Sie, genau hinzuschauen und zu beobachten – und hinterfragen Sie, was Sie wahrnehmen. Nutzen Sie die Körpersprache, um Ihre Gesprächspartner besser zu verstehen!

Sie haben immer die Möglichkeit, Ihre Reaktion zu wählen! Die Ursache für das Verhalten einer Person liegt nur selten in der Person, die das Verhalten „abbekommt" es liegt viel mehr in der Person, die das Verhalten an den Tag legt. Wir haben immer die Möglichkeit, unsere Reaktion zu wählen – wir können uns über andere ärgern, wir können es aber auch einfach nur lassen!

Entwickeln Sie die Fähigkeit, Ihre tatsächlichen Wahrnehmungen zu beschreiben und nicht gleich mit der Interpretation ins Haus zu fallen, die Ihr Instinkt Ihnen anbietet. Ebenso wichtig: Verallgemeinern Sie Ihr persönliches Wertesystem nicht, sondern erläutern Sie es und gleichen Ihre Bewertungen mit denen der anderen ab.

„Grüßen" ist ein ebenso banaler wie häufig zu Missverständnissen führender Wert: Da ist der Stadtmensch, neu auf dem Land. Er grüßt nicht alle, die ihm begegnen. Die Dorfleute denken: Der ist arrogant, weil im Dorf jeder jeden grüßt, ob er ihn kennt oder nicht. Der Stadtmensch ist es nicht gewöhnt, Menschen zu grüßen, die er nicht kennt, das würde bei einem Wohngebiet mit Mehrfamilienhäusern oder innerstädtischen Wohnvierteln auch schwierig. Die Besiedelungsdichte scheint also einen starken Einfluss auf das Grußverhalten zu haben. Bei einer Radtour im Süden Irlands grüßten die Menschen einander schon aus einem Kilometer Entfernung.

Beispiele unterschiedlicher Bewertung im Arbeitsalltag

Grußregeln?!

Eine Mitarbeiterin kommt nach einem Außentermin später ins Büro, d. h. die morgendlichen Begegnungen auf dem Flur sind durch, alle sitzen schon konzentriert an ihren Aufgaben. Gehe ich jetzt herum und sage trotzdem noch ein „Guten Morgen" in alle Büros? Oder gehe ich an meinen Schreibtisch, begrüße den dort sitzenden Bürokollegen und unterbreche die anderen nicht? Bei der zweiten Variante ist mit hoher Wahrscheinlichkeit jemand unter den Kollegen, der sich Gedanken macht, warum die Kollegin heute nicht vorbeigeschaut und „Guten Morgen" gesagt hat.

Ein Mitarbeiter begegnet einem Vorgesetzten einer höheren Ebene auf dem Flur und grüßt freundlich, bekommt jedoch keine Antwort. Nach der dritten solchen Begegnung grüßt auch der Mitarbeiter nicht mehr. Aus einer Führungskräftebesprechung bekommt der Chef dieses Mitarbeiters wenig später den Hinweis, die Mitarbeiter in seiner Abteilung seien unhöflich, sie würden nicht grüßen. Dieser Vorgesetzte hat möglicherweise selbst eine eher patriarchalisch-autoritäre Führung erlebt und hält nun einseitiges Grüßen über Hierarchie-Ebenen hinweg für normal, oder war mit seinen Gedanken beschäftigt und hatte seinen kurzen Blickkontakt schon als Gruß verstanden.

Ausdehnung von Arbeitszeit

Für manche Menschen ist ihre Arbeit der wichtigste Bestandteil ihres Lebens. Bei anderen spielen andere Lebensbereiche eine wichtigere Rolle. So kann es sein, dass eine Mitarbeiterin sich freiwillig bereit erklärt, am Wochenende eine Veranstaltung, Konferenz oder Messe zu besuchen – ohne finanziellen Anreiz oder zeitlichen Ausgleich. Ein anderer Mitarbeiter äußert zwar Neid, dass die Kollegin so viel herumkommt, ist jedoch nicht bereit, ein Wochenende für eine solche Aktion zu „opfern". Für die eine Person sind die Eindrücke und Begegnungen, das Unterwegs-sein Anreiz genug, also den Einsatz wert. Die andere Person bewertet das mit der Ehefrau verbrachte Wochenende höher.

Oder nehmen wir eine Vorgesetzte, die in ihrem Beruf aufgeht. Sie führt eine Wochenendbeziehung und hat in der Woche kaum private Freizeitgestaltung. Sie nutzt gerne die späten Nachmittage für Besprechungen, die dann regelmäßig über den offiziellen Feierabend hinausgehen und verabredet sich auch mal mit einer Mitarbeiterin zum Abendessen, um dabei noch ein paar Dinge zu besprechen. Aus der Sicht von Mitarbeitern, die nach Feierabend Sport treiben, in Vereinen aktiv sind oder sich um ihre Familien kümmern wollen, kann das als unzumutbar bewertet werden.

Erwartungen sind nicht selbstverständlich

Der Vorgesetzte A diktiert seiner langjährigen Sekretärin. Er ist ein kreativer Kopf, etwas sprunghaft und leicht abzulenken. So hören sich auch seine Diktate an. Seine Mitarbeiterin gleicht das aus und macht aus den diktierten Informationen hübsche, gut lesbare Briefe. Nun ist sie im Urlaub und die Assistentin des Kollegen B hilft bei der Korrespondenz aus. Ergebnis: A bekommt wörtlich das, was er diktiert hat. Diese Sekretärin handelt entsprechend der Werte, die sie kennt. Sie dürfte es nie wagen, Formulierungen des Vorgesetzten B eigenmächtig zu ändern. Ihre Bewertung: A kann gefälligst vernünftig diktieren, wenn er weiß, dass jemand anderes das schreiben soll. Seine Bewertung: Was ist das für eine Sekretärin, die nicht mitdenkt!

Lebenszyklus und Werte

Unterschiedliche Werte prallen auch häufig aufeinander, wenn Menschen sich an unterschiedlichen Punkten im Lebenszyklus befinden. Ein langjähriger erfahrener Mitarbeiter erwartet, auf Grund seiner Erfahrung und seines Lebensalters mit mehr Respekt behandelt zu werden, nimmt sich möglicherweise Freiheiten heraus, steht auf dem Standpunkt: „jetzt sind mal die jüngeren dran". Die jungen Leute auf der anderen Seite messen nicht Erfahrung, sondern geleistete Mengen oder Zeiten: „Ich arbeite genau so viel, also muss ich auch genau die gleiche Bezahlung bekommen – wenn nicht sogar mehr!" Nach meinen Erfahrungen sind unterschiedliche Wertehaltungen und Erwartungen im Hinblick auf Lebensalter und Lebenserfahrung ein Punkt, an dem sehr häufig konfliktträchtige Reibung entsteht – auch oder gerade dann, wenn jüngere Vorgesetzte auf ältere Mitarbeiter treffen.

Beobachten – Beurteilen – Bewerten

Viele Missverständnisse fangen damit an, dass wir mit unserer „instant" vorhandenen Interpretation einer Beobachtung ins Haus fallen. Darum gilt immer dann, wenn unser Bauchgefühl grummelt: Erst die reine Beobachtung beschreiben, dann das Bauchgefühl auf Plausibilität prüfen und schließlich die eigene Bewertung prüfen und nicht ungeprüft anderen überstülpen.

Beobachten

Keine Rückmeldung ohne „echte" Wahrnehmung! Es gilt also nur das, was Sie mit einem Ihrer Sinne wahrnehmen können und so für andere Menschen nachvollziehbar ist:

→ Was habe ich gesehen, gehört, gerochen, gefühlt, geschmeckt? Können andere dies ebenfalls wahrnehmen?

„Irgendwie habe ich das Gefühl…" ist keine Beobachtung!

„Sie ziehen gerade eine Augenbraue hoch …" ist eine Beobachtung.

Eine persönliche Beobachtung ist auch die Grundvoraussetzung für ein kritisches Gespräch!

Beurteilen

Im zweiten Schritt folgt die Plausibilitätsprüfung: Beziehen Sie den Ihnen bekannten Kontext, das Umfeld, Zusatzinformationen und Ihre Lebenserfahrung in Ihre Beurteilung ein:

→ Wie wahrscheinlich ist meine erste Interpretation? Passt das zu meinen Hintergrundinformationen und meinen Erfahrungen?

Ein Mitarbeiter verzieht in der Besprechung keine Miene und beteiligt sich nicht an der Diskussion. Ihr erster Gedanke: Dem passt hier was nicht, der hat keine Lust! Jetzt die Plausibilitätsprüfung: Es ist ein meist gut gelaunter Mensch, der sich sonst lebhaft an Diskussionen beteiligt und in der Lage ist, Einwände zu formulieren, wenn er welche hat. Die erste Interpretation ist also recht unwahrscheinlich.

Statt „Sie haben wohl heute keine Lust, sich an unserer Diskussion zu beteiligen!", fragen Sie lieber: „Sie haben heute noch nichts gesagt. Das kenne ich gar nicht von Ihnen. Was ist los?"

Wahrscheinlich werden Sie dann erfahren, dass die Person Ohrenschmerzen hat und jede Bewegung der Gesichtsmuskeln weh tut. Der Mitarbeiter ist trotzdem ins Büro gekommen, weil ihm das Thema am Herzen liegt.

Bewerten

Prüfen Sie: Welche meiner Werte/meiner Spielregeln fließen bei meiner Reaktion auf eine Situation ein? Jeder von uns hat im Laufe seiner Sozialisation sein ganz persönliches Werte- und Normensystem entwickelt.

Abb. 1 Wahrnehmungsfilter
prüfen

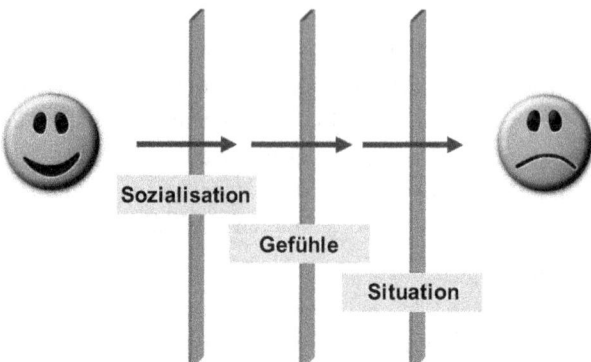

→ Kann ich voraussetzen/verlangen, dass mein Gegenüber die gleichen Werte und Spielregeln hat?

Hier hilft es, die eigene Bewertung auf den Tisch zu legen: Eine Ich-Aussage zu meinem persönlichem Wertekanon zu treffen. Anschließend fragen Sie nach, wie die andere Person die Sache bewertet. Dadurch ist es möglich, eine Annäherung über gegenseitiges Verständnis zu erreichen.

Beispielsweise bei einem Führungswechsel passiert es häufig, dass die neue Führungskraft Dinge anders bewertet hat als die bisherige. Was die eine Person toleriert hat, kann die andere rundweg ablehnen und inakzeptabel finden. (Abb. 1)

Kooperative Haltung fördert kooperatives Verhalten

Mit der Art und Weise, wie wir uns verhalten, beeinflussen wir das Verhalten anderer. Es ist ein bisschen so wie mit diesen Geduldsspielen, bei denen wir Kugeln auf einem Brett durch die Bewegung des Brettes in ein bestimmtes Loch lenken wollen. Mit viel Fingerspitzengefühl, einer ruhigen Hand und Übung gelingt es uns. Je nach Lage der Kugel führen jedoch bestimmte Bewegungen dazu, dass die Kugel wegrollt. Ebenso gibt es Verhaltensweisen in Gesprächen, die kooperatives Verhalten auslösen – die Kugel rollt in die richtige Richtung – oder rechtfertigendes Verhalten auslösen – die Kugel rollt weg.

Beschreiben statt bewerten „Wer hat sich denn diesen Blödsinn hier ausgedacht? So kann das doch nicht funktionieren!" ist eine bewertende Aussage. Die Person, die das äußert, wirkt, als wisse nur sie die richtige Antwort, wie eine übergeordnete Instanz. Das kommt autoritär, dominierend, distanziert, unbeteiligt rüber. Besser ist es zu beschreiben. Dann wirkt der Sprecher sachlich, problemorientiert, anerkennend und neutral: „Ich habe den Entwurf/das Konzept zu XY gelesen und kann diese Gedankengänge und Argumente nicht nachvollziehen. So wie ich es verstanden habe, wird es aus meiner Sicht nicht das gewünschte Ergebnis bringen. Bitte erklären Sie mir genauer, was Sie sich dabei gedacht haben."

Gleichheit statt Überlegenheit Wir nehmen es als Signal von Überlegenheit wahr, wenn Menschen häufig Fremdworte benutzen, komplizierte Redewendungen verwenden, nicht zuhören und so tun als kennen sie schon alles. Ein abwertendes Grunzen oder eine hochgezogene Augenbraue während jemand anderes etwas sagt, genügen da schon. Wenn andere ihren Status herausstreichen „… also ich als Abteilungsleiter …!" und versuchen Dinge alleine zu bestimmen, dann kommt das meist als Versuch der Dominanz an: „Och nö! Was haben Sie denn da alles mitgebracht? Zeigen Sie mal her, dann sage ich Ihnen, worüber wir heute sprechen können." Besser fahren wir mit Gleichheit: „Welche Punkte wollen Sie denn heute mit mir besprechen?" Andere partnerschaftlich behandeln, deren Beiträge anerkennen, Meinungen zusammentragen, der Versuch zu einer gemeinsamen Auffassung zu gelangen – diese Verhaltensweisen wirken umgänglich und machen andere Menschen umgänglicher.

Einfühlen statt abweisen Wir fühlen uns abgewiesen, wenn wir Sätze hören wie: „Kommen Sie mir doch nicht damit! … Wir sind doch hier nicht bei der Fürsorge! … Nun haben Sie sich mal nicht so! … Ich will keine Entschuldigung hören! …" Dagegen sind wir bereit, auf den anderen einzugehen, wenn der auch auf uns eingeht: „Das war sicher nicht einfach für Sie. … Ich verstehe Ihre Situation. … Ich kann das nachvollziehen…" Wenn Sie einen solchen Satz vorwegschicken, können Sie Ihren Standpunkt anschließen: „… Und aus meiner Sicht/für mich ist es wichtig, dass …"

Flexibel statt stur Wenn Gesprächspartner von ihrem Standpunkt nicht abzubringen sind, immer wieder den gleichen Vorschlag machen, oder Dinge schwarz-weiß zeichnen, sind wir rasch genervt. Typisch sind Killerphrasen wie: „Das geht so nicht! … Das brauchen wir nicht! … Das hat doch noch nie funktioniert. … Das ist mir völlig egal, ich will das so!" Dagegen empfinden wir Menschen, die auf unsere Gedanken und Einwände eingehen und bereit sind, sich auch Dinge anzuhören, die ihnen nicht auf den ersten Blick einleuchten als angenehme Gesprächspartner: „Daran habe ich nicht gedacht! … Hmm, Sie meinen also…? … Das ist ganz neu für mich, erklären Sie mir das bitte näher. … Ich verstehe, worauf Sie hinauswollen, mir ist jedoch noch nicht klar, wie wir das mit Ihrem Vorschlag erreichen können."

Offenheit statt Taktik Wir ärgern uns, wenn Gesprächspartner/Kollegen in der einen Sitzung einen Vorschlag kritisieren, den wir gemacht haben, und dann am nächsten Tag genau damit kommen und es als ihren Gedanken verkaufen. Wir empfinden es als hinterhältig, wenn wir einen im Kollegenkreis besprochenen Missstand in einer Besprechung vortragen, und kein anderer äußert sich mehr dazu. Wir fühlen uns hintergangen, wenn jemand sich in einer Besprechung nicht zu Plan A äußert, und wir später erfahren, dass er/

sie Plan B auf anderen Kanälen vorantreibt. Taktik, Unklarheit über die Sichtweisen anderer oder die nächsten Schritte machen uns unsicher. Wir mögen nicht manipuliert werden.

Offenheit ist darum die Strategie für gute Zusammenarbeit: Wenn Menschen klar sagen, was sie denken, Gefühle zeigen, ihre abweichende Meinung als solche formulieren, ihre nächsten Schritte ankündigen. Offenheit ist die Voraussetzung für Vertrauen und die Bereitschaft, Verantwortung zu übernehmen.

Wertschätzen statt herrschen Vorgesetzte, die die Motivationslage und Interessen ihrer Mitarbeiter nicht beachten, Prioritäten diktieren statt zu abzustimmen, alle Argumente verwerfen, die die eigene Idee schwächen und den Mitarbeitern das Gefühl geben „Mittel zum Zweck" zu sein, werden selten auf kooperatives Verhalten stoßen. Diese Wirkung hat beispielsweise eine Äußerung wie „Sie sind für mich nur eine Kostenstelle." Wertschätzung geht anders. Wertschätzen heißt, die Person unabhängig von der Leistung achten, allen Beteiligten das Gefühl geben, dass sie ernst genommen werden.

Mit Methode vorgehen

Für Aufgaben in der Produktion gibt es zahlreiche Tools und Methoden zur Verbesserung von Prozessen, zur Sicherung der Ergebnisse und für die dauerhafte Behebung von Fehlern. Da gibt es Schlüsselindikatoren für unsere Leistung, KPI (Key Performance Indicators). Wir prüfen die Qualität der Produkte und haben Kosten und Termine im Blick mit QCD (Quality, Cost, Delivery). Wir führen im Rahmen des TQM (Total Quality Management) Maßnahmen zur Sicherung der Qualität durch. Damit uns nichts durch die Lappen geht, machen wir zur Sicherung der Produktion eine vorbeugende Instandhaltung (TPM, Total Production Maintenance) und regelmäßige Inspektionen, z. B. PGI (Planned General Inspections), oder schauen uns eine Woche lang die Abläufe an, um Verbesserungsmöglichkeiten zu entwickeln, SWIP (Single Week Improvement Plan). Wenn in der Produktion ein Problem auftaucht, nutzen wir auch mal ein Ursache-Wirkungsdiagramm (Ishikawa) oder setzen Poka Yoke ein.[2] So können wir herausfinden wo wir ansetzen müssen, um die Fehlerquellen auszuschalten.

Gespräche sind der „Produktionsprozess" von Führungskräften und von zentraler Bedeutung für deren Erfolg. Welche Tools zur Beobachtung haben wir dafür?! Was bedeutet die Einhaltung von Qualität, Kosten und Terminen in Bezug auf Gesprächsführung? Wie können wir für „Instandhaltung" sorgen? Was können wir uns von den erprobten Verfah-

---

[2] Ishikawa ist ein in den 40er Jahren des 20. Jh. entwickelte und nach dem japanischen Wissenschaftler Kaoru Ishikawa benanntes Diagramm in Fischgrätenform. Produktionsprozesse werden nach ihren Einflussfaktoren systematisch überprüft: Menschen, Material, Ausrüstung, Methoden, Maschinen und Umwelt. Es dient ebenso der Analyse von Qualitätsproblemen wie das systematische Vorgehen Poka Yoke, das ein Qualitätsingenieur bei Toyota 1961 entwickelte.

Abb. 2 Qualität sichern …

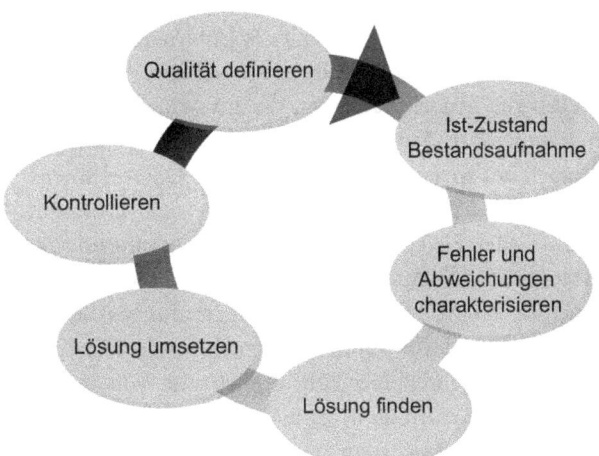

ren aus der Produktion abgucken? Am besten nutzen wir die klassische Vorgehensweise bei der Qualitätssicherung:

Qualität sichern heißt: definieren – messen – analysieren – verbessern – kontrollieren

Die eigene Führungsqualität definieren

Nehmen wir beispielsweise QCD: Haben Sie Qualitätsstandards für Ihre Gespräche definiert? Haben Sie die Kosten und Termine im Blick? Also investieren Sie regelmäßig 10 min, um so spätere mühsame und lange Problemgespräche oder Kosten und Aufwand eines Trennungsprozesses zu vermeiden? Checken Sie Ihre Schlüsselindikatoren, z. B. indem Sie sich das Feedback Ihrer Mitarbeiter und Vorgesetzten einholen (Bottom-up-Feedback, Jahresgespräche, Zielvereinbarungen etc.)? Welche Methoden der langfristigen Qualitätssicherung nutzen Sie (Querverweis: Vorbeugende Instandhaltung bei Mitarbeitern? Führungsinstrumente nutzen!) und welche regelmäßigen Inspektionen und Verbesserungsmaßnahmen führen Sie in Form von morgendlichen Kurzbesprechungen oder internen Workshops, teaminternen Projektfeedbacks und Manöverkritiken durch? Machen Sie TQM/TPM indem Sie Mitarbeitergespräche und Fördergespräche führen, sich Zeit nehmen, Ihre Mitarbeiter zu coachen oder sie zur Weiterbildung zu schicken? (s. Abb. 2)

Sie suchen nach Anhaltspunkten für Ihre Qualitätsdefinition? Schauen Sie doch mal in die Unternehmensleitlinien, den Grundwerte-Katalog oder die Firmenphilosophie! Da stehen die Basics. Hier ein Beispiel:

„Partnerschaft zum Nutzen der Mitarbeiter und des Unternehmens ist die Grundlage unserer Unternehmenskultur. Motivierte Mitarbeiter, die sich mit dem Unternehmen und seinen Grundwerten identifizieren, sind die treibende Kraft für Qualität, Effizienz, Innovationsfähigkeit und Wachstum des Unternehmens. Die Basis unseres partnerschaftlichen Führungsverständnisses bilden gegenseitiges Vertrauen, Respekt vor dem Einzelnen sowie das Prinzip der Delegation von Verantwortung. Unsere Mitarbeiter haben größtmöglichen Freiraum, sie sind umfassend informiert und nehmen sowohl an Entscheidungsprozessen als auch am wirtschaftlichen Erfolg des Unternehmens teil. Für ihre Weiterentwicklung und die Sicherung ihrer Arbeitsplätze setzen wir uns ein."[3]

Ein weiterer Weg: Schauen Sie sich die Inhalte und Ziele von Weiterbildung, Coachings, Assessments und Audits in Ihrem Unternehmen an. Womit beauftragen Personalentwicklung und Geschäftsführung Ihres Unternehmens die Trainer und Coaches? Darin spiegeln sich die Anforderungen des Unternehmens an Führungskräfte und Führungsverhalten. Das ist die Qualität einer Führungsleistung, von der sich Personaler und Unternehmenslenker einen Return on Investment erwarten.

Am besten ist es, wenn Sie die Qualität des Umgangs miteinander gemeinsam mit den Menschen definieren, mit denen Sie arbeiten. Setzen Sie sich mit Ihren Vorgesetzten und Ihren Mitarbeitern zusammen und beschreiben Sie, welches Verhalten Sie voneinander erwarten. Vier Vokabeln reichen, um eine solche Diskussion zu strukturieren: Sinn, Offenheit, Vertrauen und Verantwortung.[4] Was heißt es für mich, wenn etwas einen Sinn ergibt – was brauche ich, damit ich den Sinn verstehe? Welches Verhalten ist dann erfoderlich – was sollen die Mitarbeiter tun, was soll die Führungskraft tun, damit der Sinn allen klar ist? Was bedeutete für mich „Offenheit"? Welches Verhalten erwarte ich und welches Verhalten signalisiert bei mir genau das Gegenteil? Was brauche ich, um den Menschen zu vertrauen, mit denen ich arbeite? Welches (Gesprächs-)Verhalten trägt nicht dazu bei, mein Vertrauen zu gewinnen? Was sind die Voraussetzungen dafür, dass ich Verantwortung übernehme? Welches Verhalten erwarte ich, welches Verhalten signalisiert, wenn jemand Verantwortung übernimmt? Mit Hilfe einer solchen Diskussion können Sie gemeinsam einen Verhaltenskodex entwickeln, der die Qualität Ihrer Führung und ihrer Zusammenarbeit im Team definiert und überprüfbar macht.

Messen, analysieren, verbessern: Poka Yoke

Der japanische Begriff Poka Yoke bedeutet: Schnitzer, unglückliche Fehler vermeiden (s. Abb. 3). Dabei ging der Erfinder von der Erkenntnis aus, dass kein Mensch und auch kein System in der Lage ist, unbeabsichtigte Fehler vollständig zu vermeiden. In der Regel sind es technische Vorkehrungen bzw. Einrichtungen, die in der Produktion dafür sorgen, dass Fehler sofort erkannt bzw. verhindert werden. Poka Yoke sorgt durch einfache und wir-

---

[3] Auszug aus den Bertelsmann Essentials, aktualisierte Fassung von 2006, auf der Basis der 1960 von Reinhard Mohn formulierten „Bertelsmann Grundsatz- und Betriebsordnung".

[4] Diese vier Begriffe stehen für soziosystemische Faktoren in einem systemtheoretischen Ansatz der Organisationsentwicklung, verständlich erläutert bei: Fourier, Stefan, Wandel verstehen, Monografie über die systemischen Grundlagen der Entwicklung von Unternehmen, Hannover 2007, S. 37 ff.

Abb. 3 Poka Yoke in
Führungskommunikation

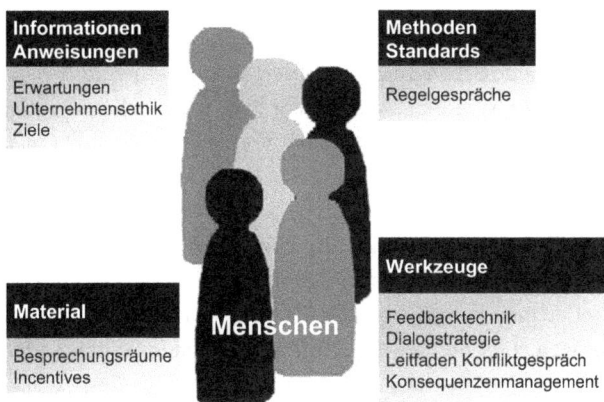

kungsvolle Systeme und Regelungen dafür, dass Fehlhandlungen im Fertigungsprozess nicht zu Fehlern am Endprodukt/im Ergebnis führen.

Beispiele für Poka Yoke kennen Sie aus dem Alltag: USB-Sticks, Telefonstecker oder Sim-Karten sind heute so geformt, dass sie nur in der richtigen Richtung in den Laptop, die Telefonbuchse, die Halterung im Mobiltelefon eingesteckt werden können. Leuchten zeigen an, welche Herdplatte gerade heiß ist, Tankdeckel sind per Gummiband mit dem Auto verbunden und können nicht mehr auf dem Autodach liegen bleiben, Tankstutzen passen zu den unterschiedlichen Tanköffnungen von Benzin- und Dieselmotoren. Staubsauger schließen nur bei eingelegtem Filterbeutel und die Verbindung von Griff und Antrieb bei Rasenmähern sorgt dafür, dass sich bei einem Sturz niemand an den Klingen verletzt (wenn der Mensch loslässt, geht der Motor aus).

Schauen Sie sich die Ursachen für Fehlhandlungen an, die in der Produktion auftreten. Erkennen Sie die Situationen wieder, in denen Kommunikation nicht funktioniert? Fehler treten meist auf, wenn die beteiligten Menschen unkonzentriert oder abgelenkt sind oder schlicht etwas vergessen haben.

Bediener abgelenkt …

Beispiel Großraumbüro: Bei drängenden Terminen lassen wir schon mal die Pausen weg und sind dadurch nicht mehr ausreichend konzentriert. Der Geräuschpegel und mitgehörte Gesprächsfetzen lenken uns ab. Informationen, die uns zwischen Tür und Angel zugerufen werden, gehen unter, wir vergessen Dinge, manchmal auch dann, wenn wir sie aufgeschrieben haben. Versuchtes Multitasking, mit einem Mitarbeiter sprechen, aber gleichzeitig noch rasch die E-Mail zu Ende schreiben, gehört ebenfalls in diese Kategorie.

Eine weitere Fehlerquelle sind fehlende Standards und Regeln. In der Gesprächsführung sind das klare und explizit vereinbarte Spielregeln für den Umgang miteinander. Fehler in der Produktion wie im Gespräch passieren, wenn der Übungsgrad nicht ausreicht, d. h. eine gerade Schweißnaht erfordert Übung, ein gutes Coaching-Gespräch ebenso.

Fehler passieren, wenn Menschen nicht erkennen können, dass sie einen Fehler gemacht haben, wenn die richtige Vorgehensweise nicht ausreichend oder missverständlich visualisiert und beschrieben ist. Auch das passt auf Gesprächsführung: Wenn wir nicht die gleiche Sprache sprechen, Erwartungen nicht eindeutig formuliert sind, verstehen Mitarbeiter nicht, warum die Führungskraft sauer reagiert. Das gilt auch umgekehrt. Sie haben unbeabsichtigt etwas gesagt, das einen Mitarbeiter getroffen hat. Wenn diese Situation keinen langfristigen Beziehungsschaden nach sich ziehen soll, brauchen Sie Vorkehrungen: z. B. die Regel, des offenen Umgangs miteinander, so dass der Mitarbeiter Ihnen sagen kann, dass er sich ärgert. Regelmäßige Gesprächskontakte sorgen ebenfalls dafür, dass Störungen ausgeräumt werden können, wenn der erste Ärger verraucht ist. Und zwar innerhalb eines angemessenen Zeitraums nach dem Ereignis.

Der erste Schritt im Poka Yoke ist die Fehlerinspektion Nehmen wir die für die Produktion beobachteten typischen Fehlerquellen und übertragen sie auf das Thema Mitarbeitergespräche:

Fehlerquelle in der Produktion	Mögliche Fehlerquellen in Gesprächsführung:
Fehler im Arbeitsablauf (Fehler in der Reihenfolge, ungenügende Standardisierung), Ein oder mehrere Prozessschritte werden vergessen (weil die Bediener gestört wurden oder abgelenkt waren)	Im Gespräch könnte das bedeuten: Sie haben den freundlichen Einstieg vergessen, weil Sie – als der Mitarbeiter zum verabredeten Gespräch ins Büro kam – noch ein Telefonat zu Ende führten
Fehler beim Einrichten (falsche Werkzeuge, Eingabefehler, Maschine nicht richtig auf aktuelles Produkt eingerichtet),	Sie haben sich auf das anstehende Gespräch nicht ausreichend vorbereitet; für das Jahresgespräch keine brauchbaren Beobachtungen gesammelt; keinen Besprechungsraum organisiert. Sie haben zwar einen Plan, halten sich im Gespräch jedoch nicht daran. Sie haben z. B. die zu erwartenden Einwände nicht vorher bedacht und lassen sich darum zu spontanen Ausbrüchen hinreißen;
Fehler nach Instandhaltung (Ersatzteile, Sensoren verstellt, aktueller Programmstand überschrieben)	Nach einem Problemgespräch oder einer Weiterbildung folgt kein Gespräch zur Kontrolle oder zum Transfer, kein Austausch über die Erfahrungen aus dem Seminar, kein Abgleich von Erwartungen
Fehlende, zu viele, falsche Teile (verwechselt, vermischt)	Sie wollen einen Konflikt zwischen zwei Mitarbeitern bearbeiten, sprechen aber nur mit einer Seite oder haben nicht alle Betroffenen identifiziert. Besprechungen mit zu vielen Leuten

Fehlerquelle in der Produktion	Mögliche Fehlerquellen in Gesprächsführung:
Montagefehler (nicht lagerichtig, keine End-lage, verkippt, seitenverkehrt)	Wortwahl im Gespräch unglücklich, ver-sehentlich Kaninchenfangschlagmethode im schwierigen Gespräch angewandt; zu viel Ver-gangenheitsanalyse, zu wenig konstruktiv
Ablieferfehler (falsche Stelle, Teile ungeprüft, Prozessschritt übersprungen)	Kritisches Feedback vor versammelter Mann-schaft gegeben; positive Rückmeldung zu spät nach der Leistung
Einstellungs- und Messfehler	Mitarbeiter falsch eingeschätzt, Beurtei-lungsfehler durch Halo-Effekt oder andere Fehlwahrnehmung

Fehler nach Instandhaltung …

Ein Beispiel zum Stichwort „Fehler nach Instandhaltung". Eine häufig gestellte Frage von Teilnehmern aus der Arbeitsebene, wenn es um Kommunikationsverhalten geht: „Sagen Sie, machen unsere Chefs eigentlich auch solche Seminare? … Ach! Und wa-rum verhalten die sich dann nicht entsprechend?" Ein Transfergespräch nach dem Seminarbesuch wäre in einem solchen Fall ein für beide Seiten sehr fruchtbares Poka-Yoke-Instrument. Der Mitarbeiter hat jetzt einen „neuen Programmstand", die Sen-soren sind neu eingestellt. Es sind Fragen aufgetaucht. Die können Sie besprechen und beantworten und so einen weiterhin reibungslosen Prozess der Zusammenarbeit sichern.

Tipp

Transfergespräche nach „Instandhaltungsmaßnahmen" funktionieren in beide Rich-tungen. Erzählen Sie Ihren Leuten, wenn Sie selbst Weiterbildungen machen und be-richten Sie darüber. Ich habe meinen Mitarbeitern nach meinen Führungsseminaren regelmäßig berichtet, was ich von dort mitgenommen hatte.

Eine Empfehlung für die Produktion lautet: Das beste Poka Yoke ist immer noch ein ro-bustes Design, Prozesskenntnisse bei den Beteiligten und ein hohes Bewusstsein für die Arbeit und die Bedeutung dieser Arbeit in der Organisation, in der Wertschöpfungskette und für das Endprodukt.

Daraus leiten sich grundsätzliche Regeln ab:

- Qualität in die Prozesse und Produkte „einbauen"
- Dinge vereinheitlichen
- Rechtfertige nicht, warum etwas nicht geht, sondern überlege, wie es gehen könnte
- Handle jetzt, setze Ideen gleich um, 60 % Erfolgswahrscheinlichkeit ist genug
- Zwei Köpfe sind besser als einer
- Suche die eigentliche Ursache. Frage immer wieder „Warum?"

- Use brain, not money

Kollegiale Fallberatung

Eine Qualitätssicherungsmethode für gute Gesprächsführung ist die kollegiale Fallberatung. Sie eignet sich besonders zur Analyse schwieriger Situationen und zur Vorbereitung von Gesprächen.

Poka Yoke in der (Gesprächs-)Führung
- Qualität einbauen:
  Feste Routinen und Regeln für Besprechungen und Gespräche einführen.
  Sattelfeste, professionelle Kommunikationsfähigkeit erwerben und regelmäßig prüfen.
  Durch partnerschaftliche, empathische und typgrechte Führung für „Wir-in-der-Firma"-Mitarbeiter sorgen, die sich mit dem Unternehmen identifizieren und über den Tellerrand schauen.
- Vereinheitlichen:
  Für alle Mitarbeiter gleichermaßen anwenden.
  Standards unter Führungskollegen abstimmen.
- Weg mit Rechtfertigungen:
  Statt Killerphrasen „Das ist nun mal so", positive Sprache: „Wenn das so ist, was kann ich jetzt noch tun/anders machen?!"
- Handeln statt ankündigen:
  Weg mit „Man müsste mal …, aber dafür habe ich heute keine Zeit."
  Fragen: Wann habe ich denn Zeit dafür? Termin vereinbaren!
- Zwei Köpfe:
  Kollegiale Fallberatung und 4-Augen-Prinzip nutzen, z. B. für die Vorbereitung schwieriger Gespräche.
- Ursachenforschung betreiben:
  Statt: „Der Mitarbeiter macht ständig diesen Fehler!" Überlegen: Warum ist das so? bzw. Warum nehme ich das so wahr?
- Grips einsetzen statt Geld:
  Motivieren über Aufgabe, Anerkennung und Erfolg statt über Gehaltserhöhungen und Incentives.
  Gerichtlichen Auseinandersetzungen durch gute Führung und Qualitätssicherung in der Kommunikation vorbeugen.

Nutzen können Sie diese Methode überall, wo Sie mit Kollegen zusammentreffen, die ähnliche Fragestellungen haben (peergroup), in Seminaren, Qualitätszirkeln und Führungskreisen. Sie können die Methode auch im Gespräch mit Menschen anwenden, denen Sie vertrauen, und die wenig bis nichts mit Ihrer Situation zu tun haben. So wie bei der Überprüfung von Produktionsprozessen gerne auch völlig fachfremde Personen einbezogen werden – z. B. können bei der Prozessanalyse für einen Produktionsprozess Lageristen oder Kantinenmitarbeiter beteiligt werden. Wichtig ist der Blick von außen – die Berater sind dazu da, Fragen zu stellen, auf die wir selbst bisher noch nicht gekommen sind.

Kollegiale Fallberatung in 5 Schritten

Schritt 1: Fallüberschrift.
Was ist das Problem? Woran wollen Sie etwas ändern?
Schritt 2: Die Berater stellen Sachfragen.
Wer, was, wann, wie genau …? Sie fragen nach Beteiligten, kritischen Ereignissen, Rahmenbedingungen und klären die Zahlen, Daten und Fakten der Situation. Wichtig: In dieser Phase wirklich bei der Sache bleiben. Keine Hypothesen diskutieren, nicht über Mutmaßungen sprechen.Zeichnen Sie mit Worten ein Bild von der Situation.
Schritt 3: Die Berater entwickeln Hypothesen.
Das kann besonders ergiebig sein, wenn mehrere Berater beteiligt sind: Was vermuten die Berater, könnte hinter den beobachteten Verhaltensweisen stecken? Reine, gerne auch wilde Spekulation ist hier angesagt. Alles ist erlaubt und wird notiert.Wichtig in dieser Phase: Der Fallgeber hält sich völlig raus.
Schritt 4: Die Berater entwickeln Lösungsansätze
Die Berater formulieren ihre Lösungsvorschläge für die verschiedenen Hypothesen. Wenn Hypothese A richtig wäre, würde ich Lösung X empfehlen. Bei Hypothese B wäre aus meiner Sicht Y die richtige Strategie.
Schritt 5: Waren neue Gedanken und Perspektiven dabei?
Der Fallgeber gleicht ab, welche Überlegungen er schon selbst angestellt hat, und welche neu waren.
Jetzt können Fallgeber und Berater die nächsten Schritte besprechen:

Müssen einzelne Hypothesen noch verifiziert werden? Wenn ja, wie soll das geschehen? Bedarf es zusätzlicher Beobachtungen? Muss die Führungskraft noch einmal genauer hinsehen, um die Hypothesen zu überprüfen? Denkbar ist es beispielsweise, den Mitarbeiter in einem 4-Augen-Gespräch zu fragen.
Reichen die Anhaltspunkte aus, kann die Führungskraft mit den neugewonnenen Perspektiven arbeiten und ein entsprechendes Mitarbeitergespräch vorbereiten.

Fallüberschrift:
Ein Mitarbeiter hält sich nicht an neue Vorgaben für die Ausführung seiner Aufgaben
Klärung der Sachfragen:
Sie sind fachlicher Vorgesetzter eines Teams von Sachbearbeiterinnen und Sachbearbei-
tern. Die disziplinarische Führung ist aus historischen Gründen auf der nächst höheren
Ebene zusammengefasst. Nun hat es Neuerungen im EDV-System gegeben, die Sie im
Team besprochen und eingeführt haben. Ein Mitarbeiter setzt die neuen Prozesse nicht
in der geforderten Weise um, sondern bearbeitet die Vorgänge weiterhin so wie vorher.
Beispielsweise sollen die Sachbearbeiter alle Kontakte mit den Kunden festhalten, so
dass im System jederzeit nachlesbar ist, wer wann mit dem Kunden worüber gesprochen hat. Ebenso sollen alle geplanten Termine ins System eingepflegt werden, so dass
Sie und die Kollegen jederzeit auskunftsfähig sind, wer sich wo aufhält. Das macht dieser Mitarbeiter nicht. Am meisten ärgert Sie, dass dieser Mitarbeiter Ihrer Anforderung
nach ausführlicheren Berichten zu Gutachtersituationen nicht nachkommt. Er schreibt
in seine Berichte nur das Ergebnis, die getroffene Entscheidung. Was Ihnen fehlt, sind
ein paar Stichworte zur vorgefundenen Sachlage und den Argumenten zum Für und
Wider der Entscheidung. Das ist in der Sache sinnvoll, weil häufig Beschwerden und
Widersprüche mit zeitlicher Verzögerung eingehen, und dann wird es mühsam, die
Fakten wieder zusammenzutragen. Die handschriftlichen Notizen des Mitarbeiters
sind dann meist nicht mehr auffindbar bzw. außer ihm selbst kann sie niemand lesen.
    Beraterfragen:
Was antwortet der MA denn, wenn Sie ihn auf die fehlenden Einträge ansprechen? „Ich
schreibe meine Termine nicht in das System. Das ist ein Eingriff in meine persönliche
Freiheit. Schließlich plane ich meine Aufgaben selbstständig, ich lasse mich nicht kontrollieren. Diese zusätzlichen Informationen in dem Bericht sind unnötig. Das brauchen
Sie nicht. Wenn ich das entschieden habe, muss das reichen. Wenn eine Beschwerde
kommt, muss die eben warten, bis ich sie bearbeiten kann."
    Wie ist denn die Konstellation im Büro, Alter, Betriebszugehörigkeit, Ausbildung
etc.?
    Der Mitarbeiter ist der älteste in ihrem Team und auch länger dabei als alle anderen.
Er ist auch älter als Sie und hatte sich auf die Position beworben, die Sie jetzt beset-
zen. Die beiden anderen Kollegen sind noch relativ neu im Job, ein Quereinsteiger aus
einem anderen Unternehmen, eine Mitarbeiterin frisch von der Uni. Sie selbst haben
auch studiert, nicht so dieser Mitarbeiter, der hat eine technische Ausbildung und seine
langjährige Erfahrung. Es gibt so gut wie keine privaten Gespräche.
    Wie gut sind die Leistungen des Mitarbeiters?
    Es ist jemand, der Aufgaben gewissenhaft und verantwortungsbewusst erledigt und
dabei die Interessen des Unternehmens im Blick hat. Er hängt sich rein und macht

auch mal länger wenn es nicht anders geht. Sein Sachverstand und sein aus der langen Erfahrungen geschultes Gespür für wichtige Details sind für das Team unverzichtbar.

Hypothesen:

- Der Mitarbeiter arbeiter nicht gern mit EDV, weil er im 2-Finger-Suchsystem tippt, und das Eingeben von Daten via Tastatur für ihn sehr zeitaufwändig ist.
- Der Mitarbeiter hat Angst, über die Kontrolle der Termine würden Mengengerüste verglichen und es gebe die Absicht, ihn durch einen weiteren Hochschulabsolventen zu ersetzen.
- Der Mitarbeiter fühlt sich mit seiner Erfahrung nicht ausreichend gewürdigt. Er sieht sich als Primus inter pares (erster unter gleichen) und erwartet, dass seine Seniorität im Arbeitsalltag sichtbar gewürdigt wird. Da das nicht passiert, nimmt er sich seine kleinen Rebellionen gegen Veränderungen heraus.
- Er braucht Kontinuität und empfindet Neuerungen als Destabilisierend. Er braucht mehr Aufmerksamkeit und Erklärung, um die Veränderungen akzeptieren zu können.
- Er akzeptiert Sie nicht als Führungskraft, weil Sie nicht seine Erfahrung haben.
- Privater Schicksalsschlag. Der Mitarbeiter lebt nach langjähriger Ehe in Scheidung und kämpft mit dieser neuen Situation
- …

Lösungsalternativen:

- Klärendes 4-Augen-Gespräch mit dem Mitarbeiter, das „Warum" hinterfragen
- Positive Rückmeldungen für gut erledigte Aufgaben und Mitarbeiter einbinden, seine Erfahrung und Meinung zu fachlichen Fragen für alle Mitarbeiter sichtbar erfragen
- Ihm eine Rolle/Sonderaufgabe geben, die auch außerhalb des Teams wahrgenommen werden kann, z. B. in Form eines Sonderprojekts „Wissensmanagement"
- Durchsetzungsorientiertes Gespräch über die Einhaltung der Arbeitsanweisungen mit Konsequenzenmanagement
- Teambesprechung mit dem Ziel, eine einheitliche Bearbeitung zu erreichen.
- Gemeinsames Mittagessen mit dem Team einmal pro Woche einführen

Neue Perspektiven nutzen:

Jetzt können Sie überlegen, welchen Schritt Sie im vorliegenden Fall wählen wollen, und das Gespräch, die Aktion vorbereiten.

Vorbeugende Instandhaltung bei Mitarbeitern? Führungsinstrumente nutzen!

Zur Unterstützung von Führungsaufgaben gibt es eine Reihe von „Werkzeugen", Zu Führungsinstrumenten, die Unternehmen einsetzen können, zählen u. a. Leitlinien, Programme, Anleitungen und Schemata, betriebliche Weiterbildung, Ideenwerkstätten und Qualitätszirkel sowie betriebliches Vorschlagswesen und Mitarbeiterbefragungen.

In der täglichen Arbeit sind vor allem standardisierte Gesprächsformen – Mitarbeitergespräche – nützlich. Indem wir erprobte Vorgehensweisen standardisieren, vermeiden wir, dass der Einzelne „das Rad neu erfinden" muss. Dadurch vermeiden wir auch immer neue Diskussionen um die „richtige" Vorgehensweise. Die gemeinsam entwickelten Standards bieten ein festes Gerüst. Hier eine Auswahl an Gesprächsinstrumenten (die wichtigsten werden im Abschnitt „Der Werkzeugkoffer" behandelt):

Einführungsgespräch Zur raschen Eingliederung neuer Mitarbeiter. Inhalte: Willkommen heißen, beiderseitige Erwartungen und Ziele klären, informieren, Basis für den künftigen Austausch und die künftige Zusammenarbeit legen.

Orientierungsgespräch Standortbestimmung für Mitarbeiter. Losgelöst vom Tagesgeschäft wird die persönliche Arbeitssituation des Mitarbeiters besprochen, ebenso Wünsche, Leistungseinschätzung, Schwerpunkte der künftigen Zusammenarbeit.

Zielsetzungs- und Beratungsgespräch Standortbestimmung als Grundlage der Mitarbeiterentwicklung. Arbeitsschwerpunkte herausarbeiten, Weiterentwicklung des Mitarbeiters gemeinsam planen. (Querverweis: Fordern und Fördern: Coaching und „systemische" Gespräche)

Zielvereinbarungsgespräch Jährliches Regelgespräch, bei dem Aufgabenentwicklung und Leistungsziele abgesprochen werden. Ebenso werden die Beurteilungskriterien für die Leistungsziele besprochen und die damit verbundene leistungsabhängige Vergütung (Querverweis: Jahresgespräche und Leistungsbeurteilung).

Krankenrückkehr-Gespräch Routinemäßiges Gespräch zwischen Vorgesetzten und Mitarbeitern nach einer Krankheit. Im Mittelpunkt steht hier die Fürsorgepflicht. Die Führungskraft soll dabei hinterfragen, ob die Leistungsfähigkeit des Mitarbeiters ausreichend wieder hergestellt ist. Außerdem geht es darum, arbeitsplatzbedingte Krankheitsursachen zu identifizieren und abzustellen – z. B. Rückenprobleme durch Fehlhaltung in Folge unzureichender Anpassung der Arbeitsmöbel.

Transfergespräch Routine-Gespräch im Anschluss an Weiterbildungsmaßnahmen. Ziel ist einerseits die Evaluierung der Weiterbildungsmaßnahme im Interesse eines Feedbacks an die Planungsverantwortlichen in der Personalentwicklungsabteilung. Zum anderen wird hier der individuelle Lern- und Entwicklungserfolg evaluiert und besprochen, wie die Führungskraft den/die Mitarbeiter/in bei der Umsetzung von persönlichen, aus der Weiterbildungsmaßnahme entwickelten Zielen unterstützen und coachen kann.

Bottom-up-Gespräch Rückmeldung der Mitarbeiter an die Führungskraft. Nach festgelegten Regeln, Ergebnisrückmeldung kollektiv an den nächst höheren Vorgesetzten. Ein solches Gespräch, das auf der Basis eines Fragebogens mit Mitarbeitergruppen geführt wird, gibt wichtige Hinweise auf die jeweilige Führungsleistung und das Arbeitsklima. (Querverweis: Bottom-up-Feedback)

Besprechung von 360°-Feedback Zielsetzungs- und Beratungsgespräch für Führungskräfte. Das 360°-Feedback für Führungskräfte wird nicht im Gespräch erhoben, sondern über anonyme Fragebögen und elektronische Abfragen zu konkreten Verhaltenssituationen. Dabei geht es um eine „Rundum-Betrachtung", d. h. die Rückmeldung an eine Führungskraft aus verschiedenen Perspektiven: Vorgesetzte, Kollegen, Mitarbeiter, Kunden … Im Abgleich mit dem Selbstbild können daraus im Zielsetzungs- und Beratungsgespräch mit dem Vorgesetzten Entwicklungsbedarfe und -möglichkeiten abgeleitet werden.

Informationskreise und Abstimmungs-Routinen Diese Gespräche dienen der Weiterleitung von Informationen. Die wirtschaftliche Entwicklung des Unternehmens, die Planung, besondere Ereignisse oder aktuelle Fragen können Gegenstand solcher Kreise sein, in denen Führungskräfte verschiedener Ebenen und Mitarbeiter zusammenkommen. (Querverweis: Informationsvermittlung – Routinebesprechung – Status-Meetings)

Mitarbeiterbesprechung am Arbeitsplatz Foren für die Mitarbeiter am Arbeitsplatz, in denen Aufgabe und Arbeitsumfeld hinterfragt werden können. Klima, Teamarbeit, Leistung, Kosten, Produktivität können Gegenstand solcher Besprechungen sein. Je nach Situation ist eine externe Moderation nützlich.

Gruppenwand- oder Whiteboard-Meeting, 5-Minuten-Meeting Abhängig vom Arbeitsrhythmus, tägliche bzw. wöchentliche Kurzbesprechungen der anstehenden Aufgaben und aktuellen Leistungs- und Qualitätsindikatoren, vor einer Übersichtstafel stehend, reihum von den Mitarbeiterinnen und Mitarbeitern selbst moderiert.

Qualitätszirkel „Teamarbeit" Statusüberprüfung in Sachen Teamarbeit. Dieses Thema kann im Rahmen des Punktes „Sonstiges" im Anschluss an Statusbesprechungen bearbeitet werden. Besser ist es jedoch, wenn wir uns regelmäßig Zeit für eine Nabelschau im Team nehmen, z. B. im Rahmen eines 3-stündigen internen Workshops ein Mal pro Halbjahr.

Klima-Barometer Regelmäßige Abfrage der Stimmung im Team, bei der die Mitarbeiter anonym Punkte auf einer Zufriedenheitsskala kleben. Die Punkteverteilung kann dann anschließend besprochen werden oder zum Anlass für eine spezielle (ggf. moderierte) Mitarbeiterbesprechung genommen werden.

Walk around (seitens der Führung) Formloser Rundgang der Führungskraft durch Büros oder Produktionsbereiche. Der kurze, offene Austausch am individuellen Arbeitsplatz schafft Nähe, signalisiert persönliches Interesse und ermöglicht Führungskräften die vielfältigen Einflussfaktoren eines Arbeitsprozesses im Auge zu behalten. Durch das Fehlen des üblichen formalen Gesprächssettings ermöglichen kleine Gespräche auf solchen Rundgängen einen (nahezu) hierarchiefreien Austausch über betriebliche Belange.

Verbesserungswesen in Sachen Gesprächsführung

Die zentralen Punkte zur Verbesserung der Gesprächsführung klingen so einfach und sind doch im Arbeitsalltag schwer umzusetzen:

- „smarte" Ziele formulieren,
- regelmäßig die eigene Performance prüfen und Feedback einholen. Und:
- Erinnerungsanker setzen, damit Sie Ihr Wissen um kompetente Gesprächsführung auch in der Praxis anwenden und nicht von Ihrem Adrenalinpegel überholt werden.

SMART zielen

Beispielsituation: Sie haben eine/n Teamassistenten/in. Aufgaben: Reisen vorbereiten und buchen, Korrespondenz betreuen und Unterlagen für Kundentermine vorbereiten. Die Person ist ein eher ruhiger Typ, die Mails sind meist knapp, nüchtern, fast wortkarg. Bei Ihrer letzten Fahrt zum Kunden war zwar ein Beamer im Hotel vorhanden, jedoch ein altes Möhrchen, mit einer Auflösung, die mit Ihrem Rechner nicht kompatibel war. Außerdem hatten Sie keinen Sitzplatz im Zug. Sie hatten den Hinweis „keine Reservierung möglich" auf den Zugtyp bezogen, der Zug war jedoch ausreserviert, sprich voll. Was passiert? Sie regen sich auf der Fahrt zum Kunden und im Hotel vor dem Kundentermin auf und schicken ihren Unmut schon mal durch die Telefonleitung. Bis Sie dann wieder im Büro sind, ist die Sache im Kopf abgehakt und durch neue Ereignisse überschrieben. Darum hilfreich: Sofort eine Erinnerung in den Kalender eintragen oder sich selbst eine Mail mit dem erlebten Ärger schreiben. Auf der Heimfahrt oder zurück im Büro machen Sie dann einen Termin mit sich selbst und entwickeln Ihren smarten Plan:
- Spezifisch – Ziel genau beschreiben.
  Sie werden durch eindeutige Kommunikation Missverständnisse vermeiden und erreichen, dass bei den nächsten Dienstreisen grundsätzlich ein Sitzplatz reserviert ist und Sie im Kundengespräch Ihre Unterlagen wie geplant via Beamer vorstellen können. Sie erreichen, dass Ihr Mitarbeiter Dinge aus Ihrem Blickwinkel betrachtet und in der Lage ist, Ihre Erwartungen zu bedienen sowie in Zweifelsfällen explizit nachfragt.
- Messbar – Erfolg definieren.
  Woran können Sie feststellen, messen, ob Sie Ihre Ziele erreicht haben?!

Die Messlatte im Beispiel: Ein Kontrolltermin in einem Monat ergibt: Sie hatten bei allen Zugfahrten einen reservierten Sitzplatz, im Kundengespräch stand ihnen regelmäßig ein passender Beamer zur Verfügung und es sind keine weiteren Missverständnisse passiert.

- Aktionsorientiert:
  Sie bieten dem Mitarbeiter ein Coaching-Gespräch an, bereiten es vor und blockieren einen passenden Zeitraum in Ihrem Kalender.
- Realistisch:
  Sie haben bereits gecoacht oder im Führungsseminar ein Coaching-Gespräch ausprobiert. Sie wissen, wie wichtig es ist, den Gesprächspartner selbst die Lösung finden zu lassen und Sie haben die Fragetechnik als Vorlage, so dass Sie sich im Vorfeld schon ein paar Fragen parat legen können. Außerdem verfügen Sie über die nötige Geduld und Ruhe für ein solches Gespräch und bringen dem Mitarbeiter die ebenfalls erforderliche persönliche Wertschätzung entgegen.
- Terminiert:
  Sie vereinbaren mit dem Mitarbeiter einen Termin für das Gespräch.

Transfer sichern/Performance kontrollieren Im Zweiergespräch gibt es nur eine Person, die Ihnen sagen kann, ob Sie sich an Ihren Plan gehalten haben: Ihren Gesprächspartner. Qualitätssicherung bedeutet in diesem Falle: Sie fragen Ihren Gesprächspartner, wie er das Gespräch empfunden hat.

In anderen Situationen können Sie weitere Wege beschreiten. z. B. wollen Sie im Gespräch mit Kunden stärker paraphrasieren und die Position des Kunden intensiver beleuchten als Sie es bisher getan haben. Um das zu kontrollieren, können Sie natürlich den Kunden fragen, ob er sich verstanden fühlt. Sie können aber auch einen Kollegen bitten, die Antennen auszufahren, Ihr Gesprächsverhalten zu beobachten und Ihnen anschließend eine Rückmeldung zu geben.

Anker setzen Sie haben zwar einen Plan, wissen aber, dass Sie sich im Gespräch gerne mal selbst überholen? Nehmen Sie eine Moderationskarte und schreiben Sie drauf: „Plan einhalten!" die Karte legen Sie jetzt mit der Rückseite nach oben auf Ihre Notizen zum Gespräch und sorgen dafür, dass diese Karte während des Gesprächs auf dem Tisch liegt. Wenn Ihr Blick darauf fällt, wissen Sie im Hinterkopf, was darunter steht und können sich daran halten. Ergänzend haben Sie schon bei der Vorbereitung eine Erinnerung in Ihren Kalender geschrieben: „Heute im Gespräch mit X Plan einhalten!" Dieser Hinweis kommt morgens vor dem Gespräch, wenn Sie den Rechner hochfahren, als Erinnerung auf den Bildschirm. Außerdem haben Sie unmittelbar vor das Gespräch 10–20 min Puffer gelegt. Da steht dran: „Plan rausholen und auf das Gespräch einstimmen!"

Sie dürfen ergänzend Verpflichtungen eingehen. z. B. einem Kollegen/einem Freund/ Ihrem Lebenspartner davon berichten, dass Sie ein Gespräch planen, bei dem Sie sich ruhig und gelassen an Ihren Plan halten werden. Verpflichten Sie den Umsetzungspartner, Sie danach zu fragen. Vielleicht verbinden Sie das Vorhaben mit einer Wette oder Belohnung. Wenn Sie es geschafft haben, wird das gute Ergebnis, das erfolgreiche Gespräch Ihnen damit noch besser in Erinnerung bleiben. Wenn Sie sich selbst wieder davon galoppiert sind, können Sie jetzt einen „Director's Cut" für den nächsten Anlauf inszenieren:

Director's Cut Sie haben Ihren Plan nicht wie gewünscht umsetzen können? Dann überlegen Sie, wann und warum das Gespräch aus dem Ruder gelaufen ist und drehen den Schluss neu – so wie mancher Regisseur für einen Film zwei Schlussszenen dreht. Dazu tagträumen Sie die Gesprächsszene noch einmal und gehen alle Sinne durch: Was haben Sie gesehen? Farben, Helligkeit, Möbel, Kleidung …? Wie fühlte sich der Raum an? Wie fühlten sich die Sitze an? Wie war die Temperatur? War es warm oder kalt? Wie roch es? Kam Blütenduft durch die geöffneten Fenster oder roch es nach Kaffee? Wie war die Geräusch-Kulisse? All das holen Sie sich möglichst deutlich in Erinnerung. Und jetzt stellen Sie sich vor Ihrem geistigen Auge vor, wie Sie dem Gespräch durch Ihre geschickten Fragen eine positive Wendung geben. Hören Sie sich ganz ruhig und gelassen die passenden Dinge sagen. Sehen, hören und spüren Sie, wie Ihr Gesprächspartner dabei entspannt, lächelt und eine Lösung für das Problem erkennt und formuliert. Träumen Sie, wie sie beide zufrieden und zuversichtlich das Gespräch mit einer guten Vereinbarung beenden. Jetzt haben Sie zwei Erinnerungen – eine an das tendenziell misslungene Gespräch und eine an ein gelungenes Gespräch. Ihr Gedächtnis kann später nicht mehr zwischen Vorstellung und echtem Erlebnis unterscheiden. Beim nächsten Gespräch haben Sie eine 50:50-Chance, sich an die positive Variante zu erinnern und genau das erneut abzurufen.

Der Werkzeugkoffer

Die Basics guter Gesprächsführung

Das Ziel anvisieren und unterwegs flexibel bleiben

Bei einem Schnuppersegeln auf der Flensburger Förde fragte eine Mitseglerin angesichts wechselnder Winde, ob man sich denn beim Segeln für eine bestimmte Uhrzeit am Zielort zum Kaffee verabreden könne. Die Segellehrerin meinte daraufhin, sie könne sich gerne verabreden, nur ob sie die Verabredung einhalten werde, stehe auf einem anderen Blatt. Beim Segeln wird nur der Startpunkt eines Törns vor dem Start ins Logbuch eingetragen. Der Ankunftsort wird eingetragen, wenn das Boot angekommen ist. Diese Grundhaltung sollten wir auch in Gesprächen einnehmen (Querverweis: Eigene Haltung).

Natürlich haben wir beim Segeln ein Ziel. Wie schon der römische Philosoph Seneca schrieb:

> Wer nicht weiß, welchen Hafen er ansteuert, für den ist kein Wind günstig.

Wir haben also ein Ziel, das uns hilft zu entscheiden, wie wir die Segel setzen und die Route planen. Unterwegs müssen wir dann auf Wind, Wetter und Strömung reagieren. Zur Vorbereitung helfen Wettervorhersagen, Seekarten, Erfahrungen alter Segler, die das Revier kennen und dergleichen mehr. Und manchmal steht der Wind so ungünstig, dass wir den geplanten Zielort nicht bzw. nicht zur geplanten Zeit erreichen.

Für gute Gespräche gilt das gleiche. Definieren und formulieren Sie also zunächst einmal Ihr Ziel und prüfen Sie es:

- Was wollen Sie erreichen? Wo soll die Reise hingehen? Beschreiben Sie Ihr Zielbild möglichst konkret: Was soll sein, wenn Sie angekommen sind? Woran würden Sie merken, dass das Problem beseitigt, das Ziel erreicht ist?
- Warum wollen Sie das? Was treibt Sie an? Emotion/Angst oder sachliche Argumente?

M. Boden, *Mitarbeitergespräche führen*,
DOI 10.1007/978-3-658-02363-8_3, © Springer Fachmedien Wiesbaden 2013

Abb. 1 Gespräch auf S-I-E abstimmen

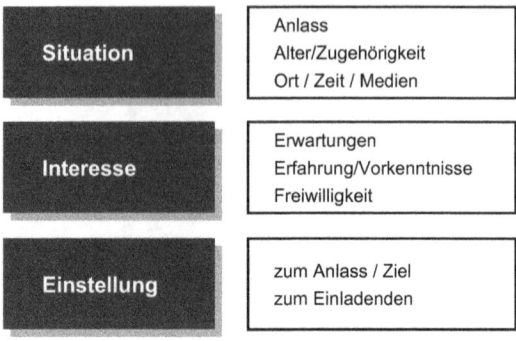

Situation	Anlass Alter/Zugehörigkeit Ort / Zeit / Medien
Interesse	Erwartungen Erfahrung/Vorkenntnisse Freiwilligkeit
Einstellung	zum Anlass / Ziel zum Einladenden

- Ist das Ziel positiv formuliert? Enthält also das, was Sie positiv erreichen wollen, statt Dinge zu beschreiben, die „nicht mehr" sein sollen?
- Was sagt Ihr Bauchgefühl, Ihr somatischer Marker – passt es zu mehr als 70 %?
- Bei wem liegt die Kontrolle über dieses Ziel? Welchen Einfluss haben Sie selbst?

Ist das Ziel definiert und formuliert, bereiten Sie sich auf die Reise vor. Sie kühlen eventuell schäumende Emotionen ab. Sammeln Fakten und konkrete Wahrnehmungen, überlegen, wie Ihr Gesprächspartner „tickt" – welche Bedürfnisse und Motive die Person antreiben – und mit welchen Einwänden und abweichenden Wahrnehmungen die andere Seite möglicherweise kommen wird.

Die Grundregel aus der Vorbereitung von Vorträgen passt auch hier: Ich muss Situation, Interesse und Einstellung des Publikums kennen, um meinen Vortrag so zu gestalten, dass ich dieses Publikum erreiche (s. Abb. 1).

Üben Sie schon im Vorfeld mitfühlendes Verständnis. Versetzen Sie sich in die Lage des anderen, nehmen Sie dessen „Wahrnehmungsposition" ein. Wo steht mein Gesprächspartner, was will er/sie? Hier sind Aspekte wie Dauer der Betriebszugehörigkeit und Verortung im Lebenszyklus interessant. Mit welchem Interesse wird die Person in das Gespräch kommen? Kommt sie freiwillig? Was weiß ich über Erfahrungen, die sie bisher gemacht hat? Welche Motive treiben die Person an? Mit welchen Argumenten kann ich diese Motive ansprechen (Querverweis: Was uns antreibt)? Was weiß ich über die Einstellung der Person zum Gesprächsanlass und zu mir als Person? Nur so kann ich mein Gegenüber „abholen" und am Ende zu einer Situation gelangen, in der beide Seiten gewinnen können. Mit den Vorüberlegungen in Abb. 2 und Ihrem Hintergrundwissen können Sie das Gespräch im Detail vorbereiten.

Nun haben Sie also das Ziel ins Auge gefasst, die Seekarten und den Wetterbericht konsultiert und noch einmal das Boot gecheckt. Sie können lossegeln – das Gespräch führen.

Segeln „können" heißt, Segel, Schoten und Pinne fachgerecht einsetzen zu können und in der Lage zu sein, auf wechselnde Gegebenheiten zu reagieren. Im Gespräch heißt das: Gesprächstechniken beherrschen. Der Buchtitel von Fritz Simon und Gunthard Weber

Abb. 2 Leitfaden Gespräche vorbereiten

Ziel	→	Was will ich erreichen?
Strategie	→	Wie werde ich vorgehen?
Argumente	→	Welche Vorteile biete ich?
Reaktion	→	Erwartete Reaktion abschätzen
Schwierigkeiten	→	Befürchte ich welche?
Notfälle	→	Wie lautet Plan B?
Abschluss	→	Was soll danach passieren?

„Navigieren beim Driften" ist eine gute Beschreibung für das, was Sie in professionell geführten Gesprächen tun sollten.[1]

Regeln für gute Gespräche

Diese Regeln haben Sie schon in Ihrem ersten Seminar zum Thema Kommunikation gehört. Stimmt. Und es schadet nicht, sich diese Basis-Regeln immer wieder ins Bewusstsein zu rufen, denn wir vergessen sie gerne mal im Eifer des Gefechts.

1. **Ausreden lassen**
   Das bedeutet, wirklich so lange zu warten, bis die andere Person ihren Gedanken, ihren Satz beendet hat. Nicht aushelfen, keine Vokabeln oder Gedanken anbieten.
2. **Keine Monologe halten**
   Menschen haben ein unterschiedliches Zeitempfinden und unterschiedliche Geschwindigkeiten. Geben Sie Ihrem Gegenüber durch Luft holen und Pausen die Gelegenheit zur Erwiderung. Lange Argumentationsfolgen und Kettenfragen lassen dem anderen kaum eine Chance einzuhaken, weil er/sie sich die Punkte kaum alle merken kann. Was tun Sie, wenn Sie am Rechner in mehreren Programmen arbeiten und plötzlich die kleine Sanduhr auf dem Bildschirm erscheint? Sie lassen die Finger von der Tastatur, weil jeder weitere Klick dazu führen kann, dass das Gerät abstürzt. Ein Blick in den Task-Manager zeigt: Da laufen Prozesse im Hintergrund, der Rechner ist parallel mit anderen Dingen beschäftigt. So ähnlich ist es auch bei Menschen – nur dass die keine Sanduhr auf der Stirn haben. Für die temporeichen Typen unter den Führungskräften (bei Rechnern wären das solche mit Prozessoren der neusten Generation und besonders leistungsfähigen Arbeitsspeichern) heißt das: Halten Sie Ihren Impuls auszuhelfen, die nächste Frage zu stellen, noch einen Moment länger zurück. Zählen Sie mindestens bis 10.

---

[1] Das ist auch der Titel einer Aufsatzsammlung von zwei Wissenschaftlern aus der systemischen Beratung: Simon, Fritz B. und Gunthard Weber, Navigieren beim Driften, Post aus der Werkstatt der systemischen Therapie, Carl Auer Verlag 2012 in 4. Auflage erschienen.

3. **Aktiv zuhören**

Das bedeutet zunächst: ausschließlich zuhören! Nichts anderes dabei machen, also auch nicht im Hinterkopf denken und schon mal an einer Antwort basteln. Geben Sie Quittungsgeräusche, soziales Grunzen von sich: „hmmm", „ja", „aha" … Nicken Sie bestätigend mit dem Kopf. Diese Geräusche und Gesten signalisieren: „Ich höre dir zu". Wenn Menschen keine solchen Laute und Gesten von sich geben, wirkt das irritierend. Haben Sie schon mal mit jemandem telefoniert, der keine Quittungsgeräusche von sich gibt? Nach kurzer Zeit fragen Sie verunsichert: „Bist Du noch dran?"

Dieses für viele übliche Sozialverhalten haben nicht alle Menschen in gleicher Weise erlernt. Eine Teilnehmerin berichtete von schwierigen Gesprächen mit einem in der Kommunikation stark links geprägten Kollegen, der ihr etwas erklären sollte. Sie nickte und gab „hmmm" und „ja" von sich. Sie wollte ihm signalisieren, dass sie zuhört, und er weiterreden soll. Der Kollege fuhr sie jedoch barsch an: „Wenn Du schon alles weißt, warum fragst Du dann?!" Bei der Besprechung dieser Situation bemerkte die Teilnehmerin auch, warum die Gespräche mit diesem Kollegen sich für Sie auch dann unangenehm anfühlten, wenn Sie selbst etwas erklärte: Der Kollege saß ihr dann völlig regungslos und geräuschlos gegenüber und verzog keine Miene. Die Chance: Wir können über solche Wahrnehmungen miteinander sprechen und gegenseitiges Verständnis schaffen.

PS: Wenn Sie Quittungsgeräusche von sich geben und dabei nicht präsent sind, d. h. nicht wirklich zuhören, merkt Ihr Gesprächspartner das, weil Sie an Stellen brummeln und nicken, die nicht passen.

4. **Regelmäßigen Augenkontakt halten**

Im westeuropäischen Kulturkreis schauen wir einander in Gesprächen immer wieder in die Augen. Bei intensivem Interesse am Gegenüber schauen wir diesem öfter und länger in die Augen. Die Bedeutung einer Botschaft wird durch längeren Augenkontakt verstärkt. Ein Blickkontakt kann ebenso vermitteln: „Ich bin jetzt fertig. Sag Du was." Das richtige Maß bei Länge und Frequenz der Blickkontakte hängt von der jeweiligen Situation und Person des Gesprächspartners ab. Sind die Blicke zu kurz, kann das nervös und unsicher wirken, sind sie zu lang, kann ein Gesprächspartner sich leicht unter Druck gesetzt fühlen. Eine solche Situation lässt sich dann durch ein freundliches Lächeln (siehe Punkt acht) wieder entschärfen.

5. **Ich-Form**

Das denkende und handelnde Subjekt zu bezeichnen, ist eine vertrauensbildende Maßnahme. „Ich" meine, „ich" habe erfahren, „ich" will oder möchte etwas. Das Wörtchen „man" schiebt die Dinge von uns weg, macht sie weniger eindeutig und verbindlich. „Was Sie da geschrieben haben, kann man so nicht verstehen!" Ist ein pauschaler Vorwurf, bei dem der Sprecher sich zum Vertreter der Mehrheit/Wahrheit aufschwingt und den Gesprächspartner ausgrenzt und in eine Ecke drängt. Besser: „Ich habe das nicht verstanden, was Sie da geschrieben haben."

6. **Danke sagen**

Bitte und Danke lernen wir ganz am Anfang unserer Sozialisation, kaum dass wir sprechen können. Danke ist ein Zeichen von Höflichkeit, und ein „Zauberwort", das gute Gefühle schafft. Benutzen wir es nicht, heißt das, die Handlung des anderen ist selbstverständlich und nicht weiter bemerkenswert. Wir laufen kaum Gefahr, es inflationär zu verwenden – oder empfinden Sie es als unangenehm oder übertrieben, wenn Sie jemandem das Salzfässchen anreichen und der sich dafür bedankt? Es ist einfach eine sympathische Geste, die auch im Arbeitsalltag für gutes Klima sorgt: „Danke, dass Sie gekommen sind! Danke, dass Sie sich die Zeit genommen haben. Danke, dass Sie zurückrufen. Danke für das Gespräch."

7. **Den Namen des Gesprächspartners einflechten**

Unser Name ist eng mit unserer Geltung verbunden, wir hören ihn gern. Den Namen einflechten bedeutet Wertschätzung. Außerdem hören wir unseren Namen sofort heraus, wenn er in hörbarer Entfernung fällt, auch wenn wir gerade in einem anderen Gespräch sind. Darum hilft es, den Namen des anderen im Gespräch einzuflechten, wenn wir dessen besondere Aufmerksamkeit brauchen. Sei es, um endlich auch mal zu Wort zu kommen oder um eine wichtige Botschaft einzuleiten. (Sparsam einsetzen – sonst meint Ihr Gegenüber, Sie wollten ihm eine Versicherung verkaufen …)

8. **Lächeln**

Die Mundwinkel zeigen nach oben und die Muskeln um die Augen machen diese Bewegung mit: Sie Lächeln. Das ist eine auf der ganzen Welt eindeutige Geste. Sie signalisiert: „Ich bin ein Freund." Außerdem färbt es (in der Regel) auf das Gesicht des anderen ab. Ein Lächeln signalisiert: Mein Einwand bezieht sich auf die Sache, nicht auf die Person. Darum ist es in Gesprächen ein wichtiges Element, das eine gute Beziehung schafft.

9. **Offene Fragen stellen**

Ein offenes Gespräch braucht offene Fragen und nicht solche, die dem Gesprächspartner nur eine begrenzte Auswahl anbieten. Also statt: „Sind Sie damit einverstanden, Ihr Büro künftig mit Herrn X zu teilen?" Besser: „Was halten Sie von meiner Überlegung, dass Sie und Herr X künftig ein Büro teilen?"

10. **Blick in die Zukunft**

Gespräche sollten stärker nach vorne schauen und weniger zurück. Wir wollen raus aus der „Problemtrance" die entsteht, wenn wir im Gespräch lange um das Problem kreisen. Je länger diese Phase dauert, desto stärker engen wir dadurch unseren Blick ein. Der Gesprächsfokus sollte auf den Lösungen liegen. Alte Kamellen aufwärmen ist nicht lösungsorientiert. „Das hatten Sie ja vor drei Jahren beim Projekt ABC auch schon verbockt! Damals …". Besser: „Wie können wir/Sie verhindern, dass dieser Fehler noch einmal passiert?"

Ein freundliches Gesicht macht das Leben leichter!

Stellen Sie sich vor, Ihr Chef hat Sie ohne Angabe des Themas um ein Gespräch gebeten. Sie klopfen an, treten ein. Der Chef bleibt sitzen, deutet auf den Stuhl vor seinem Schreibtisch und sagt mit ernstem Gesicht: Guten Morgen, bitte setzen Sie sich." Nun, was denken Sie, was jetzt kommt? Und nun stellen Sie sich die gleiche Szene vor, nur diesmal lächelt der Chef Sie freundlich dabei an. Macht das einen Unterschied? Für mich: ja!

Mag sein, Sie sind gerade in Gedanken vertieft oder schreiben noch schnell etwas auf, während ein Besucher/Mitarbeiter Ihr Büro oder den Besprechungsraum betritt. Beenden Sie diesen Gedanken, die Notiz und dann wenden Sie sich Ihrem Gesprächspartner zu, lächeln und begrüßen ihn noch einmal ordentlich – gerne verbunden mit einer Entschuldigung. So viel Zeit ist immer.

Wenn ich im Seminar die Vorteile eines freundlichen Gesichts propagiere, höre ich häufig: „Ja aber, man kann doch nicht ständig grinsen!" Es scheint, als empfände ein Teil der Menschen freundliche Gesichter als Zumutung, allerdings nur, wenn sie selbst eines machen sollen. Werden Sie im Kaufhaus, im Zug oder an einem Tresen nicht mit einem Lächeln empfangen, sind sie die ersten, die sich über Unfreundlichkeit und Service-Wüste beschweren. Dabei müssten sie nur selbst ein nettes Lächeln anbieten und bekämen eines zurück.

Machen Sie öfter ein freundliches Gesicht. Das erfordert nur ganz leichtes Training der Gesichtsmuskeln. Der Nebeneffekt: Sie lösen die Ausschüttung von Glückshormonen aus. Unwillkürliches Lächeln, z. B. beim Anblick eines süßen Welpen, ist eine emotionale Reaktion des Körpers (Sie erinnern sich an das Würmli). Die Kontraktion der Muskeln signalisiert dem Gehirn, dass Sie lächeln und das Gehirn unterstützt diese Aktion dann durch die Hormone. Ihr Wohlbefinden steigt. Diesen Mechanismus des Stoffwechsels nutzen übrigens Schauspieler, wenn sie hinter der Bühne Lampenfieber bekommen: Sie grinsen mindestens 60 Sekunden, dann kommen die Glückshormone, diese senken den Adrenalinpegel und die Schauspieler können raus auf die Bühne, der Text ist wieder da.

Lächeln ist ein Türöffner. Gehen wir zurück zu der Situation: Chef lädt zum Gespräch. Ohne Lächeln zur Begrüßung fährt der Gesprächspartner jetzt erst einmal den Schutzschild hoch und geht in Deckung. Einen offenen Austausch bekommen Sie danach nur noch mühsam in Gang. Auch in schwierigen Situationen dürfen Sie ein freundliches Gesicht machen und sagen: „Guten Morgen, danke, dass Sie gekommen sind. Ich habe hier eine ernste Sache, die ich mit Ihnen besprechen möchte…"

Ich meine übrigens „echtes" Lächeln, keine Fassade oder Maske. Sie wollen nicht wirken wie ein Handelsreisender, der wider Willen Heizdecken an Senioren auf Kaffeefahrten verkauft, sondern eine gute Basis für ein Gespräch schaffen.

Gesprächsumgebung bewusst gestalten

Wählen und vereinbaren Sie das Setting, die Bühne, die Umgebung der Gespräche je nach Gesprächsanlass und Gesprächspartner. Das ist für die vertraulichen Gespräche in jedem Fall die Besprechungsecke in Ihrem Büro oder ein Besprechungs- oder Konferenzraum. Für manche kleine Abstimmung kann ein Treffen in der Cafeteria, ein gemeinsames Mittagessen oder die Bank im Innenhof gut geeignet sein. Auch ein Spaziergang ist zu weilen eine geeignete Variante, gerade, wenn es um eine beratende Situation geht. Im Gehen lösen sich Denkblockaden, weil andere Gehirnbereiche angesprochen werden. Allerdings sollten Sie hier sicherstellen, dass die geschützte Sphäre gewahrt bleibt, das heißt, niemand das Gespräch mithören kann. Also eignet sich beispielsweise ein großer Park, nicht die Fußgängerzone.

Stellen Sie Augenhöhe her. Das gilt auch für die Sitzhöhe. Wenn einer von beiden Gesprächspartnern im ausladenden Chefsessel sitzt und der andere auf einem Stühlchen, ist das nicht gegeben. Günstig ist eine Gesprächsposition, in der die Gesprächspartner sich schräg gegenübersitzen. Frontal kann bedrohlich wirken und zwingt dazu, den Gesprächspartner direkt anzuschauen oder aber seinem Blick deutlich auszuweichen. Eine schräge Platzierung über Eck lässt beiden die Freiheit, mit dem Blick auch mal abzuschweifen. Ein Tisch ist wichtig. Nicht nur aus praktischen Gründen, sondern auch, weil er Sicherheit und Schutz bietet. In Stuhlkreisen oder Zweiergesprächen ohne Tisch dazwischen machen wir uns mehr Gedanken über unsere Körpersprache. Alles ist sichtbar, das lenkt ab und verunsichert.

Die Wahl der Gesprächsumgebung samt Wasser, Kaffee und Keksen zeigt auch, welchen Wert Sie Ihrem Gesprächspartner und dem Gesprächsanlass beimessen. Sorgen Sie für eine gute Atmosphäre, in der Ihr Gegenüber sich wohlfühlen kann (Querverweis: Coachen).

Gesprächsphasen

Ein guter Schulaufsatz hat eine Einleitung, einen Hauptteil und einen Schluss. Gleiches gilt für gute Gespräche. Zur Einleitung gehört die Begrüßung, am Schluss steht die Verabschiedung. Das Gespräch dazwischen folgt in der Regel dem in Abb. 3 dargestellten Grundrezept:

Das Briefing zum Einstieg

Da Sie sich gut vorbereitet haben, können Sie jetzt auch einen guten Gesprächseinstieg formulieren. Hier gilt das, was Journalisten bei den Grundregeln einer Nachricht beherrschen sollten:

Aktualität und Interesse Warum führen wir dieses Gespräch „jetzt"? Gibt es einen zeitlichen Zusammenhang? Warum ist das Gespräch für die Beteiligten von Interesse? Bei einer

Abb. 3 Grundrezept für Gespräche

Begrüßung	Warm-up – Briefing – Agenda – Formales
Meine Perspektive	Meine Sicht auf die Ist-Situation Themen – Fragen – Ziel(e)
Andere Perspektive	Sichtweisen – Wahrnehmungen - Argumente des Gesprächspartners
Lösung finden	Sichtweisen abstimmen Argumente abwägen + gewichten
Aktionen	Entscheiden: Nächste Handlung vereinbaren – Kontrolle festlegen
Abschied	Zusammenfassung, Ausblick freundlicher Ausklang

Nachricht in der Zeitung sind das Aspekte wie: wichtig für Gesellschaft und Bevölkerung, räumlich oder sozial naheliegend, folgenschwer, gefühlsbeladen, Fortschritt, Prominenz beteiligt, Kuriosität… Im Mitarbeitergespräch beantworten wir die Frage: Was hat das Gespräch mit unserer Zusammenarbeit, unserer Aufgabe und dem Unternehmen zu tun?

Das wichtigste gehört an den Anfang Ein gutes Briefing ist wie ein guter Vorspann (Lead) vor einem Zeitungsartikel, es beantwortet die zentralen W-Fragen: Wer, was, (mit) wem, wie, warum, wann, wo … So ein Vorspann verhindert auch im Gespräch mit Mitarbeitern, dass wir uns verzetteln und auf dem Weg um den heißen Brei herum das eigentliche Ziel des Gesprächs verschleiern oder gar aus dem Auge verlieren.

Verständlichkeit und Objektivität In einer Nachricht sollte nur stehen, was der Schreiber selbst verstanden hat, anschaulich und genau, inklusive Kontext. In einer Nachricht müssen die Fakten stimmen und Informationen vollständig sein. Kommentare und Wertungen haben da nichts verloren. Genau das gilt für den Gesprächseinstieg: Nachprüfbare Fakten und Beobachtungen statt Hörensagen. Außerdem: Rahmenbedingungen erläutern, wie etwa die verfügbare Zeit und den Ablauf des Gesprächs. Nutzen Sie die Sprachebene des Empfängers, sprechen Sie am besten klar und einfach, und in einem Tempo, dem der Empfänger folgen kann. Wenn's kompliziert wird: visualisieren. Mit „Objektivität" ist im Gespräch die Kombination aus Beobachtung und Beurteilung gemeint, bei der die eigene Bewertung so weit als möglich herausgehalten wird (Querverweis: Autopilot im Griff? Beobachten – Beurteilen – Bewerten).

Im Dialog präsent bleiben

Wenn es darum geht, die Sichtweise des Gesprächspartners zu ergründen, konzentrieren Sie sich darauf Fragen zu stellen und zuzuhören. Die Technik – Mäeutik (Hebammenkunst) – hat schon Sokrates genutzt. Er wollte mit Hilfe geeigneter Fragen seine Schüler dazu bringen, die Erkenntnis selbst zu „gebären". In Gesprächen mit Mitarbeitern geht es nun keineswegs immer darum, diesen zu einer Erkenntnis zu verhelfen, sondern vielmehr darum, deren Sichtweise/Wahrnehmung/Verständnis einer Situation oder eines Sachver-

Abb. 4 Klärendes Gespräch: Fragen, zuhören, spiegeln

Den Anderen verstanden?
Lösung gefunden?
Ach, so ist das!...
Kreis verlassen!

Fragen stellen!
Offen → W-Fragen

reflektieren
Wiederholen
Paraphrasieren
Was ich verstanden habe: ...
Das löst die Antwort in mir aus: ...

zuhören!
Zugewandt + aufmerksam
Blickkontakt
Quittungsgeräusche
Bis zum Ende!

halts nachzuvollziehen. Die Technik ist die Gleiche: Fragen stellen, zuhören, spiegeln, was angekommen ist, die nächste Frage stellen (s. Abb. 4). Auf diese Weise erhalten wir Einblick in die Welt der anderen und können deren Perspektive besser nachvollziehen.

Wenn wir diese Technik nutzen, beachten wir bereits die zentralen Anforderungen an gute Gesprächsführung:

Zuhören Zuhören/hinhören beginnt damit, dass wir uns tatsächlich auf diese Sinneswahrnehmung konzentrieren und nicht schon nebenbei weiterdenken und Gegenargumente wälzen. Wir können doppelt so schnell denken wie sprechen, das führt dazu, dass unser Arbeitsspeicher beim Zuhören stets noch Kapazitäten frei hat – darum rattern unsere Gedanken unaufhörlich weiter.

Die beste Grundhaltung im Gespräch ist darum die eines Reporters, der ein Interview mit einer wichtigen Person des öffentlichen Lebens führt, sei es in einem politischen Amt oder an der Spitze eines Unternehmens: Wenn der Reporter nicht genau zuhört und den Politiker wörtlich zitieren kann, wird das Büro des Politikers die Veröffentlichung ablehnen und diesen Journalisten kein zweites Mal zu einem Interview zulassen.

Paraphrasieren heißt, Sie geben den sachlichen Inhalt des Gehörten mit eigenen Worten wieder. "Habe ich Sie richtig verstanden…? Sie meinen also…? Mit anderen Worten…? Was Sie sagen, fasse ich so auf:…."

Allein durch diese Art des Spiegelns zeigen Sie Interesse am anderen und Empathie.

Zeit nehmen, den Gesprächspartner reden lassen Wenn Sie wissen wollen, wie die Dinge aus der Perspektive Ihres Gesprächspartners aussehen, dann lassen Sie sich und der anderen Person Zeit und sorgen Sie dafür, dass der andere mehr Gesprächsanteile hat als Sie. Die Faustformel für schwierige Gespräche lautet: 80:20 = 80 % Gesprächsanteil für den Mitarbeiter/die Mitarbeiterin, 20 % für die/den Vorgesetzte/n.

Körpersprache wahrnehmen Sie schaffen es mühelos, Ihre Gesprächspartner in den Mittelpunkt zu stellen und sich voll auf sie zu konzentrieren? Dann werden Sie deren Körpersprache ohnehin mitbekommen. Wichtig: Körpersprache wahrnehmen heißt nicht, jede Geste mit einer Bedeutung zu belegen und permanent zu interpretieren. Nicht jeder, der die Arme verschränkt oder die Beine übereinander schlägt, blockiert!

Einziger Tipp in diesem Zusammenhang: Achten Sie auf Ihr „Würmli". Wenn Ihr Bauchgefühl bei einer Geste des Gesprächspartners grummelt und Ihr Autopilot Ihnen eine Interpretation anbietet, behalten Sie das im Auge. Wenn es stark grummelt, beschreiben Sie Ihre Wahrnehmung und fragen Sie nach: „Während ich Ihnen gerade ein für mein Verständnis gutes Angebot mache, sehe ich bei Ihnen eine wegwerfende Handbewegung und Sie rollen die Augen zur Decke – was möchten Sie damit zum Ausdruck bringen?"

Fragen vorbereiten und üben

Wer fragt, führt. So lautet ein Kommunikationsgrundsatz. Dabei kommt es vor allem darauf an, „wie" Sie fragen. Was für eine Antwort wollen Sie haben? Fragen Sie entsprechend!

- Offene/geschlossene Frage

Offen: „Warum besuchen Sie dieses Seminar?" Keine Einschränkung der Antwortmöglichkeiten, hier muss Ihr Gesprächspartner zur Antwort einen ganz Satz formulieren.

Geschlossen: „Trinken Sie einen Kaffee?" Damit lassen sie wenig Spielraum, hier kann sich Ihr Gegenüber bei der Antwort auf ein „ja" oder „nein" beschränken. Diese Frage ist sinnvoll, wenn Sie nur Kaffee zu bieten haben. Als Einstieg in die Klärung eines Sachverhalts ist die geschlossene Frage ebenso wenig geeignet wie als Einstieg in den Smalltalk.

- Alternativfrage

Hilfreich, wenn Sie eingeschränkte Möglichkeiten haben. „Ich brauche dieses Konzept nächste Woche. Schaffen Sie das alleine oder soll ich Ihnen Herrn Mustermann zur Unterstützung schicken?"

- Informationsfrage

„Welche Vorlage haben Sie für diese Präsentation verwendet?"

- Rhetorische Frage

Sie erwarten keine Antwort. Eignet sich für Vorträge, kann Interesse wecken.
Streng genommen gehört auch die Frage an einen Mitarbeiter „Könnten Sie das bitte bis 15:00 Uhr für mich erledigen?" in diese Kategorie.

- Motivierende Frage

Regt den Gesprächspartner an, sich zu öffnen. Hier ist eine positive Atmosphäre wichtig, diese Variante wird sonst leicht als Anbiedern missverstanden. „Was sagen Sie als Fachfrau zu dieser Vorgehensweise?"

- Kontroll- und Bestätigungsfrage

Hilft, das Interesse des Gesprächspartners zu prüfen und bisher Gesagtes zusammenzufassen. Hört mein Gegenüber mir noch zu? „Stimmen Sie mir zu? … Habe ich das so richtig zusammengefasst? … Ist es das, was sie sagen wollten? … Sehen Sie das auch so?" Danach unbedingt ein Päuschen einlegen, damit Sie auch eine Antwort bekommen!

- Gegenfrage

Kann nützlich sein, wenn weitere Informationen zur Entscheidung benötigt werden. Wird oft zur Ablenkung von der eigentlichen Frage, benutzt, der Gegenfrager gewinnt Zeit. „Gehst Du mit uns essen? – Wohin wollt Ihr denn gehen?" „Werden Sie uns in dieser Frage unterstützen? – Warum fragen Sie nicht zuerst Herrn Z?" „Haben Sie den Passus auf Seite 27 gelesen? – Warum fragen Sie das?"

- Suggestiv-Frage

„Sie müssen doch sicher heute noch mal in die EDV-Abteilung?" Damit wollen Sie Ihren Gesprächspartner in eine bestimmte Richtung manövrieren. „Dann könnten Sie ja gleich diese Anforderung hier mitnehmen!"

- Warum-Frage

Natürlich wollen wir sehr oft wissen, warum jemand etwas macht oder eben gerade nicht macht. Darum gehört die Frage nach dem „Warum" zum Standardrepertoire. Dennoch kann es in bestimmten Situationen dazu beitragen, den Gesprächspartner in eine Rechtfertigungsposition zu drängen. „Warum gehen Sie nicht mal ins Theater?" Alternativ: „Was hält Sie davon ab, mal ins Theater zu gehen?"Beispiel: Ein Mitarbeiter hat verschiedene Werbeunterlagen für eine Dienstreise in eine Kiste gepackt, um sie am nächsten Tag bequemer tragen zu können. Diese Sorte Kisten ist für die Entsorgung von Datenträgern vorgesehen und die Putzkolonne hat den Inhalt entsorgt… „Warum haben Sie die Kiste denn nicht eindeutig gekennzeichnet?", wird zu „ja, aber.." führen. Besser: „Was haben Sie denn unternommen, um eine Verwechslung auszuschließen?"

- Schock- oder Angriffsfrage

Sie locken Ihren Gesprächspartner aus der Reserve. Vorsicht: Die Stimmung im Gespräch wird davon nicht besser. „Wollen oder können Sie mir darauf keine Antwort geben?"

- Fangfrage/indirekte Frage

Sie wollen etwas wissen, das Sie nicht direkt fragen können. „Wie viel Kirchensteuer zahlen Sie eigentlich?" So können Sie herausfinden, ob die Person in der Kirche ist und in welcher

Größenordnung ihr Einkommen liegt. Sie fragen: „Wie läuft denn der weitere Entscheidungsweg?" Wenn Sie wissen wollen, ob der Vertreter des Kunden, mit dem Sie gerade verhandeln, auch derjenige ist, der die Entscheidung am Ende trifft.

Was tun, wenn Sie selbst mit einer solchen Frage konfrontiert werden und nicht wissen, ob es eine Fangfrage ist? Einfach nicht beantworten! Wie in dem Beispiel einer Finanzfachfrau auf einer Konferenz in Asien. Die Dolmetscherin fragte sie beim Essen so nebenbei: „Sieht der Herr dahinten nicht orientalisch aus?!" Warum fragt jemand in einer geschäftlichen Kurzbeziehung so etwas? Sie wollen sich auf keinen Fall zu potenziell diskriminierenden Bemerkungen äußern? Beste Reaktion: „Was für eine interessante Frage! Sind Sie so nett und reichen mir bitte die Butter?"

Grundregeln für die „positive" Art, Dinge auszudrücken

Eine positive Gesprächsführung fängt damit an, dass Sie „Türöffner" benutzen: „Ich höre Ihnen gerne zu", „Bitte, erzählen Sie doch"…signalisiert, dass mir der Partner wichtig ist.

Ein weiterer Punkt ist die Fähigkeit, die eigenen Wünsche und Erwartungen klar zu formulieren – schließlich können die wenigsten unserer Gesprächspartner Gedanken lesen, und auch bei den zwischen den Zeilen gesendeten Appellen sind Missverständnisse vorprogrammiert. Eine wichtige Grundregel: Sag, was Du meinst und du bekommst, was Du willst.[2]

- Klare Ansage statt Appell!
- Positive statt negative Formulierungen!
- Bitten Sie um Hilfe und Mitwirkung!
  Dann haben Sie eine Chance, dass erfüllbare Forderungen formuliert werden.
  „Unter welchen Bedingungen wären Sie denn bereit…?"
  „Was kann ich tun, damit Sie zustimmen?"
- Bieten Sie einen Nutzen an: „Du hast etwas davon!"
  Zeigen Sie dem Gesprächspartner positive Folgen auf, statt mit negativen zu Konsequenzen zu drohen.
- Motivieren Sie andere positiv!
  Machen Sie Mut. Loben Sie ohne „wenn" und „aber".
- Seien Sie konstruktiv, überlegen Sie „was geht", formulieren Sie lösungsorientiert!
  Wenn Sie in ein Gespräch gehen, um Kritik zu üben, wird es in gegenseitigen Schuldzuweisungen enden. Nehmen Sie sich stattdessen vor, gemeinsam mit Ihrem Gesprächspartner den Prozess zu überprüfen und Lösungen zu suchen. Führen Sie das Gespräch

---

[2] Das ist auch der Titel eines Buches, aus dem viele der hier folgenden Ideen stammen: Walther, George, Sag was du meinst, und du bekommst, was du willst, Mit Power Talking zum Erfolg," Econ, 1997,

über die Sache, nicht über die Person. Halten Sie sich nicht so lange mit dem auf, was „nicht" funktioniert, überlegen Sie lieber, wie es gehen könnte!

- Hilfsbereit kommt an
Bieten Sie Hilfe an, unterstützen Sie Ihren Verhandlungspartner, ohne sofort nach einer Gegenleistung zu fragen. Es zahlt sich aus.

Warum ist das so wichtig? Weil auf diesem Planeten das Gesetz der Energieerhaltung gilt: Es geht nichts verloren. In der Kommunikation ist das ebenso. Alles, was wir aussenden, kehrt zu uns zurück.

Sie hatten in der Hektik des Alltags einen etwas schroffen Ton, weil während eines Telefonats noch der Ärger der vorherigen Situation in Ihrer Stimme steckte. Tage später wundern Sie sich, warum der gleiche Anrufer so vorsichtig um den Busch schleicht. Der Anrufer hat den schroffen Ton noch im Ohr und will sich nicht noch einmal anfahren lassen. Sie sind normalerweise ein sehr umgänglicher Mensch. Dass Sie hier gerade die Reaktion auf die von Ihnen selbst ausgesandte Energie bekommen, merken Sie gar nicht, Sie haben das frühere Telefonat längst vergessen.

Ich bin o. k., Du bist o. k., zusammen sind wir phantastisch. Machen Sie den Menschen, mit denen Sie zu tun haben, Komplimente, loben Sie, wo es passt! Keine Angst, die Gefahr, dass Sie dabei zu viel loben, geht gegen Null. Üben Sie: Organisieren Sie eine Testreihe und nehmen Sie sich vor, jeden Tag mindestens drei Leuten etwas Positives zu sagen. Achten Sie dabei auf die Reaktionen und prüfen Sie den allgemeinen Stimmungspegel. Achtung: Wenn Sie seit 20 Jahren den bärbeißigen Zähnefletscher oder die Kollegin mit den Haaren auf den Zähnen geben, sollten Sie mit einer kleineren Dosis anfangen …

Achten Sie dabei gerne auch auf Ihre Wortwahl: „Wenn Sie mal Zeit dafür haben" und „bei Gelegenheit" sind keine klaren Vereinbarungen, und schon gar nicht erlaubt, wenn Sie eine halbe Stunde später in der Tür stehen und fragen, ob der Mitarbeiter schon fertig ist. Damit drücken Sie auf den Knopf fehlende Anerkennung. Ein solches Verhalten kommt bei Mitarbeitern so an: „Bei Gelegenheit! Und dann steht er fünf Minuten später wieder hinter mir! Was denn nun? Als ob ich nur darauf warten würde, dass er was bei mir fallen lässt und ich hätte sonst nichts zu tun!" Wir schicken die Leute auf Zeitmanagement-Seminare und lassen ihnen dann keinen Spielraum. Entweder Sie fragen: „Bis wann können Sie diese Aufgabe für mich erledigen?" Oder Sie besprechen neue Prioritäten: „Ich habe hier etwas, das ist gerade dringend geworden. Bitte ziehen Sie das vor. Die anderen beiden Sachen können Sie anschließend fertig machen. Da reicht es mir dann, wenn ich das bis … (Datum) habe."

Wenn Ihre Leute etwas von Ihnen haben wollen, dann ist: „Da kümmere ich mich vielleicht morgen drum," oder „das müssen wir dann mal sehen," keine gute Antwort. Auf der anderen Seite kommt an: "Das liegt auf der langen Bank, Du bist nicht wichtig!" Sagen Sie, was möglich ist: „Ich weiß, dass Ihnen die Sache auf den Nägeln brennt. Ich habe hier jedoch andere Dinge, die wichtiger und dringender sind. Ich kann mich am … (Datum) darum kümmern. Sie dürfen mich daran erinnern."

Wenn Sie gerne höfliche Konjunktive verwenden, ist das durchaus sympathisch: „Wären Sie vielleicht so nett und würden mir …" Diese Formulierung kommt je nach Mitarbeitersorte unterschiedlich an: Die einen finden den watteweichen Umgang wunderbar, weil sie selbst auch gerne alles in Watte packen. Die anderen sagen: „Was soll das Getue! Als ob ich eine Wahl hätte!" Für diese Sorte reicht eine schlichte sachliche Anforderung aus. Bei beziehungsorientierten Mitarbeitern dürfen Sie nachhaken, wenn diese Aussagen relativieren. Die würden selbst bei 200 % Gewissheit nie sagen „ich bin mir sicher", sondern „ich meine, das wäre so …".

Erklären Sie auch, was Sie möchten/können, statt Ausschlusskriterien aufzuzählen. Statt zu erklären: „Vor Freitag komme ich nicht dazu…", beantworten Sie lieber, wann genau Sie dazu kommen, sonst steht der Gesprächspartner am Freitag auf der Matte. Auch in anderen Kombinationen ist das Wörtchen „nicht" problematisch: „nicht schlecht" ist kein Lob, weil eben auch nicht gut. In Vokabeln wie „schon wieder, immer, nie" stecken Verallgemeinerungen und damit leicht Vorwürfe.

Powertalking – Beispiele für positive Sprache

Besser nicht:	So wird's gut:
Ich muss…	Ich möchte gerne… Ich werde …!
Ja, aber…	Ja, und …
Ich werde es versuchen …	Ich werde es tun!
Das ist ein Problem	Das ist eine Herausforderung
Ich bin hier nur (Funktion)	Ich bin hier (Funktion)
Da habe ich versagt!	Das habe ich daraus gelernt
Hätte ich doch bloß …	Ab heute werde ich…
Da haben Sie sich verkehrt ausgedrückt	Da habe ich Sie falsch verstanden
Um ehrlich zu sein …	Seien Sie immer ehrlich!
Ich kann doch nichts dafür! … dass der Abteilungsleiter noch keine Entscheidung getroffen hat!	Es tut mir leid, dass ich noch keine Entscheidung erwirken konnte. Ich werde mich weiter dafür einsetzen.
Ich bin sicher, dass er weiß, dass ich auf ihn stolz bin.	Ich bin stolz auf Dich!
Haben Sie noch weitere Fragen?	Welche weiteren Fragen haben Sie?
Können Sie mir einen Gefallen tun …?	Sie haben den Vorteil, wenn Sie…
Eigentlich kann das einer alleine ja gar nicht schaffen … (das ist ein Wink mit dem Zaunpfahl, der leicht übersehen wird …)	Für diese Aufgabe brauche ich Ihre Unterstützung. (klare Ansage)
Hoffentlich schaffst Du das auch! (Botschaft: Ich zweifele an Dir!)	Ich bin sicher, dass Du das schaffst! (Botschaft: Ich glaube an Dich!")
Gut gemacht, aber wenn Sie XY, dann wäre es noch besser. (Das Lob ist mit dem „aber" kaputt.)	Gut gemacht, und beim nächsten Mal probieren Sie noch XY, dann. (Das Lob bleibt unbeschädigt.)
Da müssen Sie erst einmal Ihre Argumente auf den Tisch legen!	Wenn Sie mir Ihre Argumente nennen, kann ich Ihnen konkrete Antworten geben, und wir sind schneller fertig.

(Fortsetzung)

Besser nicht:	So wird's gut:
Es ist kalt hier!	Mir ist kalt, bitte mach das Fenster zu!"
Wir haben nur noch drei Tage …	Wir haben noch volle drei Tage!
Gespräche kosten Zeit.	Ich investiere Zeit in Gespräche.
Haben Sie noch Einwände? (motiviert dazu, nach Einwänden zu suchen)	Können wir das Besprochene so festhalten? (regt zu positiver Reaktion an)
Ich will das aber, und Sie arbeiten jetzt damit! (Schürt den Widerstand gegen eine Neues)	Können Sie damit leben, wenn wir künftig mit dem neuen Programm arbeiten?
Sie müssen Ihr Büro mit dem Kollegen teilen! Keine weiteren Diskussionen.	Bitte helfen Sie mir! Sie sind die Einzige, die die Erfahrung hat, hier eine gedeihliche Zusammenarbeit zu gestalten.

Auf die Sprache achten: Vokabeln, mit denen wir uns selbst ins Abseits schießen

Zeit	Menge	Qualität	Konjunktive	Negative
Sofort	Circa	Man → ICH!	Wäre	Ja, aber … ja, und!
Demnächst	Alle	Eigentlich	Würde	Nie
Mal eben	Viel	Vielleicht	Hätte	Schon wieder
Asap	Ein bisschen	Wahrscheinlich	Wollte	Erst
Manchmal	Etwas	Ungefähr	Sollte	Leider
Schnell	Ein Berg von	Ganz schön	Müsste	Nicht schlecht
Bei Gelegenheit	Ein paar	Nur	Könnte	Problem
Ab und zu	Eine Menge	Machen	Dürfte	Nicht
Umgehend	Irgendwelche	Irgendwas	(Möchte)	Unpünktlich
Irgendwann	Groß/klein	Teuer hochwertig		Kein
In ein paar Tagen	Ein Teil von	Billig preiswert		Immer
Rechtzeitig	Ein Haufen Arbeit	Im Prinzip …		
Zeitnah		Hoffen		
		Glauben		
		Versuchen		
So ist es besser:				
Datum und Uhrzeit statt windelweicher Angaben, die Interpretation erfordern; Prioritäten klären, realistisch bleiben.	Konkrete Mengen, Größenangaben z. B., wie viel Zeit genau ich mit einer Aufgabe zubringen werde.	Präsens, aktiv, Verantwortung übernehmen, realistisch planen, was ich anbiete kann und dann tun: Ich mache das!	Klartext reden, Watte dosieren. Arbeiten Sie mit der Wucht der Behauptung oder stellen Sie sich selbst häufig in Frage?	Weg mit versteckten Vorwürfen. Positiv formulieren, Powertalking! Eindeutig loben, Sagen, was geht!

Emotionen raus – bloß wie?

Ein verbaler Angriff löst körperlichen Stress aus, auch dann, wenn er gar nicht als Angriff gemeint war, sondern nur bei mir so angekommen ist: Wie in jeder Gefahrensituation wird Adrenalin ausgeschüttet, ein Hormon, das rasche körperliche Reaktion ermöglicht. Das Denken ist dann ausgeschaltet, damit Sie schneller wegrennen können. Vor einer Gefahr möglichst schnell wegrennen zu können, war in der Steinzeit eine wichtige Voraussetzung für das Überleben. Für eine geschickte Antwort brauchen Sie aber Ihren Kopf! „Cool" bleiben ist darum die erste Devise.

Ruhig bleiben kann ich, wenn ich meiner selbst sicher bin. Menschen, die diese Qualität haben, attestieren wir Ausstrahlung und Charisma. Wir können unsere eigene Souveränität festigen, indem wir an unserer inneren Überzeugung arbeiten: Bewusste Reflexion der eigenen Qualitäten und Erfahrungen, Sicherheit durch Vorbereitung, wie beim Stichwort Autorität zum Thema Führungsrolle bereits vorgestellt (Querverweis: Vor Inbetriebnahme: Rolle, Aufgaben und Kompetenzen kennen). Eine ruhige und gelassene Reaktion gelingt auch dann besser, wenn wir unangenehme Erfahrungen verarbeiten und dafür sorgen, dass sie kein zweites Mal so passieren. Dazu gab es schon Tipps beim Thema Poka Yoke, z. B: Anker setzen und Director's Cut (Querverweis: Verbesserungswesen in Sachen Gesprächsführung).

Auf Augenhöhe bleiben

Einen wichtigen Beitrag leistet auch eine Grundhaltung, die es Ihnen erlaubt, mit allen Menschen um Sie herum auf Augenhöhe umzugehen (s. Abb. 5). Der Titel eines Buches von Thomas Harris zur Transaktionsanalyse trifft den Punkt: „Ich bin o. k., Du bist o. k."[3]

In manchen Situationen verhalten Menschen sich wie kleine Kinder, und die gibt es bekanntermaßen in verschiedenen Varianten. Kinder sind mal

- angepasst, brav, ängstlich, unkritisch, mal sind sie
- rebellisch, aufsässig und uneinsichtig und dann sind sie auch
- sorglos und unbekümmert.

In anderen Situationen verhalten wir uns von oben herab – wie ein Elternteil, das gerade auf seinen Nachwuchs einredet. Eltern agieren wahlweise

- kritisch und belehrend oder
- fürsorglich und helfend.

---

[3] Die Transaktionsanalyse (TA) wurde Mitte des 20. Jh. von dem amerikanischen Psychiater Eric Berne entwickelt und ist eine Theorie zur menschlichen Persönlichkeitsstruktur. Wer sich damit eingehender auseinandersetzen möchte, dem sei dieses Buch als Einstieg empfohlen: Harris, Thomas A., Ich bin o. k. Du bist o. k., Wie wir uns selbst besser verstehen und unsere Einstellung zu anderen verändern können, eine Einführung in die Transaktionsanalyse, Rowohlt, 2007.

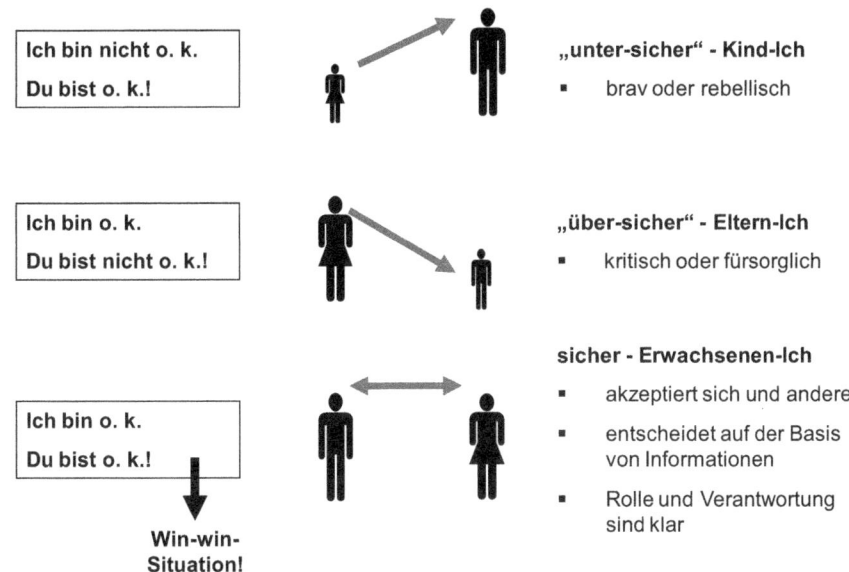

| Ich bin nicht o. k. | | „unter-sicher" - Kind-Ich |
| Du bist o. k.! | | • brav oder rebellisch |

| Ich bin o. k. | | „über-sicher" - Eltern-Ich |
| Du bist nicht o. k.! | | • kritisch oder fürsorglich |

sicher - Erwachsenen-Ich

Ich bin o. k.		• akzeptiert sich und andere
Du bist o. k.!		• entscheidet auf der Basis von Informationen
		• Rolle und Verantwortung sind klar

Win-win-Situation!

Abb. 5 Auf Augenhöhe miteinander reden

Beispiel: Ein Mitarbeiter fragt: „Wo ist denn das Pflichtenheft zum Projekt 08/15?" Sie antworten: „Wenn Sie auf Ihrem Schreibtisch mal Ordnung machen würden, müssten Sie nicht jedes Mal fragen!" Das ist die kritische Mama mit dem erhobenen Zeigefinger. Als fürsorglicher Papa würden Sie antworten: „Ich komme sofort und helfe Ihnen suchen!" Wenn das rebellische oder sorglose Kind bei Ihnen aufbegehrt: „Ist mir doch egal!" Spricht das angepasste Kind aus Ihnen: „Oh Gott! Die Akte ist weg? Das darf der Bereichsleiter auf keinen Fall erfahren!"

Die Emotionen raushalten heißt, der anderen Person auf Augenhöhe und Sachebene zu begegnen: „Ich habe das Pflichtenheft zu 08/15 zuletzt bei unserer Besprechung am Dienstag gesehen. Da hatte Kollege M. es in der Hand."

Auf Augenhöhe heißt, einander akzeptieren, das Verhalten anderer nicht auf mich beziehen. Das ist jedoch recht schwierig, denn wir alle haben Motive, Antreiber, die unser Verhalten steuern – wir haben Überlebensmechanismen gelernt und „Knöpfe", die andere Menschen durch Verhalten und Kommunikation drücken können.

Antreiber kennen

Kennen Sie Ihre Überlebensmechanismen? Sicher haben Sie noch einige Antreiber im Ohr, die Sie in Ihrer Kindheit mitbekommen haben. Das sind Lernerfahrungen, die zum Teil auch im Erwachsenenalter unser Handeln steuern: Haben Sie gelernt, brav und rücksichtsvoll zu sein? Haben Sie einen Knicks oder Diener gemacht, wenn die Tante zu Besuch kam und brav nur dann gesprochen, wenn Sie etwas gefragt wurden? Steht in Ihrem Poesie-Album „sei höflich und bescheiden wie das Röslein auf der Heiden"? Oder haben Sie noch die Aufforderung Ihrer Mutter im Ohr: „Die Rita hat in Deutsch eine eins! Jetzt streng Dich mal an!!" Vielleicht erinnern Sie sich auch, dass Sie, wenn Ihre Reserven erschöpft waren, den Spruch hörten: „Los, ein Indianer kennt keinen Schmerz!" „Nur die Harten kommen in den Garten!"

Vielleicht haben Sie in der Schulzeit auch erfahren, dass man mit einem spitzbübischen Lächeln und einer guten Ausrede aus einer brenzligen Situation heil herauskommt? Dann werden Sie genau das auch später wieder versuchen – der Überlebensmechanismus heißt dann: Sei lustig! Lass Deinen Charme spielen, kokettier ein bisschen und Du bekommst, was Du willst.

Hier die klassischen Antreiber, Methoden die wir gelernt haben, um gut durch's Leben zu kommen.[4]

- Sei perfekt!
  Menschen mit diesem Antreiber neigen dazu, alles zu kontrollieren, alles richtig machen zu wollen.
- Mach schnell!
  „Mach Dampf! Nimm alles mit!" Dieser Mechanismus sorgt dafür, dass Sie alles möglichst gleichzeitig machen wollen, um nur ja nichts zu verpassen.
- Streng Dich an!
  Ist die Aufforderung fleißig zu sein, sich reinzuhängen, koste es, was es wolle. Die Anstrengung zählt mehr als das Ergebnis.
- Mach es allen recht!
  Mit diesem Antreiber stellen Sie die eigenen Bedürfnisse hintenan und wollen immer wissen/erraten, was die anderen wohl wollen oder brauchen. Andere bestimmen lassen! Bloß keine Auseinandersetzungen provozieren!
- Sei stark!
  Durchsetzen, keine Schwächen zeigen! Das sind Verhaltensmaßstäbe für diesen Antreiber. Sich helfen zu lassen ist ein Zeichen von Schwäche.

Welche Antreiber kennen Sie an sich selbst? Sind Sie damit heute noch erfolgreich? Kommen Sie mit Ihren Antreibern effektiv und effizient an Ihre Ziele? Wenn nicht: Kleben Sie diesen kleinen Flüsterern doch einfach mal den Mund zu und überlegen Sie sich Alternativen! Erlauben Sie sich, pragmatisch statt perfekt zu sein. Gestatten Sie sich Zeit. Setzen Sie mal Aufwand und Nutzen in Relation und machen zum ersten Mal im Leben um fünf Uhr Feierabend. Überlegen Sie, was Sie selbst wollen und beziehen Sie Position. Erlauben Sie sich, um Hilfe zu bitten – das erfordert schließlich viel Mut und Stärke!

---

[4] Im Netz gibt bieten viele Berater solche Tests, mit denen Sie herausfinden können, welche dieser Antreiber bei Ihnen ganz vorne stehen. Ein Online-Test findet sich bei http://kibnet.org/fix/lpb/content/05_der_lernende/5_6_lerntest.html. Diese Seite ist das Ergebnis eines vom Bundesministerium für Forschung und Bildung geförderten Projekts. Das Projekt ist zwar beendet, die Inhalte sind jedoch noch zugänglich.

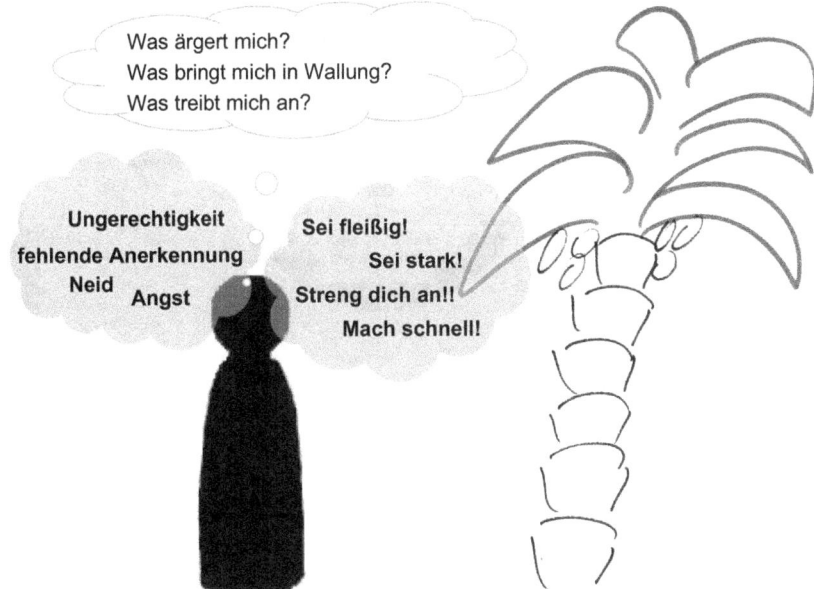

Abb. 6 Die eigenen Knöpfe und Überlebensmechanismen kennen

Knöpfe lokalisieren

Ruhig bleiben kann, wer seine „Knöpfe", seine Motive und Antreiber kennt. Denken Sie an Situationen zurück, in denen Sie auf die Palme gegangen sind, die Sie schon einmal in Wallung gebracht haben, über die Sie sich geärgert haben. Worum genau ging es da? Was hat Ihr Gegenüber gesagt, dass Sie aus den Schuhen springen ließ, verärgert hat? Auf welchen Ihrer Knöpfe hat die Person gedrückt? (Querverweis: „Typgerecht" führen heißt, Bedürfnisse zu kennen und zu adressieren, Abb. 6).

„Ich möchte jetzt mit jemandem sprechen, der hier kompetent ist!" Löst dieser Satz bei Ihnen ein kleines „Peng" in der Magengegend aus? Denken Sie: „Was glaubt der, mit wem er spricht?!!!" Dann könnte Anerkennung bzw., verweigerte Anerkennung, unzureichender Respekt einer Ihrer Lieblingsknöpfe sein.

Sie haben den Routinecheck durchgeführt und ein Prozess ist trotzdem schief gelaufen. Ihr Chef staucht Sie zusammen: „Haben Sie wieder mal die Routinekontrolle weggelassen!" Oder: Sie haben eine tolle Idee, über die Sie Ihrem Kollegen berichten. Am nächsten Tag treffen Sie Ihren Chef und der erzählt Ihnen von genau dieser Idee – und lobt Ihren Kollegen dafür über den grünen Klee. Wenn das ein häufiger Auslöser für Ärger ist, dann ist das Thema Gerechtigkeit ein Knopf, den andere bei Ihnen leicht drücken können. Sie ärgern sich, wenn Dinge ungerecht sind.

„Was ist denn hier wieder passiert!" oder „Sind Sie Ihrer Aufgabe etwa nicht gewachsen?" Zucken Sie bei solchen Sätzen schuldbewusst zusammen? Dann ist möglicherweise Angst ein leicht zu treffender Knopf.

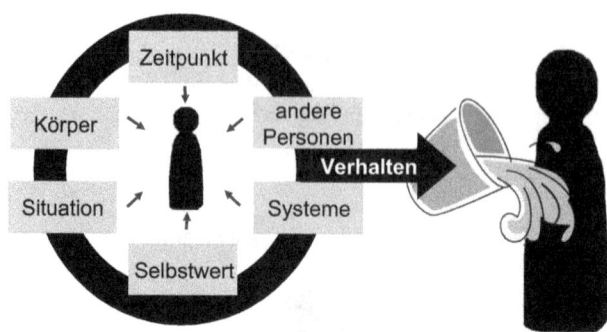

Abb. 7 Verhaltensgründe liegen in der Person, die sich verhält!

Den Neid-Knopf, dieses „Ich-will-auch!"-Gefühl, spüren Sie, wenn andere etwas haben oder bekommen, das Sie nicht haben. Beispielsweise, wenn Sie in der Stadt mit dem Auto unterwegs sind. Zwei Spuren, die Ampel springt auf Grün. Die Autos in der anderen Spur fahren an, vor Ihnen bewegt sich nichts …

Beobachten Sie Ihre Knöpfe, finden Sie heraus, an welcher Stelle Sie besonders empfindlich sind. Und dann schützen Sie diesen Knopf, stärken Sie diese Seite. Schreiben Sie Erfolgsgeschichten auf und beweisen Sie sich selbst, wie gut Sie sind – das macht Sie unabhängiger von der Anerkennung durch andere. Üben Sie, Ihre Wahrnehmung auf der Sachebene zu formulieren, so können Sie Ungerechtigkeiten sachlich ansprechen und korrigieren. Sorgen Sie für Struktur und systematische Checks, das gibt Sicherheit. Überlegen Sie sich den Nutzen Ihrer aktuellen Situation als Mittel gegen Neid.

Die „positive" Absicht suchen

Gute, für mich und andere, stressfreie Kommunikation geht über das Verständnis für mein Gegenüber. Ich lasse mich nicht von den Phänomenen und Automatismen der Kommunikation überrollen, sondern versuche aktiv herauszufinden, was mein Gegenüber will. Hinter jedem Verhalten steht eine für die Person positive Absicht. Die Frage lautet darum immer: Was ist die „positive" Motivation des anderen, etwas zu tun oder zu sagen? Was hat dieser Mensch selbst davon, dass er sich so verhält? (Abb. 7)

Da will jemand einen Eimer Wasser auskippen – und Sie bekommen das Wasser ab. Dabei wollte die Person Sie gar nicht nass machen, sondern nur einen Eimer Wasser auskippen.

Statt sich zu fragen: „Was muss der/die andere ändern? Was hat sie/er falsch gemacht?" oder zu denken: „Der ist doof. Die Person nervt!" Überlegen Sie besser „Was fehlt dem anderen? Was braucht dieser Mensch? Was kann ich anbieten?"

Sie haben die Wahl, ob Sie sich ärgern oder nicht. Sie können es auch einfach lassen! Fahren Sie einen inneren Schutzschild hoch. Bleiben Sie gelassen, anstatt wie das HB-Männchen an die Decke zu gehen. Nutzen Sie die Methoden der Autosuggestion.

Abb. 8 So lernen wir …

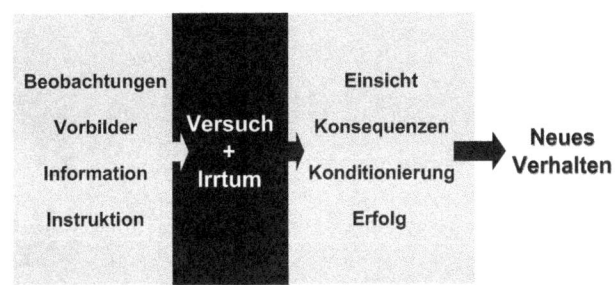

Selbsttraining anschieben

Wir lernen, was wir tun müssen, indem wir es tun, schrieb Aristoteles.

Sie wollen Ihre Emotionen besser beherrschen und sachlicher und damit souveräner agieren? Dann arbeiten Sie daran! Schauen Sie sich an, was läuft, schneiden Sie sich von anderen Führungskräften ein Scheibchen ab, recherchieren Sie Lösungen, investieren Sie in Weiterbildung. Und dann probieren Sie Dinge aus, machen Sie neue Erfahrungen und schauen Sie sich die Ergebnisse an. Manchmal genügt die schlichte Einsicht, um etwas beizubehalten. In anderen Fällen lernen wir nur durch Konsequenzen – z. B. wenn eine Verhaltensweise uns schadet. Auch Erfolg kann dafür sorgen, dass wir eine neue Verhaltensweise beibehalten. (s. Abb. 8) In vielen Fällen brauchen wir jedoch Wiederholung und Konditionierung, damit wir ein neues Verhalten dauerhaft umsetzen.

Sie haben sicher schon vom Pawlow'schen Hund gehört. Immer wenn er etwas zu fressen bekam, läutete ein Glöckchen. Nach einer Weile war er so konditioniert, dass schon der Speichel floss, wenn ein Glöckchen geläutet wurde, ohne dass es etwas zu fressen gab. Nein, Sie müssen sich jetzt kein Glöckchen kaufen. Sie haben die Möglichkeit mentale, kinästhetische oder visuelle Anker zu setzen.

Rosa Brille Ein solcher Anker kann eine rosa Brille sein. Besorgen Sie sich ein solches Brillengestell (als Lesebrille leicht in allen Farben zu finden). Diese Brille steht für eine positive Grundhaltung, damit sehen Sie immer, was geht. Wenn nun einer dieser grauen Tage ist, und Sie schon morgens beim Gedanken an ein anstehendes Gespräch schlechte Laune bekommen, dann holen Sie diese Brille hervor und programmieren sich selbst damit auf positiv.

Haltung annehmen, Atmen und Lächeln: „Aha!" Körperhaltung und Bewusstsein beeinflussen einander. Ändern Sie Ihr Bewusstsein, indem Sie Ihre Haltung ändern! Vom Schein zum Sein: Sorgen Sie dafür, dass Sie aufrecht stehen und gehen! Treten Sie einen Schritt zurück. Stehen Sie auf, wenn Sie gesessen haben. Das schafft Platz für Gedanken.

Sie haben Zeit! Atmen Sie erst einmal! Atmen heißt lateinisch „inspirare" – nehmen Sie das wörtlich: Atmung bringt Inspiration! Ihnen bleibt bei einem verbalen Angriff die

Abb. 9 Aha!

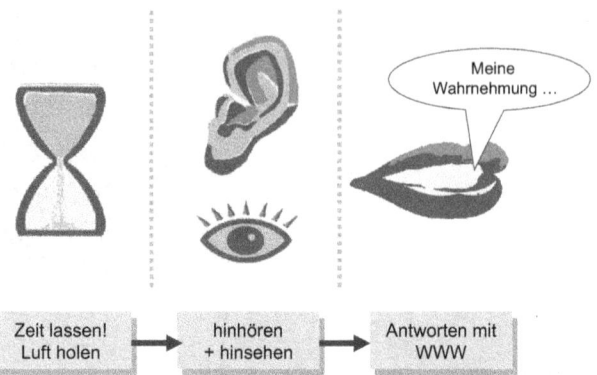

Luft weg? Atmen Sie einmal tief durch und richten Sie sich auf! Denken Sie: „aha!" Jetzt hören Sie genau hin, was die andere Person sagt. Schauen Sie hin, was Sie beobachten. Nun können Sie antworten. Und Sie fangen mit dem an, was Sie gerade gehört und/oder gesehen haben. So tappen Sie nicht in die Falle, mit der Interpretation anzufangen. Sie bauen ein bisschen Abstand ein, und verhindern, dass Ihre Knöpfe gedrückt werden (s. Abb. 9).

Andere Strategien helfen Ihnen, einen mentalen Schutz aufzubauen – legen Sie sich eine gläserne Wand, einen Raumschiff-Schutzschild zu oder heben Sie mit einen virtuellen Hubschrauber ab:

Glaswand Stellen Sie sich eine gläserne Wand vor, die vor Ihnen aus dem Boden fährt. An dieser Wand prallt alles ab. Angriffe erreichen Sie nicht. Sie stehen dahinter ganz entspannt und ruhig, hören die Äußerung Ihres Gesprächspartners, Ihrer Gesprächspartnerin. Da die Glaswand Sie schützt, werden jetzt keine Knöpfe gedrückt. Sie können also in Ruhe und ohne Adrenalinausstoß Ihre Reaktion überlegen.

Raumschiff-Schutzblase Als Science-Fiction-Fan können Sie sich auch den Schutzschild von Raumschiff Enterprise vorstellen, eine unsichtbare Hülle, die alle Angriffe abfängt, während das Raumschiff sich trotzdem verteidigen kann! Machen Sie es wie Major Cliff McLane im Raumschiff Orion oder später Captain Kirk auf der Enterprise. Die hatten das optimale Schutzwerkzeug: Sie riefen ihren Offizieren Tamara Jagellovsk oder Chekov zu: „Schutzschild hochfahren" und schon prallten alle Angriffe der Bösewichter im All an einer unsichtbaren äußeren Hülle ab. Die Schüsse sind nur noch als leuchtend verglühende Punkte auf dem Bordbildschirm zu sehen, Raumschiff und Besatzung – Sie – bleiben unversehrt und handlungsfähig.

Hubschrauber-Technik Schon der alte Goethe hat gesagt: Ein Problem lösen heißt, sich vom Problem zu lösen. Nichts anders machen Sie mit der Hubschrauber-Technik: Sie lösen sich aus der Situation und stellen sich vor, dass Sie sie von oben beobachten, wie die Szene in einem Theaterstück. Wenn der nächste verbale Angriff auf Sie zusteuert, springen Sie schnell in Ihren Hubschrauber und steigen auf. Und dann schauen Sie gelassen runter auf die Situation und hören zu, was die Person sagt, und was Sie selbst da unten antworten.

Mantra und Erinnerungsanker Legen Sie sich ein persönliches Schlüsselwort zu, das Sie im Ernstfall innerlich sagen. Das kann ein „Ommmm" sein, „ruhig Brauner!", „bleib cool, Django!". Es kann ein irgendein Wort sein, dass Sie an einen guten Moment, eine glückliche Stunde, liebe Menschen erinnert. Wie beim autogenen Training üben Sie dieses Mantra und stellen sich dabei die erlebte angenehme Situation vor. Sie sehen sich in Ihrem Kopfkino entspannt, gelassen und freundlich. Und wie beim autogenen Training sind Sie mit ein bisschen Übung in der Lage, mit Hilfe des Schlüsselwortes – Ihres Mantra – diese Gefühle in der aktuellen Situation abzurufen.

Diese Methoden nutzen unsere Spiegelneuronen – Nervenzellen, die Empfindungen imitieren können. Dass Sie so etwas haben, merken Sie beispielsweise, wenn Sie zusehen, wie sich jemand ein Pflaster mit einem Ruck abreißt und Sie dabei selbst zusammenzucken. Eine bestimmte Musik lässt das Glücksgefühl einer lauen Sommernacht wieder auftauchen, der leckere Geruch aus einem Küchenfenster lässt Ihnen das Wasser im Mund zusammenlaufen, der Geruch von Sommerregen auf warmem Asphalt oder von Heu versetzt Sie zurück in einen Urlaub Ihrer Kindheit …

Ruhig bleiben – Gefühle im Zaum halten – sachlich agieren

1. Innere Überzeugung aufbauen
   25 Gründe, warum Sie gut sind und Erfolgsgeschichten aufschreiben
2. Knöpfe lokalisieren
3. Überlebensmechanismen und Antreiber kennen
4. Rosa Brille aufsetzen, Körpersprache nutzen.
5. Atmen + Lächeln
6. Motto oder Mantra finden
7. Anker setzen
8. Bewegen
9. Situationen mental vor- und nachbereiten
10. Verständnis entwickeln

Mein Opa hatte immer ein großes getupftes Taschentuch in der Hosentasche. Und wenn er etwas nicht vergessen wollte, machte er einen Knoten rein. Wenn er dann in die Hosentasche griff und den Knoten im Taschentuch fühlte, fiel ihm wieder ein, woran er hatte denken wollen. So ähnlich funktioniert das, was die Psychologie „Anker" nennt: Eine bestimmte Reaktion wird mit einem bestimmten Reiz verbunden und stellt sich regelmäßig wieder ein, wenn der Reiz auftritt.

So gibt es unbeabsichtigte Anker – ein Geräusch, eine Melodie, Gerüche, visuelle Reize, ein Geschmack, die Art, wie sich etwas anfühlt. Intensive Erlebnisse können dazu führen dass wir, wenn ein bestimmter Reiz aus diesem Erlebnis wieder auftritt, auch das Gefühl aus der vergangenen Situation wieder hochkommt. Mit Hilfe der neurolinguistischen Programmierung können Sie solche Anker bewusst setzen. Sie versetzen sich z. B. mit allen Sinnen in eine intensiv erlebte positiv besetzte Situation, lassen sich auf die Erinnerung an eine solche Situation ein und holen Sie wieder in Ihr Bewusstsein, als würden Sie sie erneut erleben. Wenn alles ganz präsent ist, Sie die positive Situation mit allen Sinnen spüren, setzen Sie einen Anker, beispielsweise, eine kleine körperliche Geste: Sie pressen Daumen und Mittelfinger zusammen. Jetzt sind die beiden Dinge verknüpft und das Zusammenpressen von Daumen und Mittelfinger kann das gute Gefühl wieder hervorbringen, zum Beispiel vor einer als unangenehm erwarteten Gesprächssituation. Professionelle Unterstützung beim Ankern bieten NLP-Coaches.

Die Variante „Opas-Taschentuch" funktioniert so: Nehmen Sie einen bunten Zettel, ein Moderationskärtchen und schreiben Sie das, was Sie machen wollen auf eine Seite. Beispielsweise wollen Sie im nächsten Gespräch daran denken, zuerst Ihre Wahrnehmung zu schildern und nicht mit der Interpretation ins Haus zu fallen (Querverweis: Autopilot im Griff?, dort: Beobachten, beurteilen, bewerten). Schreiben Sie also „Wahrnehmung beschreiben!" auf den Zettel und legen ihn in Ihre Besprechungsmappe – so, dass die Schrift nicht zu sehen ist. Der Zettel klemmt dann z. B. am Deckel der Besprechungsmappe. Im Gespräch fällt Ihr Blick auf den farbigen Zettel. Und auch wenn der Adrenalinpegel schon angestiegen ist, oder Sie gerade an alles denken, nur nicht daran, Ihre Wahrnehmung zu beschreiben – der Blick auf den Zettel lässt das Vorhaben wieder hochkommen. Diese Methode lässt sich auf vielfältige Weise umsetzen.

Bewegen hilft Wir bauen Stress ab, indem wir uns bewegen. Darum ist es so wichtig, nach einem stressigen Tag noch mal eine Runde zu laufen. Bewegung hilft auch in Gesprächssituationen – z. B. indem Sie in einer festgefahrenen Situation eine Pause vorschlagen und vor die Tür gehen. Aufstehen und das Fenster öffnen kann Bewegung und eine kleine Unterbrechung bringen, und damit den Gedanken, der Ihnen fehlte. Haben Sie schon einmal bemerkt, wie leicht es sein kann, über Dinge zu sprechen, wenn man nebeneinander her geht? Beim sonntäglichen Waldspaziergang mit dem Partner beispielsweise? Nutzen Sie diese Variante – wenn umsetzbar – für Gespräche im beruflichen Umfeld.

Schmunzeln und Lachen Lachen entspannt und entkrampft, versorgt das Gehirn mit Sauerstoff und triggert die Ausschüttung von Glückshormonen, die den Stresspegel senken. Die Spruchweisheit „Lachen ist die beste Medizin" wird nicht erst seit dem Aufkommen des Lach-Yoga durch wissenschaftliche Untersuchungen belegt. Keine Sorge – ich will Ihnen nicht nahelegen, ein schwieriges Personalgespräch mit dem neusten Treppenwitz zu eröffnen. Nutzen Sie Humor zur Vor- oder Nachbereitung. Wenn Sie angespannt sind, lockern Sie sich selbst damit auf. Wenn Sie aus einer stressigen Situation kommen, lassen Sie sich von einem Kollegen einen guten Witz erzählen, und Sie können schneller wieder klar denken. Ich habe beispielsweise Bürokollegen gesehen, die sich eine Grußkarte mit kleinen Schimpftiraden vorspielten, wenn einer gerade ein Stresstelefonat hatte. Mir helfen Sprüche und Zitate, die ich mir an die Wand vor meinem Schreibtisch hefte oder auf einem Zettel in meine Besprechungsmappe lege. Zum Beispiel Kurt Tucholsky: „Der Vorteil der Klugheit besteht darin, dass man sich dumm stellen kann. Das Gegenteil ist schon schwieriger." Oder Sydney Smith: „Schlechte Argumente bekämpft man am besten dadurch, dass man ihre Darstellung nicht stört."

Machen Sie es wie Buddha:
Einst saß der Buddha (Prinz Gautama, 563–483 v. Chr.) unweit eines indischen Dorfes unter einem Baum und meditierte. Am Vormittag war er im Dorf und hatte sich sein Essen erbettelt. Die Menschen wussten, dass der Buddha ein großer Weiser und Lehrer war. Sie gingen zu ihm und baten ihn, sie zu lehren. Also hielt der Buddha einen Vortrag.

Unter den Zuhörern war auch ein junger Mann, der eigentlich seinem Vater auf dem Bauernhof helfen sollte, denn es war gerade Erntezeit. Der junge Mann hatte gesagt, er wolle nur schnell einmal beim Buddha vorbeischauen und sei in eine Stunde wieder zurück. Aber er war so beeindruckt von der Ruhe, die der Buddha ausstrahlte und so gefesselt von seiner Lehre, dass er darüber völlig die Zeit vergaß. Der Vater schickte einen seiner beiden anderen Söhne zum Buddha, damit dieser seinen Bruder hole. Doch auch dieser Sohn war begeistert vom Buddha und blieb. Da schickte der Vater seinen letzten Sohn, trug ihm auf, dass alle drei sofort zurückkommen sollten, doch auch dieser war von der Lebendigkeit der Lehrrede des Buddha so gepackt, dass er darüber seinen Auftrag vergaß.

Man kann sich vorstellen, wie wütend der Vater war, als er bemerkte, dass auch dieser Sohn nicht zurückkam, und voller Zorn machte er sich auf den Weg zum Buddha. Als er dort angekommen war, bahnte er sich einen Weg durch die Menschenmenge, ging geradezu auf den Buddha zu und übergoss ihn mit einer regelrechten Schimpfkanonade. Er beschuldigte ihn, ein nichtsnutziger Herumtreiber zu sein, der nichts anderes im Sinne habe, als die Jugend von ihren Pflichten abzuhalten. Während ehrbare Meister die jungen Menschen zu Gehorsam gegen ihre Eltern anhalten würden, würde der Buddha die Jugend nur zum Faulenzen verführen.

Doch so gewaltig der Wortschwall des erbosten Vaters auch war, der Buddha hörte ihm nur ruhig zu und lächelte ihn die ganze Zeit freundlich an. Als der Wütende endlich zu Ende gekommen war mit seinen Anschuldigungen, fragte ihn der Buddha: „Mein Freund, ist das alles?"

„Ja, das ist alles, oder langt es Dir noch nicht?"

„Lass mich Dir lieber eine Frage stellen, mein Freund. Gesetzt den Fall, da kommt ein Mann in dein Haus und bringt dir ein Geschenk. Du nimmst es an. Wem gehört es dann?"

„Na, mir natürlich!" erwiderte der Mann etwas überrascht, denn er verstand den Sinn der Frage nicht.

„Gesetzt den Fall, dieser Mann kommt zu Dir in dein Haus und bringt Dir ein Geschenk, Du aber weist das Geschenk zurück. Wem gehört es dann?"

Jetzt war dieser Mann doch sehr irritiert: „Na, ihm natürlich, ich habe es ja zurückgewiesen, aber was soll das alles?"

„Ganz einfach mein Freund. Du kommst zu mir und machst mir ein Geschenk: deine Wut. Ich möchte sie aber nicht. Bitte behalte Deine Wut."

Besprechungen

Moderieren oder Führen?

Leiten Sie eine Diskussion mit völlig offenem Ausgang, oder hat die Zusammenkunft ein fest definiertes Ziel, das die Teilnehmenden gemeinsam erarbeiten sollen? Beachten Sie die Unterschiede zwischen Moderation und Besprechungsleitung!

Moderation	Besprechungsleitung
Eine Moderatorin/ein Moderator sagt nie, was richtig oder falsch ist, sondern hilft der Gruppe, die richtige Lösung zu finden. Es geht darum, die Gruppe in die Lage zu versetzen, dass sie die Lösungen für ihre Probleme selbst findet	Ein Besprechungsleiter gibt ein Ziel vor und kann und darf auch den Weg dorthin skizzieren und Fachwissen und Erfahrung einbringen. Dabei kann ein Teil der Diskussion durchaus offen geführt werden, also moderiert
Ist die Aufgabe auf „reine" Moderation beschränkt, benötigt der Moderator kein Fachwissen zum behandelten Thema. Er/sie braucht das Wissen um Methoden, wie man zu Lösungen kommen kann	Ein(e) Besprechungsleiter(in) vermittelt auch Informationen und setzt Rahmenbedingungen
Gruppenarbeit im Vordergrund: Moderator trägt Verantwortung, dass die Gruppe ein Ergebnis erarbeiten kann. Für die Qualität der Arbeit ist das Team verantwortlich. Nur die Gruppe kann die Qualität bewerten	Ergebnis der Besprechung im Vordergrund: Die Führungskraft hat „Erkenntnisziele" für sich vor Augen, die er/sie erreichen möchte
Der Moderator hat keine (!) eigene Meinung zu dem Thema	Die Besprechungsleitung hat eine eigene Meinung
Voraussetzungen	
Neutralität. Sind Sie neutral genug? Haben sie genug Abstand vom Thema?	Autorität. Entscheidungsverantwortung und Weisungsbefugnis.
Motivation! Machen Sie das gerne?	Motivation! Machen Sie das gerne?
Methodenkenntnis: Haben Sie genug methodische Erfahrung für diesen Workshop?	Methoden- und Fachkenntnis: Haben Sie genug methodische und fachliche Erfahrung für diese Besprechung?
Akzeptanz: Werden Sie die Teilnehmerinnen/die Teilnehmer Sie akzeptieren?	Akzeptanz: Werden die an der Besprechung beteiligten Sie akzeptieren?
Beide	
Moderator/in und Besprechungsleiter/in wählen die Methoden für den Workshop/die Besprechung und erklären immer, was sie machen. Sie holen sich das Einverständnis der Gruppe für das geplante Vorgehen!	
Erfolgreich ist ein/e Besprechungsleiter/in oder Moderator dann, wenn er/sie alle Gruppenmitglieder aktivieren und einbinden kann	
Moderator und Besprechungsleitung beeinflussen die Gruppe durch ihr persönliches Verhalten und steuern damit die Grundhaltung und die Atmosphäre in der Gruppe. → Isomorphie	

Besprechungsmanagement

„Wir meeten uns zu Tode!" „Ich renne von einer Besprechung zur anderen, und ich vertue meine Zeit!" Sie erkennen sich wieder? Nicht die Besprechungen sind das Grundübel, sondern unser Umgang damit! In Besprechungen gilt für alle Beteiligten der Grundsatz der Eigenverantwortung! Ich muss nichts aushalten, nur klar kommunizieren.

Hier vier Grundsätze, deren Einhaltung Besprechungen gut tut.

Anlass und Ziel klären! Warum findet die Besprechung statt? Welche Art von Besprechung wollen Sie vorbereiten? Soll Information vermittelt werden? Wollen Sie ein Projekt beginnen, im Verlauf eines Projekts den Stand der Dinge besprechen oder am Ende eines Projekts ein Fazit ziehen? Die Frage, ob es Termin-Runden, Routine-Besprechungen, Status-Meetings, oder Schlussbesprechungen mit Manöverkritik sind, ob es um das Team, die Abteilung, den Bereich oder das ganze Unternehmen geht, ob Sie mit Dienstleistern, Kunden oder dem Betriebsrat sprechen, ist ausschlaggebend für Form und Inhalt der Besprechung. Mit dem Anlass klären Sie zugleich, was der Zweck der Besprechung ist: Was wollen Sie erreichen?

Themen identifizieren und vorher ankündigen Welche Themen und Fragestellungen sollen in der Besprechung bearbeitet werden? Wenn diese schon in der Einladung stehen, vermeiden Sie Leerlauf. Jetzt können Beteiligte sich vorher melden und mitteilen: „Dazu kann ich noch nichts sagen, die Entscheidung von XY steht noch aus/die erforderlichen Daten liegen noch nicht vor."

Beteiligte und Beiträge sicherstellen Sie kennen Besprechungen, in denen statt der eingeladenen Personen Assistenten und Stellvertreter teilnehmen, die bei jeder Frage sagen: „Dazu kann ich nichts sagen, das muss ich mit meinem Vorgesetzten besprechen."? Sorgen Sie dafür, dass die Personen mit der passenden Fach- und Entscheidungskompetenz dabei sind. Kombinieren Sie die Einladung mit konkret formulierten Anforderungen an den Beitrag der Person. Klären Sie die Spielregeln. Eine Möglichkeit: Schicken Sie die Stellvertreter wieder weg, wenn diese unangekündigt statt der eingeladenen Person erscheinen. „Danke, dass Sie gekommen sind. Ich verstehe, dass Herr/Frau X kurzfristig einen anderen Termin wahrnehmen musste. Das ist schade, denn es geht heute wie in der Einladung angekündigt um konkrete Entscheidungen, die er/sie persönlich verantwortet. Ich werde mit den anwesenden Entscheidungsträgern besprechen, wie wir weiter vorgehen wollen. Sie können wieder an Ihren Arbeitsplatz zurückgehen. Ich melde mich bei Ihrer/m Vorgesetzten."

Nachbereiten Was wurde vereinbart? Wer erinnert an Bringschulden? In einer Besprechung wurden Aufgaben verteilt und Sie erhalten zum vereinbarten Zeitpunkt kein Input? Nicht beleidigt sein, dranbleiben! Kennen Sie Ihre Pappenheimer, die nie pünktlich abliefern? Dann sorgen Sie mit einer kleinen Voraberinnerung daran, dass diese ihre Pflichten nicht vergessen. Z. B. so: „Hallo Herr Z, danke noch einmal, dass Sie für Projekt X bis Freitag die Daten zusammenstellen wollen. Ich sitze gerade über meiner Aufgabenplanung. Um wie viel Uhr kann ich am Freitag mit den Daten rechnen? Dank und Gruß …"

Besprechung vorbereiten

Wenn es Ihre Besprechung ist: Klären Sie Anlass und Ziel! Damit beantworten Sie zugleich die Frage, ob das Treffen überhaupt erforderlich ist, und wenn ja, welche Form sinnvoll ist.

- Info-Veranstaltung:
  Information vermitteln, motivieren, Fragen beantworten …
- Kick-off/Projektstart:
  Aufgabe und Kollegen kennen lernen, Ziele besprechen …
- Projektbesprechung:
  Informationen austauschen und abgleichen; Entscheidungen treffen …
- Projekt-Feedback:
  Manöverkritik, Soll/Ist-Abgleich, Lob, Verbesserungspotenzial …
- …

Müssen die Beteiligten für die gewünschte Fragestellung physisch zusammenkommen, oder gibt es Alternativen? So kann eine Videokonferenz ein persönliches Treffen durchaus ersetzen. In anderen Fällen kann es besser sein, eine Information zunächst schriftlich zu verbreiten, um dann später „live" Fragen dazu zu klären. Ebenso können Fachfragen in Einzeltelefonaten besprochen werden.

- Verteilen Sie die Tagesordnung so frühzeitig, dass die eingeladenen Teilnehmer noch Inputs und Rückmeldungen geben können (mindestens 1 Woche).
  In der Einladung steht: „Ich erwarte Ihre Rückmeldung/Ihren Input/vorher zu klärenden Fragen bis zum Datum/Zeitpunkt."
- Teilen Sie den Teilnehmern mit, was diese mitbringen sollen – Informationen, Gegenstände, Vorlagen, Entscheidungen.
- Schreiben Sie in die Tagesordnung, wie viel Zeit für die jeweiligen Besprechungspunkte eingeplant ist.
- Halten Sie die Teilnehmerzahl so gering wie möglich.
- Wählen Sie einen geeigneten Zeitpunkt (Ist Freitag 17:00 Uhr geeignet?)
  Sind Teilzeitkräfte dabei? Sind Teilnehmer/innen vorgesehen, die pünktlich elterlichen Aufsichtspflichten nachkommen müssen?
- Sorgen Sie für einen ungestörten Raum und die nötigen Medien (Flipchart, Stifte, Whiteboard, Beamer…).
- Priorisieren Sie die Tagesordnungspunkte vorher und legen Sie Vorgabezeiten fest.
  Wie viel Zeit benötigen wir für das Thema?
- Berücksichtigen Sie auch die von anderen Teilnehmern gemeldeten Punkte.

Die gewünschten Informationen können zum festgesetzten Zeitpunkt nicht beschafft werden? Dann wird die Besprechung vertagt!

Tagesordnung der Besprechung: *Titel der Besprechung*

    Ort/Raum: …

    Datum: …

    Beginn: …

    Ende: …

    TeilnehmerInnen: …

    Protokollführung: …

    Nr. Tagesordnungspunkt | Stichwort | Dauer des TOP | Verantwortliche Person

    Nr. Tagesordnungspunkt | Stichwort | Dauer des TOP | Verantwortliche Person

    Nr. Tagesordnungspunkt | Stichwort | Dauer des TOP | Verantwortliche Person

    Nr. Tagesordnungspunkt | Stichwort | Dauer des TOP | Verantwortliche Person

    Nr. Tagesordnungspunkt | Stichwort | Dauer des TOP | Verantwortliche Person

Besprechungen moderieren

Besprechungen sind untrennbar mit dem Thema Arbeitsorganisation und Zeitmanagement verbunden. Wenn wir alle Zeit der Welt hätten, wären auch längere Besprechungen zuweilen eine willkommene Abwechslung: Kaffee, Kekse, nette Kollegen, bunte Bildchen gucken …

In vielen Unternehmen gibt es eine „Besprechungskultur", auch wenn diese nie jemand definiert oder beschrieben hat. Beispielsweise kann es den Grundsatz geben: „Wir fangen nie pünktlich an", oder: „Zu spät kommen wird toleriert". Beliebt ist auch die Spielregel: „Wir zeigen, wie beschäftigt wir sind, und daddeln parallel auf unseren Smartphones."

… und dann gibt es Unternehmen und Führungskräfte, die ihre Spielregeln klären:

Im Unternehmen hat ein neuer Verkaufsleiter angefangen. Seine erste Ansage: Sales-Meeting jeden Montag um 8:00 Uhr. Dauer: 90 min; Tagesordnung liegt am Donnerstag vorher vor. Das Protokoll wird simultan erstellt und steht sofort im Anschluss allen Teilnehmern zur Verfügung.

Montagmorgen, 1. Sitzung: Sieben von zehn Verantwortlichen sind pünktlich da = 08:00 Uhr und 59 Sekunden! Der Verkaufsleiter beginnt die Sitzung um 08:01 Uhr.

08:05 Uhr: Herr Krüger kommt rein. Macht das „Zu-spät-aber-gute-Geschichte-parat-Gesicht".

Verkaufsleiter: „Herr Krüger, wir haben schon angefangen. Es macht jetzt für Sie keinen Sinn, noch einzusteigen. Wir sehen uns nächste Woche Montag um 08:00 Uhr."

Sitzungen kosten nicht nur Zeit, sondern auch Geld! Rechenexempel: Wenn eine Besprechungsminute auf mittlerer Führungsebene 15 € pro Person kostet, was kosten 10 min Small-Talk über Bayern München während des Wartens auf fehlende Teilnehmer?

Erkenntnis: Wer nichts sagt, stimmt zu und verpflichtet sich damit auch. Sie können um 8:00 Uhr nicht da sein? Einladung ablehnen, anderen Termin vereinbaren!

Darum: moderieren Sie Besprechungen ergebnisorientiert, stellen Sie sicher, dass Zeit eingehalten und Ziele erreicht werden. Achten Sie auf die inhaltliche Qualität der Beiträge, binden Sie alle Teilnehmer ein und holen Sie das bestmögliche Ergebnis raus.

- Beginnen Sie pünktlich (auch wenn noch nicht alle da sind – sonst warten Sie künftig immer).
- Vereinbaren Sie Spielregeln für die Zusammenarbeit (z. B. Sprechzeiten, keine Killerphrasen).
  - Die Redezeit ist beschränkt.
  - Seitengespräche sind nicht erlaubt.
  - Verteilen Sie Verantwortung: Zeiteinhaltung, Protokollführung
- Tagesordnung prüfen
  - Zu Beginn der Sitzung stellen Sie fest, ob die Rangordnung der Tagesordnungspunkte noch passt. Auf diese Weise stellen Sie sicher, dass wichtige Punkte auf jeden Fall bearbeitet werden. Stehen zu viele Punkte zur Besprechung an, wird hier auch gleich zu Beginn entschieden, welche auf einen anderen Termin vertagt werden.
  - Bei jeder Besprechung wird überprüft, ob die Aufgaben der vorangegangenen Sitzung erledigt wurden.
- Sie sind für den Ablauf verantwortlich! Achten Sie auf die Einhaltung der Regeln:
  - Verhindern Sie Unterbrechungen
  - Prüfen Sie, ob die gesetzten Ziele erreicht werden.
- Halten Sie die festgelegte Dauer der Besprechung ein.
  Es ist noch nicht alles besprochen? Nächste Besprechung vereinbaren!
  - Wiederholen Sie Entscheidungen und vereinbarte Maßnahmen. Bitten Sie ggf. die Verantwortlichen mit ihren Worten ihren Auftrag zu wiederholen, um Missverständnisse auszuschließen.
- Jede Besprechung endet mit einem Aktivitätenplan:
  - Wer (Regel: Nur eine Person übernimmt die Verantwortung)
  - Was (konkrete Aufgabe/To-do formulieren)
  - Bis wann (konkret = Datum + Uhrzeit)
- Fassen Sie abschließend das Ergebnis zusammen
- Beenden Sie pünktlich und positiv.

Tipp für die Begrenzung der Dauer: Berufen Sie eine „Stehung" ein – eine Besprechung an Stehtischen.

An Besprechungen teilnehmen

Auch als Teilnehmer an Besprechungen gelten für Sie ein paar Grundregeln. Seien Sie vorbereitet! Weiß ich, was ich vorbereiten/vortragen soll? Bin ich über die notwendigen Dinge informiert? Habe ich meine Holschuld erfüllt? Vorbereitung ist Pflicht! Wenn Sie eingeladen sind, fragen Sie vorher: Was wird von mir erwartet? Was soll ich mitbringen? Muss ich persönlich daran teilnehmen? Für welchen Teil der Besprechung wird mein Input benötigt?

Klären Sie die Spielregeln! Wenn Sie zu Beginn einer Sitzung Regeln vereinbart haben, können Sie deren Einhaltung einfordern. Sie wissen, dass in einer Besprechung häufig der Punkt „Sonstiges" ausufert? Dann begrenzen Sie nach Möglichkeit die Dauer Ihrer Teilnahme und fragen zu Beginn, ob Sie nach dem für Sie relevanten Tagesordnungspunkt gehen können. Alles, was Sie vorher ansprechen, erleichtert es Ihnen später, die Einhaltung der Spielregeln einzufordern. Ihre Zeit ist knapp, Sie haben einen Anschlusstermin? Kündigen Sie das zu Beginn der Besprechung an. Wenn absehbar wird, dass Ihr Punkt in der geplanten Zeit nicht mehr zur Sprache kommen wird, fragen Sie die Runde, ob sie sich jetzt schon verabschieden dürfen.

Regeln selbst einhalten. Z. B. pünktlich kommen, Sitzungsbeiträge kurz halten (in Status-Besprechungen reichen oft 2 min Statement pro Nase).

Checkliste zur Besprechungsvorbereitung

Das ist zu tun:	Antworten/Info/Bemerkungen	Erledigt?
Ziel der Besprechung definieren	Info-Veranstaltung? Kick-off? Projektbesprechung? Projekt-Feedback? …?	
Tagesordnung festlegen Welche Punkte? Rangordnung? Zeitbedarf?		
Erforderliche Personen festlegen Wer muss an der Sitzung teilnehmen?		
Teilnehmer von anderen Standorten? Anreise und Unterkunft klären		
Ort klären Wo wird besprochen? Besprechungsraum klar?		
Termin planen Datum, Uhrzeit (Beginn), geplante Dauer		
Erforderliche Technik prüfen Was wird benötigt? Ist es im Besprechungsraum vorhanden? Wenn nicht: Woher beschaffen?	Beamer/Overhead Flipchart Pinwand Whiteboard Mikrophone Videokonferenztechnik Verbindungskabel Verlängerungskabel Batterien…	
Wird Catering gebraucht?	Sitzungsgetränke + Kekse, Brötchen Mittagsimbiss …?	
Teilnehmer einladen, informieren (TO) Anforderungen an die Beiträge der Teilnehmer Was sollen die Eingeladenen zur Sitzung vorbereiten, welche Fragen sollen sie beantworten?	Termin, Dauer, Tagesordnung (TO) Anforderung/to provide	

Das ist zu tun:	Antworten/Info/Bemerkungen	Erledigt?
Protokollführung klären	Wer führt es? Welche Art von Protokoll?	
Protokolle/Ergebnisse früherer Besprechungen bereit legen		
Frage nach Rückmeldungen zur TO stellen und Zeit dafür einplanen		

Besprechung nachbereiten

Ergebnisorientierte Besprechungen wollen nachbereitet sein. Überprüfen Sie Verlauf und Erfolg der Besprechung, z. B. indem Sie Beteiligte nach ihrem Eindruck fragen. Sorgen Sie für ein klares, ergebnisorientiertes Protokoll. Ein Ergebnisprotokoll kann während der Sitzung entstehen und gleich im Anschluss verteilt werden. Kontrollieren Sie die beschlossenen Maßnahmen und setzen Sie nicht erledigte Punkte auf die Tagesordnung der nächsten Sitzung.

Protokolle sollten „zeitnah" verschickt werden, beispielsweise unmittelbar nach der Sitzung oder am Folgetag. Dauert es länger, ist der geistige Arbeitsspeicher bei den meisten Teilnehmern schon wieder überschrieben. Auch die Länge von Protokollen entscheidet oft darüber, ob damit auch gearbeitet wird – oder haben Sie die Zeit, seitenlange Verlaufsprotokolle zu lesen?

Ergebnisprotokoll – Das muss drinstehen

Protokoll-Kopf:

- Thema
- Ort
- Termin
- Dauer
- Teilnehmer/innen

Hauptteil:
Spalten: TOP-Nr. | Thema | Maßnahme | Termin | Verantwortlich
Schluss:

- Datum der Protokoll-Erstellung
- Unterschriften: Protokollführer/in und Besprechungsleitung

Probleme und Fragestellungen strukturiert besprechen

Moderationsphasen gestalten

Sie wollen ein Thema bearbeiten, das neu ist, das noch gar nicht richtig greifbar ist? Dann ist ein moderierter Workshop ein guter Weg, Ideen zu entwickeln oder das Thema klarer zu fassen.

Moderations-Zyklus für Workshops – 6 Phasen

1. Einstieg – situativ und thematisch
   Vorstellungsrunde – Teilnehmer abholen – eventuell Vorgeschichte erläutern
2. Themen/Ideen sammeln
   Brainstorming – Kreativitätsmethoden – Kartenabfrage
3. Themen/Ideen sortieren, kategorisieren und priorisieren
   Die Beteiligten sortieren gemeinsam das Ergebnis der Kreativphase und iden-
   tifizieren Themenkomplexe. Werden zu viele Themen identifiziert, gewichten
   Sie an Hand von Prioritätskriterien, welche als erstes weiter bearbeitet werden
   sollen
   Mögliche Kriterien:
   Dringlichkeit, Bedeutung, Kosten, Nutzen, Zeitaufwand, …
4. Themen bearbeiten und präsentieren
   Diskussion im Plenum oder Bearbeitung in Kleingruppen
5. Maßnahmenplan
   Nächste Schritte und Aufgaben festhalten, die sich aus der Bearbeitungsphase
   ergeben:
   Wer macht was bis wann plus Erfolgskontrolle.
6. Abschluss
   Blitzlicht – Feedbackrunde – Zusammenfassung
   Tipp: Faustregel für die Abfrage individueller Prioritäten. Anzahl der gefun-
   denen Themen geteilt durch 2 minus 1. Jede/r Teilnehmer erhält eine entsprechende Anzahl Klebepunkte, um die eigenen Prioritäten zu markieren. Die
   Themen mit den meisten Punkten werden zuerst bearbeitet.

Für die Ideensammlung nutzen Sie die bekannten Methoden für kreative Prozesse:

Brainstorming Dabei schreiben alle Beteiligten, jede(r) für sich, 3 bis 4 Stichworte spontan auf Moderationskärtchen. Diese werden gesammelt und sortiert und anschließend diskutiert. Die Sammlung kann auch durch Zuruf der Stichworte geschehen. Gefahr: Die stille-
ren Teilnehmer kommen weniger zu Wort. Wichtig beim Brainstorming: Alles ist erlaubt!
In der ersten Phase dürfen alle Gedanken frei geäußert werden. „Ja, aber…" gilt nicht.

Mindmapping Diese Methode eignet sich für Teams und auch Einzelarbeit. Ein leeres
Blatt quer legen bzw. an die Pinnwand hängen. Die Frage bzw. das Thema in die Mitte
schreiben und spontan, unsortiert Gedanken aufschreiben, die uns in den Kopf kommen.
Jeder Gedanke zweigt wie ein Ast vom Thema in der Mitte ab. Fällt uns bei dieser Form
des Brainstormings auf, dass Stichworte zusammengehören, so können schon in der ersten Phase Nebenäste entstehen. Mit einem Mindmap durchbrechen Sie lineare Gedankengänge. Sie denken zwangsläufig linear, wenn Sie ein Blatt senkrecht nehmen und oben
anfangen zu schreiben. Indem Sie Aspekte „untereinander" schreiben, engen Sie Ihre
Gedankengänge ein. Querformat assoziiert unser Gehirn eher mit einem Bild, es fällt uns
leichter, „quer" zu denken.

Abb. 10 Management-Zyklus

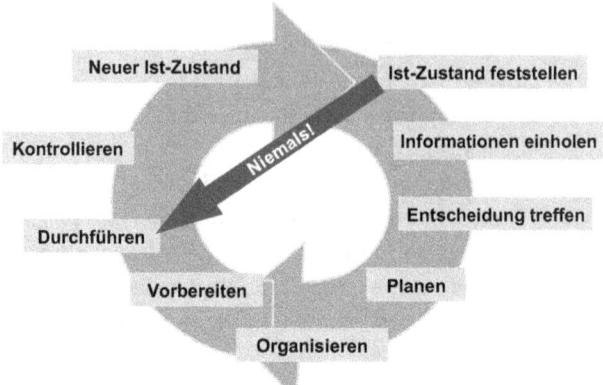

Ich nutze solche Mindmaps als schnelle Methode, Wünsche und Gedanken zu sammeln. Dabei schreibe ich die Stichworte auf Zuruf auf ein quer angepinntes Flipchartblatt. Wenn mir Zusammenhänge auffallen, frage ich, ob ich es gleich da andocken darf oder ob das ein eigener Ast ist. Kleine Skizzen und Zeichnungen können diese Landkarte der ersten Gedanken ergänzen. Mit bunten Stiften können nun Verbindungen aufgezeigt, Themen zusammengefasst, nummeriert oder kommentiert werden. Alternativ übertragen Sie die Punkte neu sortiert in ein neues Mindmap. Wenn das Mindmap schon ein gutes Bild der Lage gibt, kann daraus gleich eine Aufgaben- oder Themenliste entstehen.

Kopfstand Sie kommen bei einem Thema einfach nicht weiter? Stellen Sie die Frage auf den Kopf! Beispiel: Wie können wir qualifizierte Frauen verstärkt in Managementpositionen bringen? Kopfstand: Was müssen wir tun, um qualifizierte Frauen aus Managementpositionen fernzuhalten? Das Gegenteil der gefundenen Antworten bringt Sie zu passenden Lösungsansätzen.

Leitfäden für Lösungswege Sie suchen nach einer Lösung für ein Problem? Dann gehen Sie am besten methodisch vor:

- Frage/Problem klar formulieren
- Ziel definieren
- Ursachen ermitteln
- Fehlende Informationen beschaffen/Voraussetzungen klären
- Lösung entwickeln
- Arbeitsschritte beschreiben und Maßnahmenplan erstellen

Eine Entscheidung steht an? Dann sind diese drei Schritte wichtig (s. auch Abb. 10):

1. Fakten und Argumente sammeln:
   Was spricht dafür? Was spricht dagegen?
2. Argumente gewichten und Folgen abwägen
3. Entscheidung treffen

Brainstorming mit Disney

Die nach Walt Disney benannte Methode ist eine Kreativitäts-Methode auf der Basis eines Rollenspiels, bei dem eine oder mehrere Personen ein Problem aus drei Blickwinkeln betrachten und diskutieren. Die drei Rollen: Der Träumer, der Realist und der Kritiker. Der Träumer ist subjektiv orientiert und enthusiastisch, enthält sich aber eines praktischen Urteils zu einer Idee oder Analyse. Der Realist nimmt einen pragmatisch-praktischen Standpunkt ein, untersucht die notwendigen Arbeitsschritte, Mechanismen und Voraussetzungen und entwickelt Aktivitätenpläne. Der Kritiker fordert heraus und prüft die Vorgaben der anderen. Ziel ist konstruktive und positive Kritik, die mögliche Fehlerquellen identifizieren hilft. Die Methode kann sowohl von Einzelpersonen, als auch von Gruppen angewendet werden. Sie ist besonders hilfreich, wenn es darum geht, Ziele und Visionen zu konkretisieren und alltagstauglich zu gestalten.[5]

In der Praxis nutzen Sie verschiedene Stühle oder entsprechend bezeichnete Punkte auf dem Fußboden:

- Der Träumer (Visionär, Ideenlieferant)
- Der Realist (Realist, Macher)
- Der Kritiker (Qualitäts-Manager, Fragensteller)

Ergänzend hat sich eine Meta-Position bewährt, die aus der Vogelperspektive noch einmal den ganzen Prozess anschaut:

- Der Neutrale (Beobachter, Berater)

Teil dieser Methode ist es, tatsächlich die Positionen im Raum zu wechseln oder auch für die verschiedenen Stationen verschiedene Räume zu nutzen. Ich habe gute Erfahrungen damit gemacht, wenn Arbeitsgruppen sich im Raum von einem markierten Punkt zum anderen bewegen. Die Ideen können dann auf dort stehenden Pinnwänden festgehalten werden oder die Karten werden einfach auf den Boden gelegt. Das lässt sich später ebenso gut fotografieren.

Disney-Methode – pragmatische Variation für Fragestellungen und kreative Prozesse im Team

Bei der Arbeit in Teams kann die Disney-Methode (s. Abb. 11) als roter Faden für die Klärung einer Frage oder die Suche nach dem Lösungsansatz für ein Problem genutzt werden. Alle sind beteiligt, können Ihre Ideen und Fragen einbringen und alle definieren gemeinsam, was als nächstes zu tun ist. Das erhöht die Akzeptanz für das Ergebnis.

[5] Die Methode geht auf Robert B. Dilts zurück, der über den berühmten Filmproduzenten und Zeichentrick-Pionier Walt Disney schrieb: „…tatsächlich gab es drei Walts: den Träumer, den Realisten und den Miesepeter – …there were actually three different Walts: the dreamer, the realist, and the spoiler". Eine Variante bzw. eine Weiterentwicklung ist die Six Thinking Hats (Sechs Denkhüte) von Edward de Bono. Es gibt ferner Ähnlichkeiten zur sog. „Zukunftswerkstatt".

Abb. 11 Ideen entwickeln á la Disney

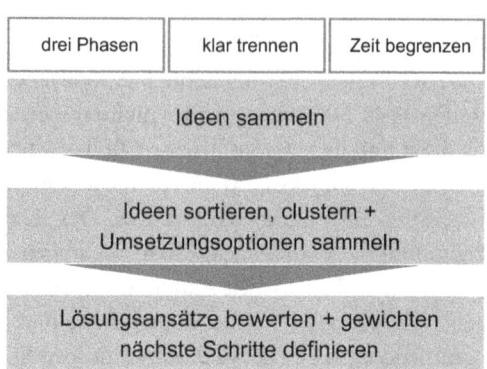

Die Grundidee: Gedankliche Prozesse voneinander trennen und zeitlich begrenzen. Darum ist es besonders wichtig, die Spielregeln deutlich zu erklären. Damit diese auch eingehalten werden, verteilen die Arbeitsgruppen vier Rollen untereinander: Moderation, Dokumentation, Zeitmanagement und Präsentation. So ist sichergestellt, dass die Zeiten eingehalten werden. Das verhindert Abschweifen und ausufernde Debatten. Die zeitliche Begrenzung der Arbeitsschritte und die Aufgabenteilung beschleunigen Gruppenprozesse und sorgen für eine gleichmäßigere Beteiligung der Gruppenmitglieder.

Wichtig: Klare Trennung der jeweiligen Fragestellung – im Brainstorming wird nicht sortiert oder bewertet, beim Sortieren der Ideen werden nicht bereits Maßnahmen formuliert.

Start:

Das Thema muss klar formuliert sein und als Überschrift auf dem Flipchart oder der Pinnwand stehen. Was ist die Frage, die Aufgabe, das Problem?

Schritt 1: Brainstorming · 10 Minuten

Aufgabe: Den Gedanken freien Lauf lassen. Ideen sammeln. Alle sagen, was ihnen spontan zum Thema einfällt. Was wünsche ich mir? Was könnte sein? Alles ist erlaubt! Jeder Gedanke, auch Unrealistisches und Seltsames!

Die Inputs werden auf Karten oder als Mindmap notiert. In dieser Phase sind „ja, aber…", Kritik und Rechtfertigung verboten.

Schritt 2: Kritische Würdigung · 10 Minuten

Aufgabe: Die Karten/Gedanken sortieren und gewichten. Die Ideen des Träumers erst „ausprobieren", antesten, bevor sie weiter geprüft werden. Dadurch wird verhindert, dass Ideen ausgeschlossen werden, bevor ihr eigentliches Potenzial zu erkennen ist.

Die Karten clustern und die Reihenfolge festlegen. Das Mindmap wird mit farbigen Stiften ergänzt oder ein neues erstellt. Was ist besonders wichtig, was weniger? Was kostet viel, was nicht? Was lässt sich kurzfristig umsetzen, was braucht länger? Stellen Rahmenbedingungen einen Ansatz in Frage? Realismus und Machbarkeit stehen im Mittelpunkt… Wie kann ich das umsetzen? Was muss ich tun oder sagen? Was benötige ich dazu (Menschen, Wissen, Fähigkeiten, Material)? Wie fühle ich mich dabei? Was ist bereits vorhanden?

Schritt 3: Ergebnisse sichern · 10 Minuten

Aufgabe: Die „lohnenden" Ansätze, die in der vorherigen Runde oben auf der Liste gelandet sind, werden in ein Maßnahmenprotokoll aufgenommen. Fragestellung: Was wäre der nächste Schritt, wenn wir diesen Ansatz verfolgen? Wer macht das? Bis wann? Punkt für Punkt durchgehen und überlegen: Was wäre der nächste Schritt?

Schritt 4: Präsentation · 5 Minuten

Aufgabe: Die Gruppe präsentiert dem Plenum das Ergebnis ihrer Überlegungen und stellt die gefundenen Maßnahmen vor.

10 min für die einzelnen Phasen sind die Untergrenze. Die Zeit kann erweitert werden. Achtung: Gerade in der zeitlichen Begrenzung liegt die Chance! Die Zeit muss so knapp bemessen sein, dass die Gruppe gar keine Zeit hat, von der Linie abzuweichen.

Erweiterung: Bei komplexen Themen und/oder großen Gruppen in zwei Sequenzen arbeiten: Schritte 1 bis 4 durchlaufen, dann stellt das Plenum Fragen. Diese Fragen werden nicht beantwortet, sondern dienen der präsentierenden Gruppe als Anregung für die nächste Klausurphase, die wiederum die Schritte 1 bis 4 umfasst. Aufgabe in der zweiten Runde: Brainstorming zu den Fragen, erneut sortieren und würdigen und schließlich die Lösungsansätze vertiefen: Was könnte verbessert werden? Was sind die Chancen und Risiken? Was wurde übersehen? Wie denke ich über den Vorschlag? Das verfeinerte Ergebnis wird wiederum präsentiert.

Probleme im Visier

Zwei weitere schlichte und nützliche Strukturen sind das Fadenkreuz und die SWOT-Analyse (s. Abb. 12 und Abb. 13).

Bei der Fadenkreuz-Methode wird zunächst die Ist-Situation beschrieben: Wie laufen die Dinge aktuell, was stört, wo entstehen Fehler? Dann wird das Soll beschrieben: Wenn die Probleme nicht mehr da wären, wie sähe die Welt dann aus? Was würden wir dann erleben?

Im dritten Schritt schließlich überlegen die Beteiligten, welche Hindernisse der Soll-Situation im Weg stehen. Woran liegt es, dass das nicht so ist? Sind die Hürden und Hemmnisse beschrieben, können die Beteiligten im vierten Schritt überlegen: Was müssten wir tun, was muss passieren, um diese Hindernisse aus dem Weg zu räumen? Wer kann das tun? Wie kann das gehen? Welche nächsten Schritte können wir gehen, um einen Veränderungsprozess einzuleiten?

Darauf kommt es bei der Moderation eines Workshops an:

Chemie herstellen – Kreativität und Beteiligung sichern In der Einstiegsphase stellen Sie die Chemie her und holen die Teilnehmerinnen und Teilnehmer inhaltlich wie emotional ab. Auch das Warum und Wie wird an dieser Stelle noch einmal angesprochen, damit alle die Zielsetzung und Vorgehensweise verstanden haben.

Abb. 12 Probleme lösen im Fadenkreuz

Abb. 13 Mini-SWOT: Stärken, Schwächen, Chancen und Risiken prüfen

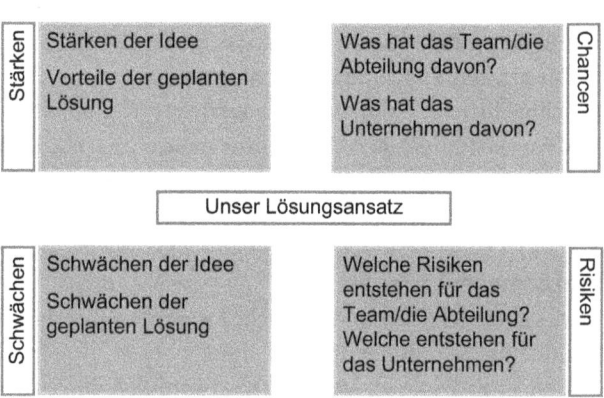

Beim kreativen Sammeln von Ideen ist es wichtig, auf die Form zu achten und wirklich alle Ideen zu notieren. Auf keinen Fall darf in dieser Phase schon bewertet werden. Es ist die Aufgabe des Moderators, in solchen Fällen sofort einzuschreiten.

Außerdem ist es wichtig, in der kreativen Phase möglichst alle Teilnehmer einzubinden. Darum nutzen viele Moderatoren gerne die Kartenabfrage, bei der die Teilnehmer/innen individuell Stichworte aufschreiben, die dann anschließend gesammelt und an eine Pinnwand geheftet werden. Diese Methode stellt sicher, dass alle Beteiligten einen Input leisten. Bei einem Brainstorming auf Zuruf besteht die Gefahr, dass ruhigere Persönlichkeiten sich zurückhalten und deren Ideen im lebhaften Schwall der aktiveren Beteiligten untergehen. Achtung: Stimmen Sie die Anzahl der Karten pro Teilnehmer auf die verfügbare Zeit und Größe der Pinnwand ab. Bei zwölf Personen und drei bis vier Karten jeweils ist eine Pinnwand optisch „voll", danach wird es unübersichtlich.

Wenn Sie clustern (sortieren, kategorisieren, zusammenfassen) und priorisieren, achten Sie darauf, alle Karten/Inputs ausreichend zu würdigen. Alle Karten, die geschrieben wurden, hängen auch an der Pinnwand. Ebenso sollte die Gruppe die Kriterien diskutieren und festlegen, nach denen sortiert wird. Da Sie als moderierende Führungskraft in der Regel durchaus auch eigene Ziele verfolgen, ist es erlaubt, wenn Sie Ihre Vorstellungen ebenfalls einbringen.

Prozess lenken Um von den identifizierten Themen zu konkreten Aufgaben zu gelangen, bietet sich die methodische Bearbeitung der Themen in kleineren Gruppen an. Die Fadenkreuz-Methode ist ebenso verständlich wie einfach (Querverweis: Probleme im Visier). Je nach Problemstellung können andere Gerüste sinnvoll sein wie beispielsweise das Ishikawa-Diagramm.

Abhängig von der Größenordnung des Themas, verfügbarer Zeit und Anzahl der Beteiligten kann es sinnvoll sein, die Ergebnisse der Arbeitsgruppen nicht nur im Plenum vorzustellen, sondern auch in der Diskussion mit allen Teilnehmern zu ergänzen und zu verfeinern.

Haben die Arbeitsgruppen Handlungsschritte zur Lösung der Fragestellungen erarbeitet, werden diese in einen konkreten Maßnahmenplan übertragen. Hier kommt es darauf an, die Aufgaben konkret und „smart" zu formulieren – spezifisch, messbar, aktionsorientiert, realistisch und terminiert. Auf einem Maßnahmenplan wird für alle sichtbar festgehalten, wer welche Aufgabe bis wann bearbeitet, und wer den Kontrollhut auf hat. Sammelverantwortung ist tabu. Wenn sich alle kümmern, kümmert sich am Ende keiner und jeder hat eine Ausrede. Also wird bei jeder Aufgabe eine federführend verantwortliche Person benannt, auch wenn die Aufgabe von zwei oder mehreren bearbeitet werden soll.

Gute Gefühle nach vorne Um gute Gefühle zu verankern, sind Feedback- und Fazit-Runden hilfreich. Dabei kann der Moderator noch einmal die positiven Ergebnisse und Erkenntnisse herausstellen und von den Beteiligten Anregungen einsammeln. Indem Sie die Rückmeldungen der Beteiligten mit einer konkreten Fragestellung verbinden, können Sie das Maß an Konstruktivität steuern. Beispiel: „Was hat Ihnen heute besonders gut gefallen? Welches Ergebnis ist aus Ihrer Sicht besonders wichtig? Welche Anregungen haben Sie für mich?"

Typische Fehler bei Besprechungen

Diese Punkte tauchen immer wieder auf, wenn Teilnehmer über wenig fruchtbare Meetings und Besprechungen berichten:

Unzureichende Vorbereitung

- Es gibt keine Tagesordnung oder sie ist nicht ordentlich durchdacht, wichtige Punkte fehlen.
- Die Tagesordnung wurde den Teilnehmern nicht vor dem Meeting zugeschickt und sie konnten keinen Einfluss darauf nehmen.
- Es sind zu viele Stellvertreter anwesend, keine Entscheider bzw. „echte" Wissensträger.

Mangelnde Disziplin
- Die Eingeladenen erscheinen nicht pünktlich, Vorgesetzte lassen Mitarbeiter warten (weil keine Pufferzeiten einkalkuliert wurden)

Dominanz und Monologe
- Die Führungskraft redet und gestaltet das Meeting, die Mitarbeiter dürfen nur zuhören.
- Die Redebeiträge sind sehr lang und nur wenige können sich daher zu Wort melden.

Tagesordnung wird nicht eingehalten, das Thema gleitet auf Nebenschauplätze ab
- Der/die Moderator/in erfüllt seine/ihre Rolle nicht, greift nicht ein.
- Es wird vom Thema abgegangen und ein Detail lange und oft ergebnislos behandelt.
- Neben der Diskussion finden Zweiergespräche statt.

Leerlauf und Nebenbeschäftigungen
- Es werden Punkte besprochen, die nur wenige Teilnehmer betreffen.
- Zwei Teilnehmer streiten über einen Punkt, der die anderen nur bedingt interessiert.
- Wer sich gerade nicht angesprochen fühlt, tippt auf dem Smartphone herum oder schaut nebenbei Akten durch.

Fehlende Verbindlichkeit
- Es gibt kein Ergebnis, am Ende wird nichts verbindlich festgelegt, alles bleibt offen, die Orientierung bleibt aus.

Mangelnde Offenheit
- Wichtige Informationen werden nicht eingebracht, sondern außerhalb der Meetings besprochen.

Fehlende Nachbereitung
- Punkte, die besprochen und entschieden sind, werden nicht weiter verfolgt und durchgesetzt.

Einige Tipps für Formulierungen im Umgang mit schwierigen Situationen in Kap. 5 (Querverweis: Zum Thema zurückkehren – unpassende Beiträge)

Von Kick-off bis Lessons Learned

Kick-off
Ein Kick-off-Meeting findet zu Beginn einer Aufgabe oder eines Projekts statt. So ein Startschuss ist geeignet, zwischen den beteiligten Personen eine Beziehung herzustellen und alle Beteiligten mit den notwendigen Informationen zum Projekt zu versorgen.

Sie brauchen ein stressresistentes und schlagkräftiges Team? Dann bereiten Sie den Kick-off gut vor! Ein gelungener Kick-off transportiert eine Reihe von Punkten:

Inhalte eines Projekt-Kick-off

Das Ziel	Sinn erklären. Alle Beteiligten kennen das Ziel und wissen, welche Ergebnisse von ihnen erwartet werden und warum.
Der Prozess	Die Verfahrensweise vorstellen. Wie wird die Aufgabe bearbeitet? Welche konkreten Arbeitsprozesse sind vorgesehen, welche Methoden werden eingesetzt?
Der Umfang	Wie viel Arbeit kommt auf das Team bzw. die einzelnen Mitarbeiter und Projektbeteiligten zu?
Der Zeitplan	Zeitplan und Meilensteine vorstellen – soweit bekannt. Es gibt noch keinen Zeitplan? Wann wird er vorgestellt oder erarbeitet?
Die Informationen	Spezifika, Details, Hintergrundinformationen zum Projekt. Vorgeschichte und bereits gemachte Erfahrungen: mit diesem Kunden, diesem Produkt, diesem Markt … Personalien, Ansprechpartner, Unterlagen …
Das Team	Kennenlernen. Wie setzt sich das Team zusammen? Welche Rollen und Aufgaben haben die einzelnen Mitglieder? Wer kennt sich woher?
Die Kooperation	Welche Spielregeln gelten für die Kommunikation im Team? Wie wird der Informationsaustausch laufen? Welche Erwartungen haben die Beteiligten aneinander?

Darauf kommt es in den einzelnen Phasen an:

Einstieg: Freuen Sie sich auf diesen Job, dieses Projekt? Wenn ja, gut, dann haben Sie eine Chance, die anderen mitzunehmen. Sie freuen sich nicht, sind verärgert, halten das Projekt für nicht der Mühe wert, zum Scheitern verurteilt? Dann überzeugen Sie sich erst einmal selbst, warum Sie das trotzdem machen, sonst können Sie es nicht verkaufen. Das Stichwort heißt „Isomorphie". Belegschaften formen sich nach ihren Führungsebenen – Teams nach ihrer Leitung. Sie sind schlecht drauf – das Team ist schlecht drauf. Wie wollen Sie den Sinn erklären, wenn Sie ihn selbst nicht erkennen?

Beim Einstieg in einen Projekt-Kick-off:

* wiederholen Sie Anlass und Thema der Besprechung;
* nennen Sie Ausgangspunkt und Ziel des Projekts;
* ordnen Sie das Projekt in den Gesamtzusammenhang ein;
* sprechen das Zeitbudget für diese Besprechung an;
* stellen die Agenda vor, die gerne auch für alle sichtbar am Flipchart-Ständer hängen darf.

Beteiligte abholen Dann holen Sie die Beteiligten ab:

- Wer ist hier dabei?
- Auf Grund welcher Expertise?

Hier dürfen Sie gerne Lob und Wertschätzung äußern und positive Erinnerungen an vergangene Zusammenarbeit und gemeinsame Erfolge thematisieren. Bei einer solchen Vorstellungsrunde können Sie die Beteiligten vorstellen und die Sache so steuern. Sie können auch eine Vorstellungsrunde machen, gerne mit kleinen Vorgaben: „Da sich noch nicht alle kennen, möchte ich mit einer kleinen Vorstellungsrunde beginnen. Nennt doch bitte alle noch mal Eure Namen, die Herkunftsabteilung und ob Ihr schon Berührungspunkte mit dem Thema hattet. "Alternativ fangen Sie mit der Vorstellung an. Die anderen werden dann Ihr Muster weitgehend imitieren. Das ist übrigens der Klassiker in Vorstellungsrunden: Wenn die erste Person etwas über ihre Kinder sagt, dann geben in der Regel alle Beteiligten eine Info dazu. Lässt jemand diesen Aspekt aus, können Sie sicher sein, dass einer aus der Runde nachhakt.

Information Jetzt kommen die Einzelheiten zum Projekt

- „smart" formuliertes Ziel
- Vorgehensweise, Prozess-Schritte
- Umfang und Zeitplan
- Informationen zum Inhalt
- Ansprechpartner und Besonderheiten
- Aufgabenverteilung

Hier geht es um Orientierung, lesen Sie keine Enzyklopädie vor. Nennen Sie Eckdaten (z. B. Vorbereitung – Produktion – Roll-out – Testphase – Go-live) und Fundstellen zum Nachlesen. Hierher gehören auch Hinweise zum Informationsmanagement im Projekt: Verteiler, Dokumentation, Ablage, Dateibezeichnungen und Versionskontrolle etc.

Unter Besonderheiten können beispielsweise spezielle Abhängigkeiten thematisiert werden oder dass der Kunde ein Duzfreund des Geschäftsführers ist. Wenn die Aufgabenverteilung hier schon besprochen wird, dann mit Begründung für die Zuordnung.

Team einbinden Jetzt dürfen die Mitglieder Ihres Projektteams Fragen stellen und ergänzenden Input oder auch Wünsche abliefern: „So weit die Informationen, die ihr alle im Teamordner auf Laufwerk Z findet. Welche Fragen habt Ihr noch? Gibt es ergänzende Informationen von Eurer Seite? Welche besonderen Wünsche habt Ihr?" Es hilft, diese Fragen sichtbar zu notieren und erneut eine Runde zu machen, bei der jeder etwas sagt. Was nicht sofort beantwortet werden kann, wird als To-do im Maßnahmenplan notiert.

Spielregeln klären

- Worauf sollten wir achten, damit wir hier alle gemeinsam einen guten Job machen können?
- Was ist für die Beteiligten wichtig?
- Womit haben die Teammitglieder in anderen Projekten gute Erfahrungen gemacht?
- Was ist mir als Projektleiter wichtig? Was nicht?

Fragen Sie zunächst die anderen und ergänzen dann Ihre eigenen Aspekte. Was erwarten Sie, wie die Beteiligten miteinander und mit Ihnen umgehen? Wollen Sie bei allen Mails auf „cc" stehen? Wie viel Freiraum haben die Teammitglieder? Formulieren Sie ein Beispiel. Offene Tür oder Sprechzeiten? Wie definieren Sie „dringend"? Was wünschen Sie sich in Bezug auf die Übernahme von Verantwortung? Gibt es für Sie absolute „No-go"-Regeln? Z. B. „Ich weiß, dass wir einige Raucher im Team haben. Bitte denkt daran, dass Ihr vor Kundenterminen nicht raucht. Es macht aus meiner Sicht keinen guten Eindruck, wenn ein Berater nach Zigarettenrauch riecht."

Nächste Schritte + Danke Zum Abschluss fassen Sie kurz zusammen:

Wurden schon erste Aufgaben verteilt? Wer macht was bis wann? „Meine Mail mit den Basis-Infos habt Ihr morgen Früh im Posteingang. Eure Aufgaben habt ihr notiert. Den Zugangscode für Johannes beantrage ich gleich im Anschluss an diese Sitzung. Johannes: Wenn Du bis kommenden Freitag 12:00 Uhr noch keinen Zugang erhalten hast, hakst Du bitte selbst beim Admin nach."

Wann trifft sich wer wo wieder?

Danke und „Tschakka": „Danke für Eure Beiträge und Fragen. Ich freue mich, dass wir für dieses Projekt so ein tolles Team haben! Wir sehen uns nächste Woche Dienstag zum ersten Jour fixe."

Informationsvermittlung – Routinebesprechung – Status-Meetings

Bei der Vermittlung von Informationen halten wir uns an die Regeln der Rhetorik:

- Umfang: kurz
- Struktur: einfach
- Aussage: klar
- Firlefanz: wenig

Winston Churchill oder Mark Twain wird der Satz zugeschrieben:

> Eine gute Rede besteht aus einem interessanten Anfang und einem wirkungsvollen Schluss – der Abstand dazwischen sollte möglichst gering gehalten werden.

Abb. 14 Inhalte transportieren: Wahrnehmungskanäle bedienen

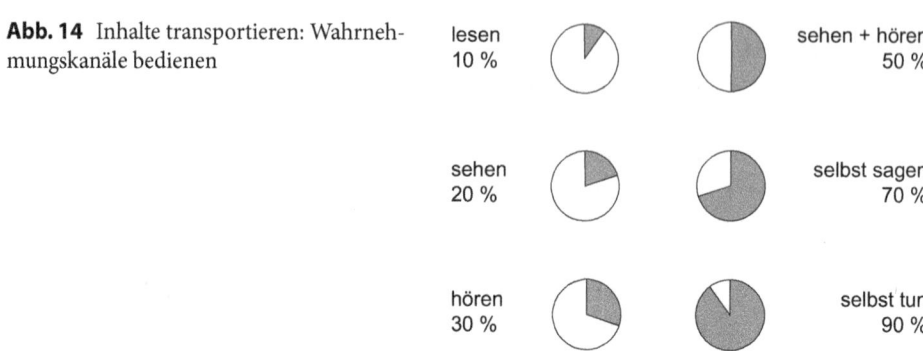

lesen
10 %

sehen + hören
50 %

sehen
20 %

selbst sagen
70 %

hören
30 %

selbst tun
90 %

Diese Weisheit gilt auch für Besprechungen, bei denen Information an die Frau und den Mann gebracht werden soll.

Visualisierung gehört dazu: Geben Sie den Sinnen Ihrer Mitarbeiter etwas zu tun. Und wenn Sie nur die wichtigsten Stichworte zum Thema auf ein Flipchart-Blatt schreiben. Noch besser: Zeit für Fragen einbauen, das beteiligt die Leute und sie können sich besser merken, worum es ging (s. Abb. 14).

Außerdem gilt für solche Informationsübermittlung: Ein Medium oder Informationsweg alleine macht noch keinen Sommer. Streuen Sie Informationen grundsätzlich über mehrere Kanäle ein: per E-Mail, mündlich in der Besprechung, als Aushang am schwarzen Brett, als Erinnerung …

Status-Besprechungen und Jour-fixe sind nicht nur wichtig, um laufende Prozesse und Aufgaben sowie Meilensteine im Auge zu behalten. Sie dienen auch dazu, alle Beteiligten auf einem Stand zu halten, das Gemeinschaftsgefühl zu stützen und bei allen Beteiligten „Gefühl" für das Ganze zu schaffen, damit sie gelegentlich den Blick bis zum Tellerrand heben und Abhängigkeiten im Blick haben.

Gute Routinebesprechungen profitieren von einer klaren Struktur und allseits bekannten und gelebten bzw. aktiv eingeforderten Spielregeln (s. Abb. 15 und 16). Gerade für Statusbesprechungen gilt: Im Status-Meeting – ob Teamstatus oder Projektstatus – geht es nur um Informationen, die für *alle* relevant sind. Bereiten Sie Ihre Statusbesprechungen vor, indem Sie eine Sammelstelle für relevante Informationen schaffen: Informationen aus anderen Besprechungen, E-Mails, die nur Sie erreicht haben, notieren/erfassen Sie solche Infos in Stichworten dann, wenn Sie sie bekommen. Auf diese Weise müssen Sie vor der nächsten Teambesprechung dann nichts mehr zusammensuchen, sondern maximal sortieren.

Status-Meeting heißt: Aufgabenliste durchgehen, Erledigungsstand abfragen, neue Erledigungstermine oder notwendige Abstimmungen vereinbaren. Am Ende eventuell wichtige Informationen oder Fragen, die für alle relevant sind. In der Kürze liegt die Würze.

Abb. 15 Agenda für ein Team-Meeting

Organisatorische Neuigkeiten
Ergebnisse und Erfolge
Anstehende Aufgaben und Ereignisse
Themen der Woche
Teamrelevante Fragen und Gedanken

Abb. 16 Agenda für eine Statusbesprechung im Projekt

Allgemeines

- Informationen aus Gremien
- Eingetretene Risiken
- Veränderungen im Projektplan

Status der Arbeitspakete

- 1 TOP je Arbeitspaket:
- Fortschritt, Risiken, Abstimmungsbedarf

Sonstiges

- Themen unabhängig von den Arbeitspaketen
- Infos von allen für alle

Regeln für Status-Besprechungen
- Redezeiten festlegen und für Einhaltung sorgen
  - zwischen drei und sechs Minuten für den Einstieg
  - zwei bis acht Minuten für einzelne Beiträge/Statusberichte
  - maximal zehn Minuten für Sonstiges
- nur relevante und bestätigte Information werden kommuniziert
- neue Themen, Klärungs- und Entscheidungsbedarf werden identifiziert
- Klärungs- und Entscheidungsbedarf führt zu Arbeitsaufträgen oder gesonderten Besprechungen, die außerhalb der Statusbesprechung erledigt werden

Hier ist die Moderation gefragt. Wenn Fragen/Probleme auftauchen, grundsätzlich zuerst fragen: Wollen/müssen wir das jetzt hier klären? Wenn nein: Wer klärt mit wem bis wann. Das wird im Protokoll/Projektplan festgehalten. Vereinbaren Sie Vorgehensweisen, optische oder akustische Zeichen (für Telefonkonferenzen) wie solche Fragen angekündigt werden. Klären Sie, wie Sie mit Fragen und Kommentaren zu den Beiträgen von Kollegen umgehen wollen. Empfehlung: Grundsätzlich im Anschluss an den jeweiligen Beitrag. Nur nennen, keine Diskussion, gegebenenfalls bilaterale Klärung. (Querverweis: Zum Thema zurückkehren – unpassende Beiträge)

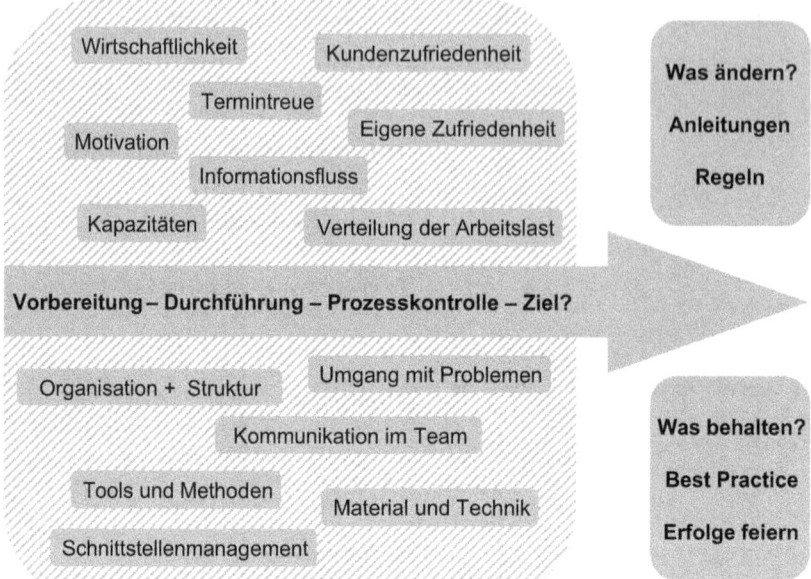

Abb. 17 Qualität sichern: Lessons Learned

Projektfeedback/Manöverkritik/Lessons Learned

Am Ende jeder Aufgabe, jedes Projekts, bietet sich ein Rückblick an: Wurden die gesteckten Ziele erreicht? Was ist gut gelaufen? Was nicht? Wo gab es Schwierigkeiten? Woran lag das? Was lernen wir daraus? (Abb. 17)

Wichtig für die Gesprächsführung

- Damit nicht die letzten Ereignisse den gesamten Prozess überstrahlen, lassen Sie in einer solchen Besprechung noch einmal kurz die wichtigsten Stationen des Projekts Revue passieren.
- Im nächsten Schritt können Sie z. B. mit der Brainstorming-Methode auf Moderationskarten die Beobachtungen der Teammitglieder einsammeln. Formulieren Sie Ihre Fragestellung sorgfältig: Fragen Sie sowohl nach negativen wie nach positiven Erlebnissen und geben Sie Kärtchen für beide Fragestellungen aus. Damit stellen Sie sicher, dass die Pinnwand nicht zur Klagemauer wird.
  - Was war gut? Was hat sich bewährt?
  - Was lief weniger erfolgreich? Was können wir künftig anders machen?
- Um die Manöverkritik zeitlich in Grenzen zu halten – eine bis anderthalb Stunden, fokussieren Sie die Fragestellung auf bestimmte Themenbereiche.
  - Arbeitsprozesse, Informationsmanagement,
  - Zusammenarbeit unter Stress, Problemlösestrategien und Entscheidungskultur
  - Delegation, Schnittstellenmanagement, Qualitätskontrolle, Ressourcensteuerung
  - Ausrichtung des Projekts an Umwelt-, Gesundheits-, Sicherheitsaspekten

- Moderation ist wichtig. Sorgen Sie für wertschätzenden Umgang miteinander und konstruktive Stimmung. Lösungsorientierung statt Problemtrance. Die Moderation kann eine externe Person übernehmen, die Projektleitung oder ein Teammitglied. Das Zeitmanagement und die Überwachung der Spielregeln (z. B. Redezeit einhalten, keine Schuldzuweisungen) sollte/n in jedem Fall ein oder zwei Teammitglieder übernehmen. Als Dokumentation genügen Fotos der Pinnwände und Flipchart-Blätter mit den Ergebnissen.
- Werden im Rahmen der Manöverkritik Potenziale entdeckt, die Entscheidungen auf einer höheren Ebene erfordern, darf der Prozess hier nicht aufhören. Vereinbaren Sie entsprechende Maßnahmen:
  - Wer kümmert sich um eine Entscheidungsvorlage und trägt sie weiter?
  - Wie wird das Team auf dem Laufenden gehalten?
- Am Ende der Feedback-Sitzung fassen Sie zusammen, woran weiter gearbeitet wird und was super gelaufen ist. Danke an das Team für die konstruktive Diskussion und natürlich für die gute Arbeit. Bester Schlusspunkt: Wann treffen wir uns, um unseren Abschluss zu feiern?!

Häufig stecken Mitarbeiter in der Schlussphase eines Projekts bereits mit einem Fuß in einem neuen Projekt. Das führt dazu, dass Erfolge nicht gefeiert werden und nagt auf lange Sicht an der Motivation (Querverweis: Motive durch Bedürfnisse).

Alltägliche Gespräche über Aufgaben

Delegieren: Freiraum lassen, Kontrolle behalten

Zu den Aufgaben eine Führungskraft gehört es, Aufgaben zu delegieren (Querverweis: einiges hierzu bereits bei Führungsaufgaben). In der Wortbedeutung heißt delegieren: Sie übertragen Rechte und Aufgaben auf eine andere Person. Sie übertragen also die Verantwortung für ein gemeinsames Ziel oder Teilziel auf einen Mitarbeiter/eine Mitarbeiterin. Nach den Regeln der Kunst delegieren Sie dann richtig, wenn die Person, die die Aufgabe übernimmt, innerhalb bestimmter Rahmenbedingungen eine wirkliche Handlungsfreiheit bei der Wahl der Mittel und Methoden hat. Die Führungskraft unterstützt und hilft bei möglichen Schwierigkeiten und kontrolliert die Ergebnisse. Wichtig: Tiefe und Frequenz der Kontrollen sind vorher vereinbart.

Delegieren heißt demnach: Einer Person oder einer Gruppe die Umsetzung von Zielen übertragen, ihnen die Erlaubnis zum Handeln geben, dabei jedoch die Verantwortung für das Endergebnis behalten (s. Abb. 18).

Delegieren ist eine Form der Arbeitsteilung. Es erlaubt der Führungskraft, ihre Zeit effektiver und effizienter zu nutzen. Sie nutzen die Kompetenzen Ihrer Mitarbeiter/innen. Sie vermeiden damit eine Arbeitsüberlastung bei sich selbst. Nebenwirkungen sind: Sie sorgen dafür, dass Ihre Mitarbeiter Erfahrung sammeln, so fördern und entwickeln Sie de-

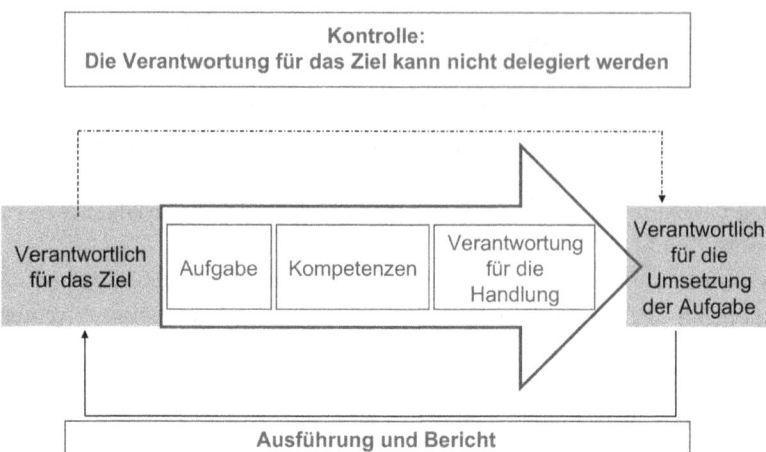

Abb. 18 Die Verantwortung für das Ziel bleibt bei der Führungskraft

ren Kompetenzen und Einsatzmöglichkeiten. Sie stärken deren Gefühl für Verantwortung und damit die Identifikation mit dem Job. Indem Sie Aufgaben und Verantwortung übertragen, entwickeln Sie die Motivation Ihrer Mitarbeiter. Außerdem bauen Sie Vertrauen in deren Leistungsfähigkeit und Kompetenzen auf – bei sich und beim Mitarbeiter.

Sie delegieren nicht gerne? Warum?! Gefahr erkannt, Gefahr gebannt! Welchen dieser häufig genannten Gründe schieben Sie vor, wenn Sie eine Aufgabe nicht abgeben wollen?

- Rolle nicht klar: Ich komme mir immer vor wie ein Bittsteller. Ich mag nicht kontrollieren.
- Rolle nicht klar: Ich bin nicht der disziplinarische Vorgesetzte … habe anderen doch nichts zu sagen!
- Eigener Perfektionismus: Die machen mir das nicht ordentlich genug!
- Vertrauen in den anderen fehlt: Was, wenn das nicht richtig gemacht wird?
- Ausbilden versäumt: Das kann niemand außer mir …
- Aufwand zu hoch: Bis ich dem das erklärt habe! In der Zeit habe ich das zehn Mal selbst erledigt.
- Wir sind unter Zeitdruck. Es ist jetzt zu spät, für lange Erklärungen ist keine Zeit mehr.
- Andere schützen: … die haben doch auch keine Zeit!
- Lustprinzip: Es macht mir zu viel Spaß!
- Emotionale Bindung an die Aufgabe: Es ist „mein Baby", das kann ich doch nicht aus der Hand geben!
- Verteilung der Lorbeeren: Ich will die Anerkennung!
- Angst, sich Konkurrenz zu züchten: Ich werde den doch nicht schlau machen!

Loslassen lernen ist das oberste Gebot, wenn Sie Ihrer Führungsaufgabe – der Steuerung komplexer Prozesse – gerecht werden wollen. Und dazu gehört eine Lernphase, eine Phase

Abb. 19 Führungsstile passend zum
Verhalten

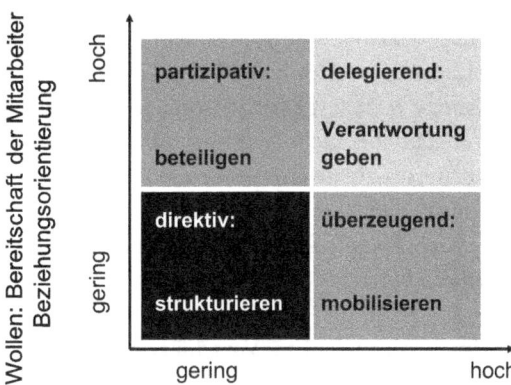

der gegenseitigen Ausbildung und Erziehung. Das erfordert auf beiden Seiten Geduld und
Bereitschaft. Ein positives Menschenbild trägt dabei nicht unerheblich zum Erfolg bei.

Geben Sie Rückendeckung statt Angst vor Fehlern zu schüren. Delegieren Sie „sauber"
mit den „5 W". Gehen Sie offen mit Fragen und Rückmeldungen um.

Delegieren mit „5 W"

Antworten auf diese fünf Fragen sichern das gewünschte Ergebnis:

Was? Inhalt der Aufgabe: Was soll getan werden?

Wer? Person: Wer soll es tun? Ist die Person geeignet für die Aufgabe?

Warum? Ziel/Motiv: Warum soll er/sie es tun?

Wie? Umfang/Details: Wie soll er/sie es tun?

Wann? Termine: Wann soll die Aufgabe fertig/erledigt sein?

Typgerecht delegieren ...

Zurück zur situativen Führung (Querverweis: „Typgerecht" führen heißt, Bedürfnisse zu
kennen und zu adressieren). Wie Sie delegieren und führen, das heißt, welches Gespräch
Sie mit dem jeweiligen Mitarbeiter, der jeweiligen Mitarbeiterin führen, ist abhängig von
Person, Situation und Problem. In Sachen „Person" orientieren Sie sich am Verhalten des
Mitarbeiters.[6]

Diese Matrix in Abb. 19 betrachtet zwei Aspekte: Wollen und Können sowie die unterschiedlichen Kombinationen, in denen beides auftritt. Mit der Kompetenz (Kenntnisse,
Fähigkeiten) und dem Engagement (Selbstvertrauen, Motivation) beeinflussen das Kön-

---

[6] Vgl. Fußnote 6. Hersey und Blanchard sprechen hier von Automomie oder Reifegrad.

nen und Wollen die Aufgabenerledigung: Ist die Aufgabe neu oder bekannt? Wie viel Spe-
zialerfahrung ist erforderlich? Wie komplex ist die Aufgabe?

Da gibt es Mitarbeiter, die wollen zwar, zeigen eine hohe Einsatzbereitschaft, können
die Aufgabe aber nicht oder noch nicht, sind unsicher. Diese Gruppe führen Sie am besten
in einem partizipativen, coachenden Stil. Sie beraten und unterstützen diese Menschen bei
der Ausführung der gestellten Aufgabe. Helfen bei der Problemlösung, indem Sie coachen:
Hilfe zur Selbsthilfe leisten. Sie bieten Unterstützung an, ermutigen und beteiligen die Mitarbeiter:

- Durch Fragen lenken, Vorschläge einholen und einbeziehen
- Rücken freihalten
- Selbstvertrauen stärken, loben, fördern und aufbauen
- Mitarbeiter ermutigen und bei der Problemlösung fördern

Nun begegnen Sie gelegentlich auch Mitarbeitern, die weder wollen noch können. Wenn
Bereitschaft und Aufgabenorientierung sehr gering sind, müssen Sie stärker lenken. Sie
geben genaue Anweisungen. Sie beobachten und beaufsichtigen die Ausführung. Sie geben
Problemlösungen vor und treffen Entscheidungen. Der/die Mitarbeiter/in führt die Aufgabe aus.

- Klare Zielvorgaben und präzise Aufgabenstellung
- Eindeutige Kriterien zur Bewertung des Erfolges der Arbeit
- Eindeutiger Plan als Arbeitsablauf

Der Kombination aus können, aber nicht wollen, werden Sie ebenfalls begegnen. Diesen
Menschen können Sie über die Aufgabe einfangen. Sie „verkaufen" dieser Person den Job,
überzeugen sie vom Nutzen.

- Sinn erklären
- Expertise einfordern
- Vorschläge machen lassen
- Entscheidungen besprechen und erklären
- Erledigung der Aufgaben überwachen

Die vierte Kategorie will und kann. Das heißt, Mitarbeiter haben die Kompetenz für die
Aufgabe und bringen die Bereitschaft dafür mit, so dass Sie nur noch delegieren müssen.

- Ziel nennen
- Verantwortung übertragen.

Was genau ist „selbstverständlich"?

Müssen wir miteinander sprechen, um Aufgaben zu delegieren? Nicht in jedem Fall – aber es hilft ungemein! Wir sitzen am Schreibtisch und denken: „Ist doch klar, was ich damit meine!" Routine-Aufgaben und eindeutige Handgriffe lassen sich doch prima schriftlich oder durch einen kurzen Zuruf weitergeben. Beispielsweise ein Auftrag an die Assistentin: „Bitte machen Sie mir für Dienstag nächster Woche einen Termin mit unserer Justiziarin." Das kann klappen. Die professionelle Assistenz wird jetzt die restlichen Ws erfragen: „Was darf ich Frau X sagen, worum es geht? Wie viel Zeit soll sie einplanen? Sollte sie bestimmte Unterlagen kennen oder etwas vorbereiten? Reicht es, wenn ich mich morgen Früh darum kümmere?"

Selbst in eingespielten Teams ist jede Menge Raum für Missverständnisse. Gerade aus dem Assistenzbereich höre ich häufig, dass Vorgesetzte Aufgaben sehr vage bezeichnen und die Mitarbeiter/innen in der Luft hängen. Da gibt es Chefs, die sagen im Türrahmen beim Rausgehen: „Sie denken noch an meinen Termin/die Akte?" Und bevor die Mitarbeiterin fragen kann: „Welchen Termin meinen Sie/von welcher Akte sprechen Sie?" ist die Vorgesetzte auch schon entschwunden, und für die Mitarbeiterin geht die Sucherei los, weil es eben nicht nur einen Termin oder nur eine Akte gibt. Und woher soll Ihre Mitarbeiterin wissen, was Ihnen gerade durch den Kopf gegangen ist?

Das gilt übrigens generell, wenn Sie das Büro verlassen. Weiß Ihr Team, wo Sie sind, wann Sie wieder zurück sein werden? Wissen Ihre Mitarbeiter, welche Antwort Kunden/Kontaktpersonen bekommen sollen, die in der Zwischenzeit anrufen?

Also entweder Sie formulieren vollständige und präzise Aufträge, oder Sie sprechen mit Ihren Mitarbeitern darüber. Und bitte erlauben Sie Ihren Mitarbeitern, offene Fragen zu klären:

> Zu einem Missverständnis gehören immer zwei:
> Der eine, der nichts sagt, der andere, der nicht fragt!

Regelmäßige Routinebesprechungen über die anstehenden Aufgaben machen das Leben leichter. Und: Sie behalten besser die Kontrolle über das Ergebnis!

Im Gespräch können Sie Aufgaben abgrenzen, Zwischenschritte definieren, Prioritäten abstimmen, Befugnisse festlegen, Hilfsmittel besprechen, Informationslücken entdecken und das gemeinsame Wording nach außen abstimmen.

All das trägt dazu bei, dass Sie Ihren Job machen: Dafür sorgen, dass Mitarbeiter „können" und „dürfen" und so weit wie möglich auch dafür, dass Sie „wollen". Das gilt ganz besonders im Hinblick auf die zu Beginn bereits angesprochenen verschiedenen Betriebssysteme Ihrer Mitarbeiter. Den einen genügen kurze knappe Hinweise, was fehlt, ergänzen sie dann selbst, wenn nötig auch mit Mut zur Lücke. Die anderen brauchen Sicherheit, Klarheit und Bestätigung. Da reißt mit der Zeit der „Schmierfilm", wenn Sie statt regelmäßigen Abstimmungsgesprächen über Aufgaben nur gelegentlich ein paar Informationsbrocken hinwerfen, weil der Termin mit dem Kunden angeblich so viel wichtiger ist.

Die einen fragen nach dem warum, weshalb und wieso, sie wollen überzeugt werden, wissen, wo der Nutzen ist. Bei anderen genügt es zu sagen: „Ich brauche Sie! Bitte, machen Sie das für mich!", und schon sind sie unterwegs.

Kurskorrekturen im Alltag: Feedback

Grundrezept für Feedback

Wozu Rückmeldungen in der Kommunikation gut sind, erklärt ein in den fünfziger Jahren des 20. Jahrhunderts entwickeltes Modell heute noch so gut wie damals: Weil Selbstwahrnehmung und Fremdwahrnehmung zwei Paar Schuhe sind, ist es hilfreich, sich darüber auszutauschen, und so Missverständnisse zu vermeiden.[7] Da andere Menschen Dinge an uns wahrnehmen, deren wir selbst uns nicht bewusst sind, ist es hilfreich, sich Feedback einzuholen. Andererseits gibt es Dinge, die wir nicht preisgeben, die andere von uns nicht wissen. Das kann zu Missverständnissen führen, darum ist es hilfreich, von diesen privaten Dingen etwas preiszugeben (s. Abb. 20). Wenn andere unsere Beweggründe kennen, haben wir die Chance, dass sie uns verstehen.

Wie wollen Sie wissen, ob Sie so wirken wie Sie wirken wollen? Ob Ihre Botschaft auf der anderen Seite so angekommen ist, wie Sie sie gemeint haben? Fragen Sie nach! Was hat die andere Person verstanden? Wie hat sie Dinge wahrgenommen? Wie empfindet sie eine bestimmte Situation/Entscheidung?

Sie wollen vermeiden, dass andere Ihre Handlungen interpretieren statt zu verstehen? Dann liefern Sie Erklärungen mit! Einfaches Beispiel: Eine Mitarbeiterin ruft an, Sie sind gerade auf der anderen Leitung in einem wichtigen Gespräch. Wenn Sie nur trocken und knapp „jetzt nicht" sagen, kann das zu einem Missverständnis führen. Die Mitarbeiterin ist sauer: Schließlich hatten Sie die Information doch so dringend haben wollen. Sie hat alles liegen und stehen lassen, um die Info zu besorgen und bekommt ein „jetzt nicht". Ein paar Worte mehr, und die Mitarbeiterin hat die Chance, Sie zu verstehen: „Jetzt bitte nicht, ich habe gerade ein wichtiges Gespräch auf der anderen Leitung. Ich melde mich."

Das Grundrezept für alltagstaugliche Rückmeldungen: Auf meiner Seite der Dinge bleiben. Eine einfache Formel dafür lautete: „WWW". Ich beschreibe, was ich gerade wahrgenommen, beobachtet, gehört habe. Dann lege ich meine Betroffenheit auf den Tisch, ich erkläre, was das Gehörte mit mir macht und welche Folgen das beobachtete Verhalten hat. Im dritten Schritt sage ich an, was ich jetzt erwarte, wie ich mir eine Lösung vorstelle (s. Abb. 21).

Der Hinweis an die Auszubildende sollte also nicht sein: „Frau Mustermann! Sie haben zu Hause wohl Säcke statt Türen?" Besser ist ein ordentliches Feedback nach der WWW-Formel: „Frau Mustermann. Sie waren heute Morgen drei Mal in meinem Büro und haben

---

[7] Das „Johari-Fenster" ist nach den beiden US-amerikanischen Sozialpsychologien Joseph Luft und Harry Ingham benannt, die es 1955 entwickelten.

Abb. 20 Feedback für weniger
Missverständnisse

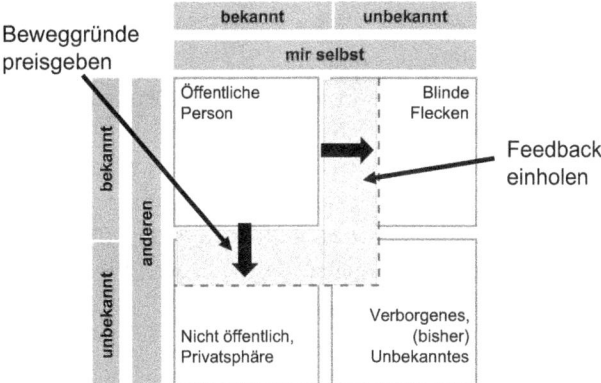

Abb. 21 Feedback-Formel: WWW

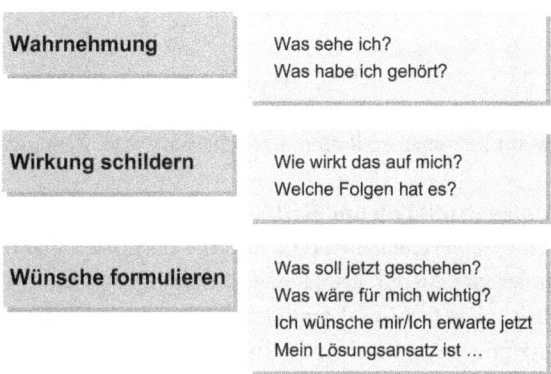

jedes Mal beim Rausgehen die Tür ins Schloss fallen lassen. Das empfinde ich als sehr laut, ich zucke jedes Mal zusammen. Bitte schließen Sie die Tür doch leiser, indem Sie die Klinke benutzen."

Fehlerkultur und Feedbackregeln

Kurskorrektur – wieder ein Begriff aus der Seefahrt. Und wie beim Segeln gilt auch in der Kommunikation: Um den Kurs zu korrigieren, muss ich wissen, welchen Kurs ich gerade segele und wie die Wind-, Wetter- und Strömungsverhältnisse sind. Als Navigator auf dem Segelboot beobachten Sie Tempo und verstrichene Zeit, vermessen regelmäßig Ihren Kurs und die Abweichungen vom Plan. Wenn Sie das nicht tun und kein GPS an Bord haben, verlieren Sie bald die Orientierung. Ebenso ist es im Führungsalltag sinnvoll, immer mal wieder inne zu halten und den Kurs zu checken. Um dann gegebenenfalls zu korrigieren. Beim Segeln korrigieren Sie kleine Abweichungen durch leichte Ruder-bewegungen: anluven oder abfallen – hin zum Wind, oder weg vom Wind. Größere Kurskorrekturen erfordern größere Manöver wie „Wenden" und „Halsen". Im Führungsalltag machen Sie kleine Korrekturen, indem Sie Alltagsfeedback geben. Für größere Korrekturen nutzen Sie Problem- und Kritikgespräche.

Eine wichtige Frage in diesem Zusammenhang: Gibt es bei Ihnen eine Fehlerkultur? Wie gehen Sie und Ihre Mitarbeiter mit Fehlern um? Wie viele Fehler können Sie/kann das Unternehmen tolerieren, ohne das Ziel in Gefahr zu bringen? Beispielsweise die Notbremse im Zug: Da darf es keine Fehlertoleranz geben – die muss funktionieren! Ähnliches erwarten wir von Fluglotsen und Chirurgen im Operationssaal. Erinnern Sie sich an Poka Yoke: Wo Menschen arbeiten, passieren auch Fehler. Darum gilt es, meine Fehlertoleranz und die gewünschte Strategie zu definieren:

- Jeder Fehler darf passieren. Am besten nur ein Mal.
- Aus jedem Fehler lernen wir und treffen Vorkehrungen, ihn künftig zu vermeiden.
- Wenn wir das nicht tun, kostet es Zeit & Geld.

Fehler vermeiden heißt auch: Rückmeldungen und Orientierung geben. Erstens, wenn Dinge nicht so laufen, wie ich das als Führungskraft erwarte. Und zweitens auch dann, wenn sie genau so laufen, wie ich es erwarte. Regelmäßig, klar und deutlich.

Umgang mit Lob und Kritik Es ist wichtig, dass Sie gute Leistungen auch öffentlich anerkennen. Verteilen Sie Lob also gerne „sichtbar". Während Sie negative Rückmeldungen nur unter vier Augen ansprechen, dürfen Sie positive Rückmeldungen auch öffentlich geben. Lob soll gerecht und motivierend sein und sich an den Fähigkeiten der einzelnen Person orientieren. Erwischen Sie Ihre Leute, wenn sie etwas gut machen. Sagen Sie genau, was richtig war und zeigen Sie, wie stolz Sie sind. Lassen Sie Ihr Lob einen Moment sacken, rennen Sie nicht gleich weiter.

Bitte ziehen Sie keine Vergleiche und heben Sie Einzelne nie auf Kosten anderer hervor. Wenn die Leistung im Team erbracht wurde, dann sprechen Sie tatsächlich die Gruppe als Ganzes an und loben das gesamte Team.

Dosieren Sie Ihre Anerkennung! Ist eine Aufgabe entsprechend der Anforderungen erfüllt, dann genügt eine sachliche Bestätigung: „Danke, genauso sollte das Ergebnis aussehen." Ist die Aufgabe mehr als erfüllt, sind Ihre Erwartungen deutlich übertroffen, dann können Sie sachlich bewerten: „Gut gemacht! Das ist mehr, als ich gefordert hatte!" Haben Mitarbeiter über den Tellerrand hinausgedacht und eine wirklich exzellente Leistung erbracht, dann ist ein persönlich bewertendes Lob angebracht: „Super, tolles Ergebnis! Ich schätze an Ihnen besonders …" Sie kennen sich und wissen, dass Sie das Loben gerne mal vergessen? Sprechen Sie das an und erlauben Sie Ihren Mitarbeitern, sich ihr Lob auch „abzuholen". Nichts motiviert so sehr wie die Rückmeldung zu den Ergebnissen. Achtung: Es sind die Ergebnisse die motivieren, nicht das Feedback!

Äußern Sie Kritik grundsätzlich vertraulich! Immer unter vier Augen – also nie vor versammelter Mannschaft. Wichtigstes Prinzip: Emotionen abkühlen. Machen Sie den Mücke/Elefant-Check, unter Soldaten auch als 24-Stunden-Regel für Beschwerden bekannt: Eine Nacht drüber schlafen. Wenn aus dem Elefanten eine Mücke geworden ist, können Sie

Abb. 22 Feedback-Regeln

Feedback-Geber

- immer persönliche Beobachtung wiedergeben,
  Was habe ich aktuell gesehen, gehört, gefühlt?
- nur faire Hinweise,
  Dinge, die änderbar sind, konstruktiv und positiv
- Ich-Form! Nicht: Du sprichst zu schnell.
  Sondern: Ich kann Dich nicht gut verstehen, sprich bitte langsamer.
- Beispiele! So konkret wie möglich

Feedback-Nehmer

- zuhören, nachdenken
- überlegen, was man für sich selbst annehmen möchte
- klären, wenn Sachverhalte von meiner Wahrnehmung abweichen
- Danke sagen!

Ihre Reaktion jetzt angemessen formulieren oder es lassen. Und wenn es immer noch ein Elefant ist, ist es doppelt wichtig, Argumente neutral, fair, klar und sachlich vorzutragen.

Achten Sie also darauf, nicht vorschnell Kritik zu üben. Prüfen Sie, ob Ihr spontaner Eindruck hält und beziehen Sie Vorkenntnisse und Fähigkeiten von Mitarbeitern sowie die Rahmenbedingungen einer Aufgabe in Ihre Beurteilung ein. „Verteilen" Sie Kritik nie unter Zeitdruck oder im Vorübergehen. Das schützt Sie vor der Gefahr, ungewollt zynisch oder verletzend zu sein oder den eigenen Ärger abzureagieren. Und sammeln Sie nicht – kritische Rückmeldungen nur zu aktuellen Ereignissen!

Neben spontanen Rückmeldungen in konkreten Arbeitssituationen sollten Beurteilungen regelmäßig in festen Zeitabständen erfolgen. Beurteilungen und Rückmeldungen stärken das Selbstbewusstsein der Mitarbeiter, stimulieren die Einsatzbereitschaft und dienen einer guten Zusammenarbeit.

Wir haben bereits festgestellt, dass mit Hilfe von Rückmeldungen Missverständnisse ausgeräumt werden können und das gegenseitige Verständnis wächst. Weniger blinde Flecken bei mir, mehr Verständnis bei anderen (Querverweis: Grundrezept für Feedback).

Und doch drücken wir uns oft drum herum, weil Feedback doch immer auch eine Art von Kritik ist, und der Begriff ist negativ besetzt. Außerdem kennen wir zwar die Grundregeln, sind uns jedoch nicht sicher, ob das wirklich alles so wertschätzend und gesittet gesendet und empfangen werden kann. Die Regeln der Kunst besagen: Rückmeldungen nur als Ich-Botschaft formulieren, konstruktive und faire Kritik, zeitnah zur Beobachtung. Und der Feedbacknehmer soll zuhören, aufnehmen, sich nicht rechtfertigen, sondern für das Feedback bedanken (Abb. 22).

Gilt das auch dann, wenn andere die Regeln für das Feedback-Geben nicht einhalten? Ich soll mich dann für haltlose Vorwürfe bedanken? Andersrum wird ein Schuh draus: Formulieren Sie selbst Rückmeldungen stets so, dass die andere Person sich bedanken *kann*.

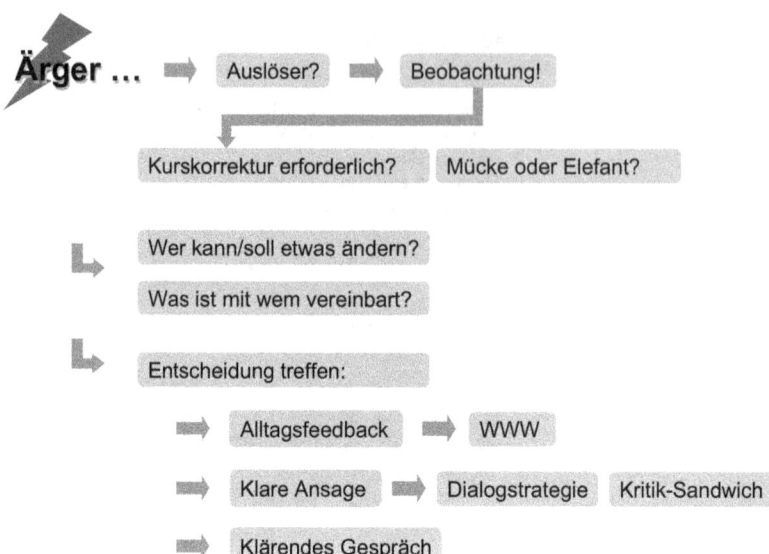

Abb. 23 Feedback-Manöver planen

Wenn wir ein Feedback bekommen, dürfen wir sachliche Missverständnisse ausräumen. Und wir dürfen auch Kritik, die die Regeln nicht einhält, freundlich zurückgeben (Querverweis: siehe die Geschichte vom Buddha, Selbsttraining anschieben). Dafür eignet sich das Rezept der Dialogstrategie.

Besonders wichtig: Wenn Sie selbst eine Rückmeldung bekommen, d. h. ein Mitarbeiter weist Sie wohlmeinend und wertschätzend auf einen Fehler hin, dann bricht Ihnen kein Zacken aus der Krone, wenn Sie sich dafür bedanken. Es ist sogar wichtig, dass Sie eine solche Rückmeldung kommentieren, gerade bei beziehungsorientierten Menschen. Wenn sie es nicht tun, sind die verunsichert.

Beispiel

Als Vorgesetzter beantworten Sie Ihre Mails selbst, zur Info cc an Ihre Mitarbeiter. Einer der Mitarbeiter schreibt Ihnen eine Mail mit dem Tipp zurück, Konsensmilch schreibe sich mit „s" und nicht mit „z". Dem Mitarbeiter selbst wäre ein solcher, wenn auch kleiner Lapsus peinlich. Er würde sich sofort bei seinem Retter für den Hinweis bedanken. Sie als Vorgesetzter sehen die Mail, denken: „Gut zu wissen!" und schreiben das Wort fortan richtig. Der Mitarbeiter kann ja lesen, dass Sie den Hinweis aufgenommen haben. Reicht doch? Nein, reicht nicht. Weil der Mitarbeiter nun überlegt, ob es Ihnen recht war. Er überlegt, ob Sie wohl deshalb nichts sagen, weil er seine Grenzen überschritten hat. Also: Geben Sie auch bei kleinen alltäglichen Rückmeldungen und Korrekturen Signale von sich. Eine kurze Mail mit einem „Danke! ☺" genügt.

Sie haben sich geärgert? Wollen den Kurs korrigieren? Bei kritischem Feedback gilt ganz besonders: Handwerklich sauber bleiben. Erst denken, dann handeln! Ebenso wichtig, wie die sachliche abgekühlte Darstellung ist es dabei, die eigene Betroffenheit so ausdrücken zu können, dass sie auf der anderen Seite ankommt:

- Worüber haben Sie sich geärgert? Was genau ist schief gelaufen/passt nicht?
  - – Konkrete Beobachtung: Zahlen – Daten – Fakten!
  - – Beteiligte? Kritische Ereignisse? Abhängigkeiten? Folgen?
- Wer ist der richtige Adressat für Ihren Ärger/Ihre Veränderungswünsche? Mit wem hatten Sie eine Vereinbarung?
- Welche Informationen und Rahmenbedingungen spielen außerdem eine Rolle?

Wenn Sie Ihren aktuellen Kurs und die Abweichung vom Plan festgestellt haben entscheiden Sie, welche Korrektur erforderlich ist: Was wäre jetzt die richtige Reaktion? (Abb. 23)

a. Reicht ein kleines Alltagsfeedback oder eine Klarstellung?
  - – WWW (Ich-Botschaft)
  - – klare Ansage und Dialogstrategie
b. Ist hier ein kritisches Feedback mit Lösungsvorschlag angezeigt?
  - – Kritik mit Sandwich-Technik
c. Brauchen Sie ein Gespräch, in dem Sie herausfinden warum etwas so/bzw. falsch läuft?
  - – Klärungsgespräch (fragen, zuhören, spiegeln)

Schritte für eine klare Ansage
Die klare Ansage ist ein wenig schärfer formuliert als der Dreiklang WWW.

Geht es darum, jemandem Ihre persönlichen Wünsche und Erwartungen zu spiegeln oder geht es darum, dass jemand eine getroffene Vereinbarung nicht einhält, oder gegen allgemeine Spielregeln verstößt? Hier zwei Beispiele.

Hinweis mit WWW: Sauberkeit, Mitarbeiter räumt Schreibtisch nicht frei	
Wahrnehmung	Herr Z, Ihr Schreibtisch ist seit mittlerweile drei Wochen von diesen Aktenstapeln bedeckt. Dazwischen haben sich schon Staubflocken gesammelt. Die Reinigungskräfte reinigen nur frei geräumte Flächen.
Wirkung	Mir gefällt das nicht, weil unsere Besucher denken könnten, wir sparen an der Reinigung.
Wünschen	Bitte räumen Sie doch Ihren Schreibtisch einmal pro Woche frei, so dass die Reinigungskräfte ihre Arbeit machen können.

Klare Ansage: Vereinbarte Regeln nicht eingehalten	
Fakten	Wenn ich sehe, wie Sie hier völlig intakte Ersatzteile wegwerfen, statt Sie in die Materialboxen zu räumen …
Gefühl	… dann bin ich stinksauer.
Regel berechtigtes Bedürfnis	Wir haben auf der letzten Mitarbeiterbesprechung vereinbart, dass wir sparsam mit unserem Material umgehen wollen, damit uns die Kosten nicht aus dem Ruder laufen.
Bitte	Ich erwarte von Ihnen, dass Sie diese Vereinbarung gewissenhaft umsetzen.

Kritisches Feedback im Sandwich verpackt

Eine kritische Rückmeldung ist leichter zu schlucken, wenn sie gut verpackt ist. Leiten Sie sie darum mit einer freundlichen Bemerkung ein und hören versöhnlich auf (Abb. 24):

„Herr G, Ich weiß Sie sind sehr fix und haben einen guten Überblick. Nun habe ich hier diese Reisekostenabrechnung und es fehlen zum wiederholten Mal die Kilometerangaben. Es kostet Zeit, den Vorgang zwei Mal anzufassen – für Sie und für mich. Haben Sie eine Idee, wie Sie es schaffen könnten, dass die Angaben schon beim Einreichen vollständig sind?"

Durchsetzungsorientierte Dialogstrategie

Die „Dialogstrategie" ist geeignet, wenn es darum geht, Ärger beim Gesprächspartner abzufangen. Sie hilft auch, eine eigene Position durchzusetzen, beziehungsweise Dinge klar zu stellen, beispielsweise, wenn wir einen Wunsch nicht erfüllen können, mit einer ungerechtfertigten Anschuldigung konfrontiert werden oder es mit einem Feedback zu tun haben, das kein „Danke" verdient hat.

Es sind die ersten beiden Schritte, mit denen Sie die Auseinandersetzung „gewinnen"! Wenn Sie in der Lage sind, wörtlich zu wiederholen, was Ihr Gegenüber gesagt hat, dann ist das Wertschätzung pur: Sie haben tatsächlich zugehört und verstanden, was die Person sagen möchte. Nehmen Sie die Menschen ernst und zeigen Sie das auch. Überlassen Sie das Rechtfertigen anderen – vermeiden Sie „ja, aber…".

Achtung: Wer sich rechtfertigt, hat verloren…

Dialogstrategie

1. Zuhören
   aufmerksam, zugewandt, Blickkontakt, soziales Grunzen, nicht selbst denken
2. Verständnis zeigen
   paraphrasieren, wiederholen, was die/der andere gesagt hat und Verständnis äußern:
   „Ich verstehe Sie", „aus Ihrer Sicht ist das sicher sehr schwierig…!", „das klingt wirklich …!"
3. Sagen, was geht und was nicht geht

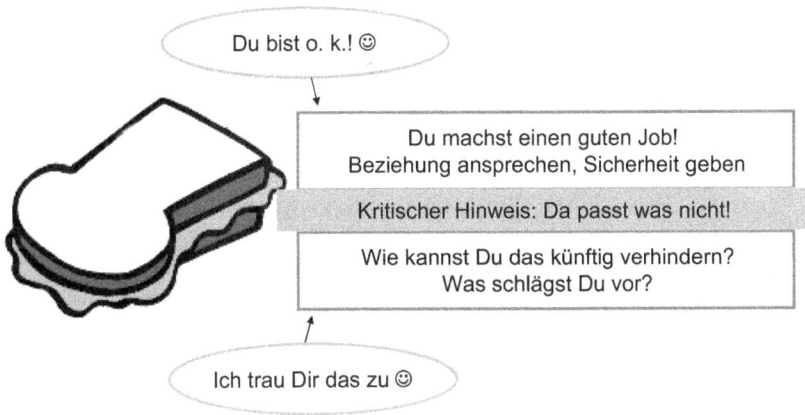

Abb. 24 Kritik-Sandwich

- Das geht: …
  Was kann ich tun? Wozu bin ich bereit? Was kann ich akzeptieren? Was kann ich zugestehen? Konstruktiv: „Ich sage Ihnen, was ich für Sie tun kann: …" „Wir können gerne über … sprechen."
- Das geht nicht: …
  Wo sind meine Grenzen? Was ist nicht möglich? Wozu bin ich nicht bereit/in der Lage?"
- Begründung liefern: …
  „Was Sie sich wünschen ist nicht möglich, weil …"
  Gerne auch erklären, warum die Hinderungsgründe auch für den Gesprächspartner gelten. Was ist gut daran?
4. Wiederholung der Schritte 1–3
  Wenn Ihr Gesprächspartner jetzt mit „…ja, aber…!" reagiert, drehen Sie eine zweite Runde! Zuhören, Verständnis zeigen, sagen, was geht und was nicht, samt Begründung.
  Eventuell einen weiteren konstruktiven Vorschlag anbieten, mit anderen Worten begründen.
  Wenn Ihr Gesprächspartner jetzt immer noch mit „ja, aber…" kommt, dann bitten Sie um Hilfe:
5. Um Hilfe bitten, Killerphrasen abblocken:
  - „Bitte helfen Sie mir! Ich habe gesagt, was möglich ist und warum das, was Sie möchten, nicht geht. Ich habe Ihnen die Vorteile meiner Lösung erklärt. Was kann ich jetzt noch tun?"
  - „Was hindert Sie daran, meinen Vorschlag auszuprobieren?"
  - „Was wäre das Schlimmste, was passieren könnte, wenn Sie meinem Vorschlag folgten?"
  - „Können Sie damit leben, wenn wir das so machen?"

6. Mit ICH-Botschaft abgrenzen:
   Wenn hier immer noch das „ja, aber ..." kommt, ziehen Sie sich heraus:
   - „Ich sehe im Augenblick keine Möglichkeit, hier zu einem Ergebnis zu kommen. Ich möchte das Gespräch darum beenden."
   - „Ich weiß nicht, was ich sagen könnte, das Sie nicht noch mehr verärgert und beende das Gespräch jetzt. Wir können es gerne später noch einmal versuchen."
   - Alternativ (je nach Schwere der Situation): Thema wechseln: „Wie hat eigentlich die Mannschaft von 96 am Wochenende gespielt?

Dialogstrategie: Spielraum überschritten

Die Situation: Sie sind Abteilungsleiter einer Abteilung mit mehreren Fachleuten, die unterschiedliche Sachgebiete betreuen. Ein Mitarbeiter (älter als Sie, schon sehr lange dabei, fachlich äußerst qualifiziert) hatte den Arbeitsauftrag, eine Entscheidungsvorlage bis zu einem bestimmten Termin fertig zu stellen und bei den Entscheidungsträgern einzureichen. Am Tag der Abgabe ist die Vorlage nicht fertig. Der Mitarbeiter ruft morgens in der Zentrale an und meldet, er nehme für diesen Tag Zeitausgleich. Als Sie sich erkundigen wollen, wie weit die Entscheidungsvorlage gediehen ist, erfahren Sie von der Abwesenheit des Mitarbeiters. Nun müssen Sie die Entscheidungsvorlage selbst bearbeiten, um die Frist einzuhalten. Das ärgert Sie. Sie haben schließlich noch ganz andere Aufgaben auf dem Schreibtisch und dies bringt nun Ihren Zeitplan durcheinander. Hinzu kommt, dass Sie erwarten, dass Mitarbeiter ihren Zeitausgleich rechtzeitig mit Ihnen abstimmen. Diese Regel haben Sie auch schon mehrfach angesprochen.

Zur Vorbereitung auf das anstehende kritische Gespräch machen Sie eine kurze Analyse: Warum verhält die Person sich so? Hypothese: Der Mitarbeiter ist mehr aufgabenorientiert, Beziehungspflege liegt ihm eher fern. Er ist schon so lange dabei, dass er meint, ihm könne nichts passieren, außerdem weiß er, dass seine spezifischen Erfahrungen für den Bereich sehr wichtig sind und so schnell nicht zu ersetzen. Auch haben Sie schon beobachtet, dass er den jüngeren Kollegen gelegentlich Ratschläge erteilen möchte. Die Kollegen nehmen ihn jedoch als bevormundend wahr und gehen nicht darauf ein.

Sie haben den Mitarbeiter zu einem Gespräch eingeladen und den Zeitausgleichstag als Stichwort genannt. So könnte das Gespräch verlaufen:

Begrüßung. Schön, dass Sie es einrichten konnten. Ich möchte mit Ihnen über den vergangenen Dienstag sprechen.

Meine Wahrnehmung: „An diesem Tag war Abgabeschluss für die Entscheidungsvorlage X, mit der ich Sie Anfang des Monats beauftragt hatte. Ich habe Sie Dienstag Früh angerufen, um zu hören, wann Sie mir die Vorlage bringen, damit ich Sie Herrn Sowieso vorlegen kann. Zu meiner Überraschung erfuhr ich, dass Sie Zeitausgleich genommen hätten. Die Vorlage war nicht fertig."

Die Wirkung: „Ich habe das dann selbst übernehmen müssen. Das hat meinen engen Zeitplan über den Haufen geworfen. Ich war sehr verärgert."

Wünschen: Bitte erklären Sie mir, warum Sie sich so verhalten haben.

1. Zuhören

Reaktion des Mitarbeiters: „Na ja, ich denke, ich bin schon so lange dabei, dass ich mir durch meinen bisherigen Leistungen einen gewissen Status erarbeitet habe. Dazu gehört für mich auch, dass ich entscheiden kann, wann ich Zeitausgleich nehme, und wann nicht. Ich habe schließlich auch schon oft genug länger hier gesessen. So viel Freiheit muss doch sein. Ich wusste ja, dass Sie die Vorlage genauso gut zu Ende bringen können. Sie sind ja im Thema, da geht ja nichts kaputt. Das ist doch ganz normale Arbeitsteilung. Ich weiß jetzt auch gar nicht, warum wir jetzt darüber sprechen! Sie dürfen darauf vertrauen, dass ich so etwas einschätzen kann."

2. Verständnis zeigen,

„Hmm. Ich verstehe! Sie dachten also, das wäre in Ordnung, wenn Sie mir die Aufgabe überlassen und Ihrer privaten Planung den Vorrang geben. Sie möchten solche Dinge auf Grund Ihrer Erfahrung und langen Zugehörigkeit selbst entscheiden. Sie erwarten, dass ich Ihrem Einschätzungsvermögen vertraue, wenn Sie ohne direkte Absprache Ausgleichszeit nehmen, und Ihre offenen Aufgaben mir überlassen."

3. Sagen was geht, sagen, was nicht geht.

„Für mich sieht die Situation so aus: Indem Sie die Fertigstellung der Vorlage mir überließen, haben Sie über meine Zeit bestimmt. Ich bin Ihre Vorgesetzte, und ich entscheide darüber, wer welche Aufgaben erledigt. Wenn ich Ihnen eine Aufgabe übergebe, dann ist und bleibt das Ihre Aufgabe. Dass Sie ohne Absprache abweichende Entscheidungen treffen, die sich noch dazu auf meine Aufgaben auswirken, geht nicht. Außerdem haben Sie sich nicht an die Regeln gehalten und sind Ihrem Arbeitsplatz fern geblieben, ohne sich mit mir abzustimmen. Sie haben mich nicht einmal informiert. Es können immer unvorhergesehene Dinge passieren. Wir können über alles sprechen. Ich erwarte jedoch, dass Sie sich künftig in jedem Fall mit mir abstimmen."

Reaktion des Mitarbeiters: „Ja, aber Sie haben doch selbst in der letzten Besprechung noch gesagt, wir müssten darauf achten, dass unsere Zeitkonten nicht zu voll würden!"

4. Schritte 1–3 wiederholen.

„Ich verstehe, dass Sie damit Ihr Zeitkonto ausgleichen wollten. Es ist tatsächlich mein Wunsch, dass wir in diesem Team darauf achten. Hier geht es um vereinbarte Regeln unserer Zusammenarbeit: Sie können mich jederzeit ansprechen und wir entscheiden gemeinsam, ob ein Zeitausgleich im Einzelfall mit den Aufgaben der Abteilung vereinbar ist. Dass Sie das alleine entscheiden ist nicht möglich. Ich trage die Verantwortung und brauche einen Überblick über die Anwesenheit und Auftragsbearbeitung."

Reaktion: „Ja, aber Sie müssen mir doch zugestehen, dass ich auf Grund meiner Erfahrungen eine solche Entscheidung ebenso gut treffen kann!"

5. „Bitte helfen Sie mir!"

„Herr ... Ich habe Ihnen gesagt, warum es nicht geht, und ich habe Ihnen die Spielregeln dieser Abteilung noch einmal deutlich erklärt. Was kann ich jetzt noch tun, damit Sie verstehen, wie wichtig es ist, dass auch Sie sich an Spielregeln halten? Was hindert Sie daran, diese Spielregeln zu akzeptieren?

Möglicherweise kommt nun ein konstruktives Angebot. Z. B. dass der Mitarbeiter sich eine sichtbare Würdigung seiner Seniorität wünscht. Wenn nach dieser Runde noch immer ein „ja, aber" kommt, dann sollten Sie Konsequenzen ankündigen (Querverweis: Konsequenzenmanagement).

Wenn die kritische Rückmeldung alleine nicht ausreicht: Klären + coachen

Die Situation: Ein junger Ingenieur in Ihrer Abteilung hat für eine Aufgabe ein Tool bestellt. Wie sich in der Praxis herausstellt, ist es für die geplante Aufgabe nicht geeignet. Die Produktion steht, weil die Leute ohne das Teil nicht weiterarbeiten können. Sie prüfen, wie das passieren konnte. Es stellt sich heraus, dass die Unterlagen zum Projekt ein anderes Tool vorsehen. Außerdem gab es eine Besprechung im Vorfeld der Bestellung, bei der der Ingenieur die Bestellung des neuen Tools vorgeschlagen hatte und vom verantwortlichen Mitarbeiter in der Produktion darauf hingewiesen wurde, dass dieses Tool dem Zweck nicht gerecht werde. Der Jungingenieur bestellte trotzdem, mit den genannten Folgen.

Hier ist zunächst ein kritisches Feedback angesagt:

„Ich schätze Ihr Engagement und Ihre Bemühungen, unsere Prozesse optimal zu gestalten. In diesem Fall ist der Schuss nach hinten losgegangen. Durch Ihre Entscheidung sind wir jetzt nicht mehr im Plan, das kostet X und wirkt sich auf die nachfolgenden Produktionsschritte aus."

Entweder folgt jetzt eine klare Ansage:

„Wir sind ein Team, Wissen und Erfahrung jedes Einzelnen sind wichtig. Ich vertraue dem Fachwissen aller meiner Mitarbeiter. Wenn Sie sich nicht mit den Leuten aus der Produktion einigen können, erwarte ich, dass Sie gemeinsam zu mir kommen."

Oder Sie nutzen die Gelegenheit, ein Coaching anzubieten:

„Sie kennen meinen Grundsatz: Jeder Fehler darf passieren – und zwar genau einmal. Wie wollen Sie künftig solche Fehlentscheidungen verhindern? Machen Sie sich bitte Gedanken darüber, und dann setzen wir uns am Freitag nach der Teambesprechung noch mal zusammen."

Das dann folgende Gespräch kann beispielsweise nach dem GROW-Modell geführt werden (Querverweis: Coaching-Techniken).

Bottom-up-Feedback

Wie oft holen Sie sich Rückmeldungen Ihrer Mitarbeiter ein, um die blinden Flecken zu schließen? Ein grundsätzliches jährliches Feedback von der Führungskraft an die Mitarbeiter ist heute in vielen kleinen und großen Unternehmen im Rahmen von Zielvereinbarungen und Jahresgesprächen üblich. Weit weniger selbstverständlich und verbreitet ist es, sich Rückmeldungen von den Mitarbeitern einzuholen, geschweige denn, eine institutionalisierte Rückmeldung von unten nach oben. Aus meiner Erfahrung ist es nützlich, sich als Führungskraft im Einzelgespräch Rückmeldungen der Mitarbeiter einzuholen, und dies auch für Teams zum Regelgespräch zu machen. Den folgenden allgemeinen Fragebogen können Sie für Ihre Gespräche nutzen:

Feedback der Mitarbeiter an die Führungskraft – Beispiel für einen Fragebogen

Aufgabe hinterfragen
- Gefällt Ihnen Ihre Arbeit?
- Wie zufrieden sind Sie mit den Anforderungen Ihrer Aufgaben?
  Wie zufrieden sind Sie mit den Möglichkeiten, Ihre Qualifikation einzubringen?
- Wie groß ist Ihr Spielraum, die Ihnen übertragenen Aufgaben nach Ihren Vorstellungen durchzuführen?
- Wie beurteilen Sie Ihre Arbeitsbelastung?

Zusammenarbeit in der Gruppe
- Wie beurteilen Sie das Arbeitsklima in Ihrer Gruppe?
- Wie beurteilen Sie die fachliche Zusammenarbeit in Ihrer Abteilung?
- Wie ist die Zusammenarbeit mit anderen Abteilungen?

Führungsverhalten
- Fühlen Sie sich über die wesentlichen Dinge im Unternehmen und in Ihrer Abteilung informiert?
- Sind Sie damit zufrieden, wie Ihr/e Vorgesetzte/r mit Ihnen Aufgaben und Ziele der gemeinsamen Arbeit bespricht und die Zusammenhänge mit übergeordneten Zielen sichtbar macht?
- Haben Sie ausreichend Mitsprachemöglichkeiten an den Vorgängen in Ihrer Abteilung?
- Hilft Ihnen Ihr/e Vorgesetzte/r, wenn Sie Schwierigkeiten bei Ihrer Arbeit haben?
- Erkennt Ihr/e Vorgesetzte/r gute Leistungen lobend an?
- Fühlen Sie sich von Ihrem/r Vorgesetzten gerecht behandelt und beurteilt?
- Haben Sie den Eindruck, dass Ihr/e Vorgesetzte/r Sie in Ihrer Entwicklung fördert?
- Ist Ihr/e Vorgesetzte/r bereit, sich mit Anregungen und Kritik seiner/ihrer Mitarbeiter zu seinem/ihrem Führungsverhalten auseinander zu setzen?

Solche Fragen können Sie jederzeit für ein persönliches Gespräch mit Ihren Mitarbeitern adaptieren.

Bei einem institutionalisierten Feedback des Teams an die Führungskraft beantworten die Team-Mitglieder diese Fragen im Rahmen eines Fragebogens – anonym.

Eine Skala für die individuelle Einschätzung könnte so aussehen:

+ +   steht für ja sehr/sehr gut
+   steht für ja/gut
0   steht für teilweise/weiß nicht
-      steht für eher nein
- -   steht für definitiv nein/nicht erfüllt

Das Team, die Arbeitsgruppe, beauftragt eine/n Sprecherin, die/der das Ergebnis der Befragung zusammenfasst.

In einer Besprechung trägt die/der Gruppensprecher/in dem/der Vorgesetzte/n das Ergebnis vor und die Gruppe spricht darüber. So kann die Führungskraft nachfragen und gegebenenfalls um eine Konkretisierung und Beispiele bitten.

Das Ergebnis der Fragebögen wird an die nächst höhere Hierarchie-Ebene weitergereicht.

Anonymität ist dabei wichtig, um ein wirklich offenes Feedback zu bekommen. Manche Menschen trauen sich nicht, sind es nicht gewöhnt, haben möglicherweise sogar Angst, eine negative Rückmeldung zu geben. Sie haben Sorge, mit ihrer Meinung alleine dazustehen und sich so selbst auszugrenzen, oder sie wollen die Beziehung zur Führungskraft nicht beschädigen, auch nicht, wenn es nur um einzelne Punkte geht. So habe ich es in Seminaren schon häufig erlebt, dass ich in einer Pause um Rückmeldungen zur aktuellen Stimmungslage bitte, und alle nicken freundlich, keiner sagt etwas. Auch nicht bei direkter Ansprache einzelner Personen. Parallel habe ich ein Barometer eingebaut, auf dem die Teilnehmer/innen auf dem Weg in die Pause anonym einen Punkt für ihre aktuelle Stimmungslage kleben. Dabei kommen immer wieder mal einzelne Unzufriedenheitspunkte zum Vorschein. Das spreche ich dann nach der Pause an, d. h. ich zeige den abweichenden Punkt und frage, ob die betroffene Person mir nicht doch helfen möchte und sagen, was ich anders machen könnte. In neun von zehn Fällen meldet sich die Person und wir können Wünsche berücksichtigen oder Missverständnisse klären. Diese Erfahrung habe ich auch mit Teams gemacht.

Mitarbeiter, die Schwierigkeiten gern aktiv angehen, erleben häufig eine ähnliche Situation: Alle lamentieren über einen Miss-Stand – im kleinen Kreis oder im Flurgespräch. Wenn dann jemand in der Besprechung den Mund aufmacht, ist plötzlich keiner der Klageführer mehr bereit, seinen Unmut zu wiederholen. Über den Umweg des Fragebogens und der kollektiven Besprechung wird es leichter, Dinge offen anzusprechen.

Probleme und Konflikte lösen

Kurskorrekturen im Alltag laufen im normalen Gesprächskontakt parallel zu anderen Gesprächsanlässen wie Aufgaben delegieren oder Information weitergeben, am Schreib- oder Besprechungstisch, im Flur, in der Kaffeeküche, auf dem Weg zwischen zwei Besprechungen, während der Fahrt auf Dienstreisen etc. Die Dialogstrategie z. B. können Sie auch ad hoc in einer gerade entstandenen Situation einsetzen. Bleiben wir im Segel-Bild: Wenn

Sie das Ruder ein bisschen bewegen, läuft das nebenbei, wollen Sie größere Manöver ein-
leiten wie Wenden und Halsen, dann wird das angekündigt: „Klar zur Wende!" Und die
Crew antwortet: „Ist klar!" Das gilt auch für größere Kurskorrekturen im Führungsbereich:
Solche Gespräche sind immer anzukündigen, der Mitarbeiter soll wissen, worum es geht.
Und wenn irgend möglich stimmen Sie einen Termin ab, statt ihn einseitig zu bestimmen.
Schließlich wird Ihr Problem nicht dadurch gelöst, dass Ihr Crewmitglied bei einer unan-
gekündigten Halse vom umschlagenden Segel getroffen ins Wasser stürzt. „Mann-über-
Bord"-Manöver kosten Zeit und Geld.

Probleme bearbeiten

Was liegt an? Ein Problem oder ein Konflikt? Faustregel: Konflikt ist, wenn's kracht. Probleme sind lösbar, Konflikte nicht immer. Die Übergänge dazwischen sind fließend. Ein
Problem lässt sich durch den Austausch von Sachargumenten lösen. Bei einem Konflikt
ist die Beziehungsebene betroffen. Diese muss geklärt werden, bevor wir über die Sache
sprechen können.

Bereiten Sie Ihr Problemgespräch vor: Warum wollen Sie dieses Gespräch führen? Wie
sieht das Problem aus, und wer hat es? Sie oder der/die Mitarbeiter/in?

Stellen Sie sich die Frage: Beeinträchtigt es mich? Schadet es mir? Schadet es dem Team/
dem Unternehmen? Ja? Dann ist es → Ihr Problem. Manche Dinge sind weniger drama-
tisch. Damit schadet sich die/der Mitarbeiter/in möglicherweise selbst. Sie würden sich
für die andere Person ein geschickteres Verhalten wünschen? Dann dürfen Sie Ihre Hilfe
anbieten und beraten. Achtung: In diesem Fall darf die andere Person diese Hilfe ablehnen!
Es ist die freie Entscheidung des Feedback-Nehmers, einen Rat nicht zu nutzen!

Diese Situation tritt nach meiner Erfahrung häufiger im privaten Bereich auf: Ein
Freund sitzt sauertöpfisch auf dem Sofa und beschwert sich, das Leben sei langweilig.
Wenn dieser Freund nun nicht jeden Abend bei Ihnen auf der Matte steht, dann haben
nicht Sie das Problem, sondern der Freund. Sie geben ihm einen guten Rat: „Geh doch mal
ins Kino! Mach doch mal einen Volkshochschulkurs, da kommst Du unter Leute!" Wenn
er mit diesen Vorschlägen nichts anfangen kann, ist das auch in Ordnung. Wenn das, was
für Sie eine Hilfe wäre, für ihn keine Hilfe ist, dann ist das so. Im beruflichen Umfeld wird
das „problematische" Verhalten über kurz oder lang höchstwahrscheinlich auch Sie tan-
gieren.

Beispiel: Fließende Übergänge beim Problembesitz

Ein Mitarbeiter, fleißig, fachlich gut, ehrgeizig, tritt im Kundenkontakt sehr burschikos
auf, Diplomatie und Zurückhaltung sind nicht seine Stärken. Er blubbert raus, was ihm
gerade auf der Zunge liegt und schlägt einen Ton an, der eher zu einer Jugendgang
passt. Er merkt nicht, wann er die Grenzen der Schicklichkeit überschreitet. Zwei Kun-
denkontakte haben Ihnen schon gesteckt, dass Sie diesen Mitarbeiter bitte nicht mehr
schicken sollen.

Möglicherweise wird die Person im Team wegen ihrer Fachlichkeit geschätzt oder genießt eine Art Welpenschutz. Wenn Sie genügend Mitarbeiter haben, die die Außenkontakte mit dem passenden Ton pflegen können, ist das burschikose Verhalten des Mitarbeiters zunächst noch nicht Ihr Problem. Sie schicken einfach andere Leute, die besser geeignet sind. Sein Problem: Er bleibt auf interne Aufgaben beschränkt.

Über kurz oder lang wird es dann höchstwahrscheinlich doch zu Ihrem Problem. Weil der Mitarbeiter Kundenkontakt als prestigeträchtig empfindet und beleidigt ist, dass er gegenüber anderen Kollegen zurückgesetzt wird. Weil die anderen Kollegen sauer sind, dass immer nur sie zum Kunden müssen und der Kollege fein an seinem Schreibtisch sitzen bleiben darf und mehr Zeit für die Fachaufgaben hat. Weil der Welpenschutz mit der Zeit abnutzt, aber keiner der Kollegen die Spielregeln für Erwachsene erklärt…

Das burschikose Verhalten ist also durchaus ein Thema, das Sie im Rahmen eines Problemgesprächs ansprechen sollten.

Die Rezeptur für ein solches Problemgespräch: eine Kombination aus Feedback und Interessenabgleich mit dem Ziel einer Konsenslösung.

Zur Vorbereitung reflektieren Sie noch einmal Ihre Einstellung zum Gesprächspartner, bedenken die Gesamtsituation und legen Ihre Beobachtungen und Erwartungen parat (Querverweis: Das Ziel anvisieren und unterwegs flexibel bleiben, Abbildung: Gespräche vorbereiten). Und dann halten Sie sich an das Grundrezept für gute Gespräche (Querverweis: Gesprächsphasen):

Phasen im Problemgespräch
1. Kontakt:
   Begrüßung, Smalltalk Zeitrahmen ansprechen
2. Analyse:
   Informationsabgleich zu Situation und Bedarf
   Was ist der Anlass unseres Gesprächs? Was soll erreicht werden? Fehlen noch Informationen?
3. Abgleich von Positionen und Interessen:
   Wie sehe ich die Sache?
   Wie sieht mein Gesprächspartner die Sache? Welche Interessen treiben ihn an?
4. Lösungsoptionen zusammentragen/entwickeln:
   Welche Möglichkeiten/Lösungen gibt es? Was wird für die Umsetzung benötigt?
5. Entscheiden:
   Gemeinsam eine Entscheidung für eine der Optionen treffen
6. Aktionsplan:
   nächste Schritte, Ergebnisabsicherung
7. Abschied
   positiver Ausklang

Beispiel: Problemgespräch „Telefonische Unterbrechungen" Teamsprecher/Vorgesetzter:

Kundenorientierung wird bei Ihnen groß geschrieben. Als Führungskraft eines Teams von Sachverständigen haben Sie die Regelung eingeführt, dass alle eingehenden Telefonate von einem Teammitglied entgegengenommen werden. Die Kunden bekommen keine Besetztzeichen, sondern alle Telefonate werden während der gesamten Geschäftszeit von einem Sachbearbeiter angenommen. Abwesenheiten, Besprechungszeiten und Krankheit werden von den jeweils Anwesenden aufgefangen. Nachdem diese Regelung nun eine Weile läuft, wächst der Unmut in der Gruppe: Mitarbeiter stöhnen wegen der dauernden telefonischen Unterbrechungen. Die Mitarbeiter sind in letzter Zeit nach Ihren Beobachtungen häufiger schlecht gelaunt, liefern Aufgaben auf den letzten Drücker, manches ist erkennbar „hopplahopp" erledigt. Die Mitarbeiter reagieren mürrisch, wenn es um Kundentelefonate geht.

Sie haben Ihre Beobachtungen bei einer Teambesprechung angesprochen und mit Ihren Leuten vereinbart, das Problem zunächst mit Ihrer Stellvertreterin, einer erfahrenen Mitarbeiterin im Team, zu bearbeiten. Sie verstehen sich gut und können offen miteinander sprechen, die Stellvertreterin hat das Vertrauen der Gruppe. Sie nehmen sich eine Stunde. Analyse: Sie schildern Ihre Beobachtungen, die Stellvertreterin fasst die Sichtweise der Mitarbeiter zusammen: Die Kunden rufen permanent an, nicht einmal in den Mittagsstunden nimmt die Frequenz der Anrufe ab. Die Mitarbeiter schaffen ihre Fachaufgaben nicht während der Arbeitszeiten und machen Fehler, weil sie so oft aus ihren Gedankengängen herausgerissen werden. „Stille Stunden" sind ein Wunschtraum. Viele kommen morgens zwei Stunden früher oder bleiben abends länger, weil sie im Tagesverlauf keinen Boden unter die Füße bekommen.

Während Sie meinen, es könnte ein Performance-Problem sein, sieht Ihre Gesprächspartnerin in erster Linie ein Kapazitätsproblem.

Was soll erreicht werden: Einerseits möchten Sie weiterhin eine hohe Kundenorientierung, andererseits möchten Sie, dass Ihre Mitarbeiter ihre Aufgaben in einer guten Atmosphäre und der vorgesehenen Arbeitszeit erledigen können.

Lösungsoptionen:

- Einstellung eines Hotline-Mitarbeiters als Puffer, der Telefonate verteilt, Termine vergibt, Rückrufe ankündigt und einfache Fragen sofort beantwortet.
- Ein sprechzeitfreier Nachmittag wird eingeführt.
- Die Mitarbeiter bekommen ein Seminar in Zeitmanagement.
- Die Mitarbeiter bekommen eine Schulung zum Thema „Kundenorientierung im Telefonat".

Entscheidung:

- Sie werden die Entscheidung nicht ohne das Team treffen.

Aktionsplan:

- Die Stellvertreterin berichtet dem Team von der Besprechung.

- Auftrag an das Team: Argumente zusammentragen und eine Entscheidungsvorlage zu den besprochenen Optionen machen.
- Sie werden in einem Monat dazu eine Teambesprechung mit dem gesamten Team machen.

Der sichere Weg zum Konflikt: Sie führen keine Problemgespräche, sondern schicken die Mitarbeiter gleich zum Telefon- oder Zeitmanagementseminar.

Prüfen Sie Ihren Problemlöseprozess:

- Ist das „Problem" klar und verständlich formuliert?
- Gibt es mehrere Definitionen für das Problem?
- Haben die Beteiligten alle notwendigen Informationen gesammelt und ausgetauscht?
- Haben beide Seiten die Wahrnehmung und Zielvorstellungen der jeweils anderen Partei verstanden?
- Sind beide Seiten bereit, Lösungswege zu erarbeiten? Auch solche für die Gegenseite?
- Haben beide Seiten die Geduld für die ausführliche Suche nach einer Lösung?
- Gibt es gemeinsame Kriterien für die Bewertung einer möglichen Lösung?
- Sind beide Seiten bereit, eine Entscheidung zu akzeptieren?

Konflikte bearbeiten

Wie Konflikte entstehen

Konflikte entstehen dann, wenn zwei Verhaltensweisen, Wünsche, Gedanken oder Absichten gegensätzlich oder unvereinbar sind. Inhaltlich geht es dabei um Ängste, Bedürfnisse, Grenzen und Widerstände. Der Ursprung eines Konflikts kann dabei innerhalb einer Person liegen oder in der Beziehung zwischen zwei oder mehr Menschen. Der Ursprung kann auch in der Organisation, der Struktur eines Unternehmens liegen.

So gibt es beispielsweise innere Konflikte: Verschiedene Erwartungen oder Interessen einer Person stehen miteinander im Widerspruch (Rollen-, Interessen-, Wertekonflikt). Ein solcher intra-individueller Konflikt kann z. B. dann entstehen, wenn ein Mensch einerseits Karriere in einem großen Unternehmen machen möchte, andererseits seinen entlegenen Wohnort nicht aufgeben will und dadurch nicht ausreichend flexibel und verfügbar ist.

Soziale Konflikte entstehen zwischen Einzelpersonen, in Gruppen, Organisationen, Staaten u. s. w. Dabei erlebt mindestens eine der Konfliktparteien eine Unvereinbarkeit von Erwartungen, Gedanken, Wünschen, Verhaltensweisen oder Absichten. Die subjektive Wahrnehmung bestimmt, ob es sich um einen kleinen Zwischenfall oder einen Konflikt handelt. Zentraler Punkt ist, dass eine der Konfliktparteien sich in der Realisierung ihrer Absichten durch die Handlungen der anderen Konfliktpartei beeinträchtigt fühlt. Bloße Meinungsverschiedenheiten oder Antipathie allein machen noch keinen Konflikt. Ebenso sind es nicht unbedingt die Handlungen einzelner Personen oder Gruppen, die zum Konflikt führen. Mancher Konflikt liegt in der Struktur oder Organisation (auch wenn diese natürlich ebenfalls von Menschen gestaltet wurde). Das geschieht nach meinen Erfahrungen häufiger in sehr großen Strukturen mit komplexen Entscheidungswegen, z. B. in der Folge widersprüchlicher Zielsetzungen: Wirtschaftlichkeit versus Sozialverträglichkeit, Zentralisierung und Vereinheitlichung versus Subsidiarität und Spezialaufgaben.

Beispiel: Konflikt durch widersprüchliche Vorgaben und Ziele

Beispiel: Sie brauchen für Ihr lokales Produkt spezielle Teile. Aus Gründen der Economies auf Scale (Nutzung von Größenvorteilen) werden diese für alle europäischen Standorte einheitlich von der Einkaufsabteilung in Nordspanien beschafft. Sie dürfen nicht selbst einkaufen. Die beschafften Teile passen nicht in Ihr Produkt. Sie müssen zusätzliche Mittel aufwenden, um sie passend zu machen. Die Folge: Sie werden wegen Überziehung des Budgets abgemahnt, der Einkauf in Nordspanien bekommt eine Prämie, weil er sparsam eingekauft und damit seine Ziele erreicht hat.Solche Konflikte sind häufig in Matrix-Organisationen zu beobachten, in denen mehrere Steuerungseinheiten miteinander konkurrieren. Jeder optimiert seinen Verantwortungsbereich. Konfliktfähigkeit ist hier Voraussetzung für Erfolg.

Konflikte sind zwar unangenehm, können aber notwendig sein! Aus der Auseinandersetzung ergibt sich ein großes Lern- und Innovationspotenzial. Das gilt ganz besonders für die Arbeit in Teams.

Konflikte sind unvermeidbar, weil …

* Menschen und Gruppen unterschiedliche Interessen haben und durchsetzen wollen/ müssen.
* Menschen und Gruppen immer einen unterschiedlichen Informationsstand haben und deshalb Missverständnisse vorprogrammiert sind.
* objektive Beurteilungen einer Lage nicht möglich sind, und daher Spekulationen die Szene beherrschen.

Konflikte entstehen nun durch Unterschiede in den Zielen der beteiligten Parteien oder unterschiedliche Herangehensweisen zur Erreichung der jeweiligen Ziele. Beeinträchtigt der von A gewählte Weg die Ziele von B, entsteht ein Konflikt.

Ausgangspunkt für soziale Konflikte sind meist unterschiedliche Wahrnehmungen der Realität. Die Konfliktpartner sehen die „Schuld" beim jeweils anderen und betrachten nicht das eigene Verhalten und dessen Wirkung. Die Wahrnehmungsverzerrung verstärkt sich im Laufe des Konflikts, so dass einzelne Argumente meist nicht mehr ausreichen, die Wahrnehmung zu korrigieren:

> **Konflikte = subjektive Wahrnehmung**

Beispiel 1: Wo hat es angefangen?

A und B arbeiten an einer neuen Aufgabe. B berichtet von einer Information, die A noch nicht hatte. A fühlt sich übergangen und beschließt, erst einmal nichts mehr zu tun. B ärgert sich über den fehlenden Beitrag von A und nimmt die Dinge allein in die Hand. Nun fühlt sich B bestätigt und der Teufelskreis des Konflikts beginnt. Der „Anfang" des Konflikts liegt aus Sicht jeder Partei anders.

Beispiel 2: Selbsterfüllende Prophezeiung?

Eine Vorgesetzte, jung und engagiert, bekommt einen neuen Mitarbeiter, der fachlich besser qualifiziert ist. Sie hat ihm nur Berufserfahrung und Kenntnis des Unternehmens voraus. Sie hat Sorge, dass er es auf ihre Position abgesehen haben könnte. Sie begegnet ihm mit Misstrauen, gibt Informationen nur unzureichend weiter und beurteilt seine Leistungen sehr kritisch. Er fühlt sich nicht gewürdigt, fühlt sich aufs Abstellgleis geschoben. Er sucht das Gespräch mit anderen Kollegen und versucht, sich an anderer Stelle zu profilieren, um bald von der aktuellen Position wegzukommen. Folge: Sie sieht ihre Befürchtungen bestätigt.

Weisheit zum Stichwort "Wahrnehmung" Das Auge sagte eines Tages: "Ich sehe hinter diesen Tälern im blauen Dunst einen Berg. Ist er nicht wunderschön?" Das Ohr lauschte und sagte nach einer Weile: "Wo ist der Berg? Ich höre keinen!" Darauf sagte die Hand: "Ich versuche vergeblich, ihn zu greifen. Ich finde keinen Berg!" Die Nase sagte: "Ich rieche nichts. Da ist kein Berg!" Da wandte sich das Auge in eine andere Richtung. Die anderen diskutierten weiter über diese merkwürdige Täuschung und kamen zu dem Schluss: "Mit dem Auge stimmt etwas nicht!" Khalil Gibran

Für Konflikte gilt:

- Sie unterbrechen die Handlungsfähigkeit und zwingen die Beteiligten, sich neu zu orientieren.
- Sie sind häufig gefühlsbeladen. Die Betroffenen sind innerlich angespannt, gereizt, gestresst, haben Angst.
- Sie haben die Tendenz zu eskalieren, d. h. die Gegensätze schrauben sich in die Höhe, werden stärker, je länger nichts dagegen unternommen wird.
- Sie geben die Möglichkeit zu lernen, z. B. Abläufe/Prozesse in Unternehmen neu zu betrachten. Sie bergen Veränderungspotenzial.

Worüber wir uns häufig streiten: Konfliktgegenstände

Wir streiten uns über Fakten. Eine Seite möchte ein bestimmtes Verfahren beibehalten, eine andere Seite möchte es verändern. Wir streiten uns über Methoden, darüber, welcher Weg zum Ziel besser ist. Wir streiten uns über Ziele – Qualität oder Quantität? Wir streiten über unterschiedliche Beurteilungen, unterschiedliche Wahrnehmungen, unterschiedliche Werte und Maßstäbe. Eine Übersicht der Konfliktarten zeigt Abb. 25.

Abb. 25 Konfliktarten

Zielkonflikt

Qualität sichern/Kosten senken

Verteilungskonflikt

knappe Mittel, „ungerechte Verteilung"

Rollenkonflikt

Familie/Beruf

Beurteilungskonflikt

Bewertung der Mittel zur Erreichung eines Zieles

Wahrnehmungskonflikt

was dem einen zu langsam ist dem anderen zu schnell

Beziehungskonflikt

wegen Antipathie, Vorerfahrungen

Die Lösung führt über die Untersuchung der Fakten und Argumente, über Tests und Beobachtungen, den Abgleich früherer Erfahrungen, Konfrontation oder auch die Eskalation, z. B. zur nächst höheren Führungsebene. Der Weg zur Lösung sollte immer über ein Gespräch führen.

Wie wir uns streiten: Konfliktverhalten

Je nach Situation und Persönlichkeit gehen wir mit Konfliktsituationen unterschiedlich um (s. Abb. 26).[8]

Schlichtung: Es gibt Situationen, in denen wir uns eher kooperativ verhalten und mehr Energie aufwenden, damit die Bedürfnisse anderer befriedigt werden: Wir geben nach, passen uns an, bemühen uns um Schlichtung. Wir verzichten darauf, unsere eigenen Interessen durchzusetzen. Beispielsweise halten Sie am Brückentag die Stellung im Büro, obwohl Sie an der Reihe gewesen wären, und lassen den Kollegen frei machen, weil dieser mit seinem privaten Hausbau vorankommen will.

Nachgeben hat Vorteile, wenn der Einsatz gering ist. Es beruhigt die Gemüter und verbessert die Beziehungen. Punktuell und kurzfristig ist es eine Lösung. Risiko: Nachgeben kann als ausnutzbare Schwäche interpretiert werden, z. B. besonders bei Führungskräften als Weigerung, die Verantwortung zu übernehmen. Außerdem sind wir selten so selbstlos, dass wir nicht irgendwann eine Bilanz der Beziehungskonten aufstellen. Wenn wir dann feststellen, dass wir im Verhältnis wesentlich mehr für die Bedürfnisse anderer getan haben als die für unsere, sind wir wahrscheinlich enttäuscht. Wenn wir dann gegensteuern,

---

[8] Kenneth W. Thomas und Ralph H. Kilmann stellten 1974 ihr Thomas-Kilmann Conflict Mode Instrument (TKI) vor. Die Rechte liegen bei CPP, Inc. (Mountain View, CA). Den Fragebogen gibt es u. a. auf der CPP-Website.

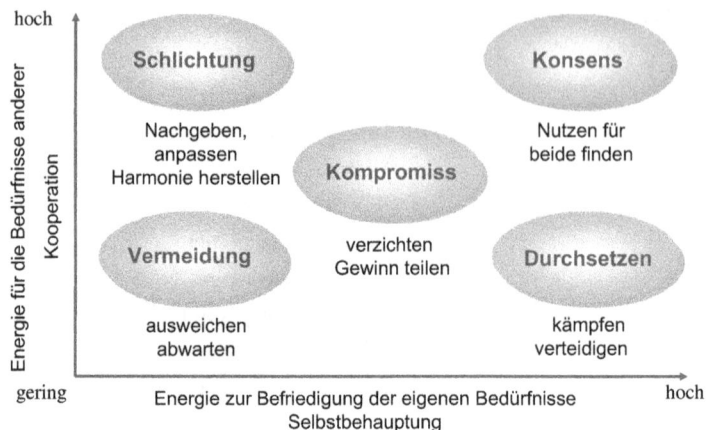

Abb. 26 Konfliktverhalten – Konfliktstrategien

kann die andere Seite das oft nicht mehr nachvollziehen. Dass Sie mehr geben als nehmen ist zur Gewohnheit und Selbstverständlichkeit geworden.

Rückzug Ein anderes Mal weichen wir aus, gehen der Sache aus dem Weg, machen die Augen zu. Wir wenden möglichst wenig Energie, egal in welche Richtung, auf und warten ab. Das ist beispielsweise der Fall, wenn wir die Appelle und Botschaften zwischen den Zeilen mitbekommen, aber nicht darauf reagieren.

Vorteile: Dieses Verhalten lässt Zeit für Überlegungen. Es beruhigt das Spiel. Sie haben wenig Stress, Sie brauchen wenig Energie und wenig Zeit. Diese Haltung entschärft Konflikte um Personen und Werte und erlaubt den Beteiligten, die Schwierigkeiten selbst zu bewältigen.

Risiko: Ihr Nichtstun kann die Eskalation eines Konflikts fördern.

Macht ausüben, mich durchsetzen … Dann wiederum gibt es Situationen, in denen wollen oder müssen wir uns durchsetzen. In solchen Fällen ist die Entscheidung in einer Konfliktsituation aus Ihrer Sicht oder rechtlichen Gründen nicht verhandelbar: So werden Sie z. B. nicht über die Einhaltung von Arbeitsschutzbestimmungen diskutieren, sondern diese durchsetzen. Ebenso werden Sie sich durchsetzen wollen, wenn Ihr persönliches Fortkommen oder der Erfolg des Projekts davon abhängen. Wenn uns etwas sehr wichtig ist, werden wir die durchsetzungsorientierte Strategie wählen. Das kann der Einsatz formeller Autorität sein (Macht ausüben, König sticht) oder die Konfrontation des Gegenübers mit Gesetzen, Regelungen und Spielregeln.

Bevorzugen Sie diesen Konfliktstil in der Führung, dann hat das den Vorteil, dass Sie rasche Lösungen herbeiführen. Die Befriedigung, eine Entscheidung getroffen zu haben, kann absichern. Sie fördern jedoch Passivität und strategische Unterordnung. Und riskieren so, dass andere sich nicht mehr engagieren oder gar auf Revanche sinnen.

Kompromiss: Kompromisse schließen wir auch – und zwar dann, wenn wir ohne große Nachteile auf einen Teil unserer Wünsche verzichten können. Beim Kompromiss suchen wir in Konflikten den kleinsten gemeinsamen Nenner und treffen uns mit anderen auf halbem Weg. Durch den teilweisen Verzicht schaffen wir eine arbeitsfähige Situation.

Vorteile: Dieses Verhalten kann die Situation verwischen, weichzeichnen. Der Geist der Versöhnung wird spürbar, die Beteiligten erkennen die Absicht, zu einem Ergebnis zu kommen. Das schafft Vertrauen. Jeder kann seine Position behalten.

Risiko: Kompromisse sind oft Routinelösungen und wenig kreativ. Kompromisse fördern Geschäftemacherei. Die Protagonisten haben das Gefühl, es sei noch nicht zu Ende.

Verhandlung statt Konfrontation Und schließlich gibt es Situationen, in denen wir eine Lösung anstreben, die beiden Seiten gerecht wird: eine sogenannte Win-win-Lösung. Wir wenden große Mengen an Energie sowohl für unsere eigenen, als auch für die Bedürfnisse anderer auf und verhandeln, um einen Konsens herbeizuführen.

Vorteile: Jeder kann sich einbringen. Ein Konsens ist vertrauensbildend, bietet langfristige Lösungen und befördert die Motivation.

Schwierig: Eine Win-win-Lösung braucht Zeit und Energie. Und sie ist nicht immer gerechtfertigt. Nicht alles ist verhandelbar. Die Verhandlungsstrategie kann als verunsichernd erlebt und sogar als Schwäche wahrgenommen werden.

Sie nutzen all diese Konfliktstile. Achten Sie darauf, ob Sie bei sich besondere Vorlieben entdecken. Fragen Sie Freunde und Kollegen, wie diese Sie einschätzen oder nutzen Sie den Fragebogen von Thomas und Kilmann. Neigen Sie dazu, sich um jeden Preis durchzusetzen? Erwischen Sie sich sehr häufig dabei, „um des lieben Friedens willen" nachzugeben? Oder würden Ihre Mitarbeiter Sie eher als U-Boot beschreiben, das meist abgetaucht ist, wenn sie etwas geklärt haben wollen?

Eine kleine Analyse der jeweiligen Situation hilft Ihnen zu entscheiden, welche Strategie sich anbietet.

Durchsetzen erforderlich: Kritikgespräch führen

Es gibt keine Verhandlungsmasse, die Situation ist so, dass Sie sich durchsetzen müssen, um Ihren Job gut zu machen? Dann führen Sie ein Kritik-Gespräch. Wie schon erwähnt: Kritikgespräche immer ankündigen! Und natürlich vorbereiten.

Bevor Sie loslegen, formulieren Sie das Ziel des Gesprächs. Was wollen Sie erreichen? Welche Erwartungen haben Sie, welche Beobachtungen? Argumente und Beispiele vorher zurecht legen, Stichworte notieren. Überlegen Sie sich vorher, wie Sie kritische Punkte formulieren wollen, damit Sie die „Ich"-Perspektive sicherstellen: „Ich" habe beobachtet…, „Ich" habe das Gefühl… „Mir" ist aufgefallen (Tabu: Du bist/Sie sind, … Du machst/Sie machen, … man hat den Eindruck, … alle finden,… Sie müssen …).

Anders als beim Problemgespräch kommt bei Konflikten neben der Sache auch die Beziehung ins Spiel (s. Abb. 27).

Abb. 27 Konflikte bewältigen zwischen Person, Beziehung und Sache

- Ihre Haltung ist die Basis eines guten, lösungsorientierten Gesprächs.
  Kontrollieren Sie Ihren Ärger, damit Sie sachlich bleiben und Mensch und Problem voneinander trennen können.
- Auf der Beziehungsebene wollen Sie Vertrauen bilden. Das tun Sie über persönliche Wertschätzung und offene Kommunikation. Sie senden das Signal: „Hier geht es um die Sache, ich akzeptiere Sie als Mensch so, wie Sie sind!" Erinnern Sie je nach Situation beispielsweise
  - an gute bisherige Zusammenarbeit,
  - eine gelungene Aufgabe,
  - eine schätzenswerte Art oder Arbeitsweise der Person
  - dass sie sich rasch eingearbeitet hat oder
  - dass sie sich um eine Sonderaufgabe gekümmert hat.
- Ist das Signal angekommen, können Sie sich der Faktensammlung und Lösung des Problems widmen:
  - Positionen und Interessen auseinanderhalten
  - Gleichbehandlung sichern: dem Gesprächspartner Raum lassen
  - In Lösungen denken: Ein Fünftel zurück blicken, vier Fünftel nach vorn!
- Liegen die Fakten auf dem Tisch, entwickeln Sie Lösungen.
  Lassen Sie dem Mitarbeiter, der Mitarbeiterin, den Vortritt. Lassen Sie die betroffene Person eine Lösungen anbieten. Lösungen, die wir selbst erfunden haben, setzen wir eher um.
- Sind Lösungsoptionen gefunden, treffen Sie eine Vereinbarung
  Lassen Sie Ihre/n Gesprächspartner/in am Ende das Ergebnis zusammenfassen, mit eigenen Worten formulieren, was vereinbart wurde, was er/sie verstanden hat und jetzt

Abb. 28 Elemente eines
Konfliktgesprächs

Positiver Einstieg
Kritikpunkt(e) vortragen
Sichtweise Gesprächspartner
Vorschläge zur Veränderung / Verbesserung
Lösungsalternativen verhandeln
Ergebnisse zusammenfassen
Vereinbarung festhalten
Positiver Ausblick

umsetzen wird. Daran können Sie erkennen, ob Sie einander wirklich verstanden haben und ob die Person wirklich hinter der Lösung steht. Ein gelegentliches „ja klar, mach ich Chef" im Gespräch reicht dazu nicht.

Abb. 28 zeigt die Elemente eines Konfliktgesprächs.

Leitfaden für ein Konfliktgespräch Diese Gesprächsschritte helfen, ein zielorientiertes Gespräch zu führen:

Vorbereiten	Was ist mein Ziel in diesem Gespräch? Bei besonders schwierigen Fällen: Vorher überlegen, wofür könnte ich die Person schätzen?
	Zeit nehmen, ungestörte Atmosphäre, möglichst „neutraler" Ort
Begrüßung	Vertrauen aufbauen durch kurzen Smalltalk, eine freundliche Bemerkung
Gesprächseinstieg	Was ich an Ihnen schätze…
Problem ansprechen	Ich habe Sie eingeladen, um über … zu sprechen Meine Erwartung ist …
Problem beschreiben (mit zwei „W")	Meine Wahrnehmung: … (konkrete Beobachtungen) Wirkung auf mich … Wirkung auf andere/Folgen des Verhaltens: …
Sichtweise des anderen	Wie sehen Sie das? Wie haben Sie die Sache wahrgenommen/erlebt? Gründe für das Verhalten? Kann und will die Person etwas ändern? Was ist dazu erforderlich? Was braucht er/sie? Hier: fragen – zuhören – spiegeln! Wichtig: mit Geduld + ohne Kettenfragen!
Verständnis zeigen	Ich verstehe, für Sie ist es also so …
Eigene Position und Erwartungen (das dritte „W")	Sagen, was möglich ist. Was soll erreicht werden? Ich brauche …/Ich möchte künftig …/ich erwarte von meinen Mitarbeitern/von Ihnen …

Lösungsoptionen	Welche Schritte sind erforderlich, um meine „Wünsche" zu realisieren, meine Erwartungen zu erfüllen? Erst den Gesprächspartner fragen: Welche Vorschläge haben Sie? Welche Maßnahmen/Handlungsschritte führen dahin? Wenn da nichts kommt: Ich stelle mir das so vor: …
Vereinbarung treffen	Konkrete Ziele vereinbaren Arbeitspakete formulieren Stufenplan zur Umsetzung Gesprächspartner fasst die Lösung/Vereinbarung zusammen
Kontrolle vereinbaren	Wann und wie werden die Fortschritte überprüft? Zwischenziele? Welche Konsequenzen wird es haben, wenn die Vereinbarung nicht umgesetzt wird? Wann wollen wir uns wieder zusammensetzen/die Umsetzung überprüfen?
Dokumentieren	Vereinbarung ggf. schriftlich fixieren Optional: Gesprächsprotokoll, z. K. an Gesprächspartner
Abschied	Danke sagen! Positiven Ausblick geben/freundliches Ende

Konsequenzenmanagement

Arbeitnehmer und Arbeitgeber haben Rechte und Pflichten

Ein Arbeitsvertrag begründet ein Arbeitsverhältnis mit Rechten und Pflichten für beide Seiten.

Für den Arbeitnehmer heißt das:

- Arbeitspflicht.
  Der Arbeitnehmer hat die Pflicht, die laut Arbeitsvertrag geschuldete Leistung zu erbringen. Davon sind Arbeitnehmer nur im Erholungsurlaub befreit und wenn sie als Betriebsrat oder Sicherheitsbeauftragte/r freigestellt sind. Erheblicher Lohnrückstand kann ebenfalls von der Arbeitspflicht befreien.
- Wettbewerbsverbot.
  Während des Arbeitsverhältnisses darf ein/e Arbeitnehmer/in dem Unternehmer keine Konkurrenz machen.
- Erfindungen mitteilen.
  Macht ein/e Arbeitnehmer/in im Rahmen des Arbeitsverhältnisses eine Erfindung, dann muss dies dem Arbeitgeber schriftlich mitgeteilt werden. Dieser hat dann uneingeschränkte Nutzungsrechte, der Arbeitnehmer Anspruch auf angemessene Vergütung.

- Nebentätigkeiten.
Nebentätigkeiten sind grundsätzlich zulässig, es sei denn, der Arbeitsvertrag trifft eine andere Regelung.
- Anspruch auf tatsächliche Beschäftigung. Arbeitgeber können Arbeitnehmer nicht beliebig von der Arbeit freistellen.

Für den Arbeitgeber gilt:

- Lohnzahlungspflicht.
Der Arbeitgeber muss den Anspruch des Arbeitnehmers auf Lohn am Ende des Vergütungszeitraums erfüllen. (Diese Pflicht entfällt bei unentschuldigtem Fehlen; Arbeitsausfall in Folge eines Streiks, Lohnpfändungen.)
- Weisungsrecht.
Der Arbeitgeber kann Art, Zeit und Ort der zu erbringenden Arbeitsleistung bestimmen, soweit dabei die Grenzen der Zumutbarkeit eingehalten werden. Je konkreter der Arbeitsvertrag die Aufgaben festlegt, desto geringer ist der Spielraum des Arbeitgebers. Es gibt unzulässige Weisungen, z. B. die Aufforderung ein verkehrsunsicheres Fahrzeug zu benutzen, ohne Fahrerlaubnis zu fahren oder vorgeschriebene Ruhezeiten zu unterschreiten.
- Schutz- und Fürsorgepflichten.
Schutz von Person und Eigentum des Arbeitnehmers, Aufklärung des Arbeitnehmers in besonderen Situationen (z. B. Arbeitslosengeldanspruch bei Aufhebungsverträgen), Pflicht zum Persönlichkeitsschutz; Schutz vor Gesundheitsgefahren.
- Datenschutz.
Der Arbeitgeber muss die Persönlichkeitsrechte der Mitarbeiter wahren. Ohne besondere Erlaubnis des Mitarbeiters ist es vom Zweck des Arbeitsverhältnisses her gerechtfertigt, Daten über Familienstand, Geschlecht, Ausbildung und Krankheiten zu speichern. Der Betriebsrat hat hier ein Mitbestimmungsrecht. Für die Übermittlung von Daten in Länder außerhalb der EU, z. B. innerhalb von Konzernen, gelten zum Schutz der Mitarbeiter engere Grenzen, da dort weniger scharfe Datenschutzbestimmungen gelten

Fehlverhalten und Reaktion

Nun gibt es Situationen, in denen ein Mitarbeiterseinen Pflichten nicht so nachkommt, wie Sie das als Vorgesetzter erwarten.
Beispiele für Pflichtverletzungen:

- Ein Mitarbeiter kommt seiner Arbeitspflicht nicht nach und erscheint schuldhaft nicht zur Arbeit.
- Ein Mitarbeiter verstößt gegen das Wettbewerbsverbot oder übt eine verbotene Nebentätigkeit aus.
- Ein Mitarbeiter verhält sich vorsätzlich oder fahrlässig so, dass es zu Schäden kommen kann.
- Durch das Verhalten eines Mitarbeiters tritt ein konkreter Schaden ein.

Wenn Arbeitnehmer sich nicht korrekt verhalten, dann sollte die/der Vorgesetzte:

1. Wahrnehmen und dokumentieren
2. Klären, ob Reaktion erforderlich.
3. Einschreiten: persönliches vier-Augen-Gespräch oder moderiertes Gespräch.

Beim zweiten Schritt prüfen: War es ein einmaliges Vorkommnis oder handelt es sich um eine Verhaltensgewohnheit? Wenn Sie einschreiten, prüfen Sie, ob Sie das alleine tun sollten. In besonderen Fällen besser Hilfe holen! (z. B. Suchterkrankungen nie ohne Expertenbegleitung!)

Arbeits- und Nebenpflichtverletzungen berechtigen den Arbeitgeber zur Abmahnung; wiederholt der Arbeitnehmer die Pflichtverletzung trotz erfolgter Abmahnung, dann kommt eine Kündigung des Arbeitsverhältnisses in Betracht. Soll eine solche Kündigung vor einem Arbeitsgericht Bestand haben, sollten in der Regel drei Abmahnungen wegen des gleichen Fehlverhaltens ausgesprochen worden sein. Bei besonders schwerwiegenden Vertragsverletzungen kann das Arbeitsverhältnis auch dann gekündigt werden, wenn nicht bereits vorher wegen eines ähnlichen Verhaltens eine Abmahnung ausgesprochen wurde. Der Betriebsrat muss vor Erteilung einer Abmahnung grundsätzlich nicht, aber sehr wohl vor Ausspruch einer Kündigung angehört werden.

Die Anforderungen der Rechtsprechung an eine wirksame Abmahnung sind:

1. präzise Beschreibung des Fehlverhaltens mit Datum, Uhrzeit, Ort, Zeugen usw.
2. Hinweis, dass dieses Fehlverhalten eine Vertragsverletzung darstellt,
3. konkrete Androhung der Kündigung im Wiederholungsfall.

Beispiele für gravierendes Fehlverhalten: Hier einige Beispiele, die Sie dokumentieren, und bei denen Sie über eine Abmahnung nachdenken sollten:

- Wiederholter Verstoß gegen ein betriebliches Alkoholverbot. Wiederholte Verletzung der vertraglichen Pflichten durch Alkoholkonsum. (Achtung: Den Zusammenhang müssen Sie nachweisen können.)
- Anstiftung von Kollegen zu negativem Verhalten Ihnen gegenüber oder Anstiftung zum Vertragsbruch (z. B. kollektives Krankfeiern)
- Ein Mitarbeiter kommt wiederholt seiner Pflicht zur Vorlage von Arbeitsunfähigkeitsbescheinigungen im Krankheitsfall nicht nach. Üblich ist die Vorlage ab dem 3. Tag der Krankheit, es gilt, was jeweils vertraglich oder tariflich vereinbart ist.
- Arbeitsverweigerung: Ein Mitarbeiter folgt Ihren Weisungen nicht, obwohl Sie vertraglich Anspruch auf die angewiesene Leistung haben.
- Ein Mitarbeiter droht mit Krankheit für den Fall, dass er eine bestimmte Arbeit erledigen muss oder ihm eine bestimmte Bitte nicht erfüllt wird.
- Telefonate/Internet: Ein Mitarbeiter nutzt unerlaubterweise das Diensttelefon für private Ferngespräche oder verletzt ein Verbot privater Internetnutzung. (Hier wird der Nachweis schwierig, weil Datenschutz betroffen).

- Häufige Unpünktlichkeit oder auch eigenmächtiges Nehmen/Verlängern von Urlaub.
- Nebentätigkeiten: Ein Mitarbeiter verstößt gegen ein berechtigtes Nebentätigkeitsverbot, oder durch die Nebentätigkeit sind betriebliche Belange berührt.

Zu gravierendem Fehlverhalten gehören auch im Betrieb begangene Straftaten, Beleidigungen des Vorgesetzten und die Störung des Betriebsfriedens, wenn dadurch nachweislich der Produktionsablauf gestört oder das geordnete Zusammenleben beeinträchtigt wird. Eine Reaktion der Führungskraft wird nötig, wenn ein Mitarbeiter dem eigenen Unternehmen Konkurrenz macht oder Schmiergelder annimmt oder zahlt. Damit ist das Vertrauensverhältnis gestört.

Leistungsmängel sind ein schwieriges Feld. Mitarbeiter schulden dem Unternehmen die Erbringung einer vertragsgerechten Leistung, jedoch keinen Erfolg. Ein Vertriebler, der Kunden besucht und dabei nichts verkauft, hat seine Leistung erbracht.

Keine Konsequenz? Keine Änderung des Verhaltens! Nun drohen wir nicht jedes Mal gleich mit einer Abmahnung. Was Sie nicht daran hindern soll, das Fehlverhalten trotzdem zu dokumentieren. Einschreiten bedeutet im ersten Schritt immer: ein Gespräch. Und hier steht Ihnen die ganze Palette zur Verfügung. In den meisten Fällen wird ein Hinweis auf die Erwartungen oder Regeln genügen. In hartnäckigen Fällen gibt es eine klare Ansage oder ein Kritikgespräch. Was aber, wenn das alleine nicht genügt? Wie die Veränderungsgleichung beschreibt (Querverweis: Change: Menschen in Veränderungssituationen begleiten, Abb. 35), bewegen wir uns nur dann, wenn wir glauben, dass wir dadurch etwas gewinnen oder Schaden abwenden. Darum sollte die Nichteinhaltung von Vereinbarungen Konsequenzen haben. Und zwar solche, die bei anhaltender Nichteinhaltung der Vereinbarung auch gezogen werden (Abb. 29).

Beispiel: Keine Konsequenz – keine Verhaltensänderung

Ein Mitarbeiter kommt häufig zu spät. Sie sprechen ihn darauf an, und es ändert sich nichts. Sie führen ein Problemgespräch, und es ändert sich nichts. Sie verschärfen den Ton Ihrer Gesprächsführung und sagen dem Mitarbeiter ein für alle Mal: Komm pünktlich! Es ändert sich nichts. Der Mitarbeiter kommt weiterhin zu spät. Warum? Weil Ihr Unmut alleine nicht Grund genug für eine Verhaltensänderung ist.

Was passiert denn, wenn ich als Mitarbeiter weiterhin zu spät komme? Sie brauchen mich, weil das Team ohnehin knapp besetzt ist. Die Kollegen schätzen mich, weil ich auch die unangenehmen Aufgaben mache und fangen das bisschen Unpünktlichkeit gerne auf, die haben sich dran gewöhnt. Der Job macht mir Spaß. Ich bin nun mal so und die letzten 20 Jahre hat das doch auch prima funktioniert. Ich muss keinen Schaden abwenden und der mögliche Gewinn – ein zufriedenerer Chef – wiegt die Anstrengung, pünktlich zu erscheinen, nicht auf. Da halte ich die gelegentlichen kritischen Feedbacks locker aus.

Oft kündigen Vorgesetzte keine Konsequenzen an und sind in ihren Aussagen nicht klar genug. Und wenn sie Folgen ankündigen, setzen sie diese nicht in die Tat um.

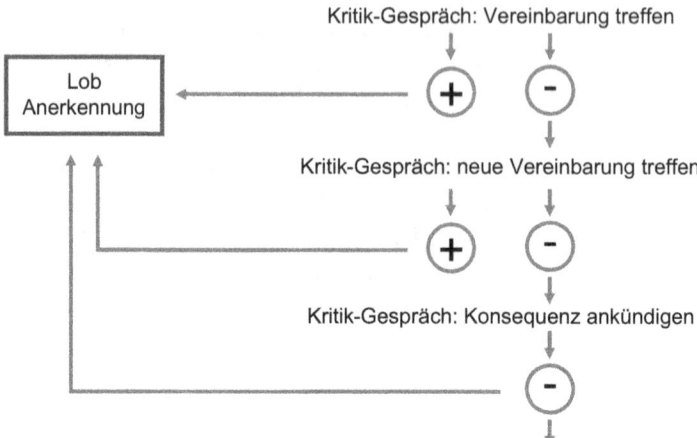

Abb. 29 Konsequenzen sorgen für Veränderung

Gründe gibt es viele: Ich habe noch nie so eine Abmahnung geschrieben! Dieser Aufwand! Und ich will doch ein gutes Klima im Team! Was werden die anderen denken, wenn ich diesen Mitarbeiter jetzt abmahne? Und dann kommt der am Ende noch mit dem Betriebsrat!…

Ob und welche Konsequenzen Sie nutzen, hängt also auch von Ihnen ab. Wenn Sie glauben, dass Sie ein gewünschtes Ergebnis erzielen, dann werden Sie sich bewegen. Sie glauben es nicht? Dann bleiben Sie beim Status quo und richten es sich da gemütlich ein: Sie überzeugen sich selbst, warum es auch so geht wie es ist. Dabei geht es nicht um geprüftes und belegtes Faktenwissen (s. Abb. 30). Die im Beispiel genannten Gründe, die konsequentes Handeln verhindern, sind durchaus reale Befürchtungen und viele Erfahrungen sprechen dafür. Ob das wirklich im Einzelfall so sein wird, wissen Sie jedoch erst, wenn Sie es ausprobieren (Querverweis: Die Mutter aller guten Gespräche: Innere Balance, Change it, love it, leave it).

Mögliche Reaktionen auf Pflichtverletzungen
Je nach Schwere der Pflichtverletzung sind also Konsequenzen möglich: Lohnkürzungen, Abmahnungen und Kündigung. Wenn Ihnen diese Konsequenzen nach Sachlage eine Nummer zu groß erscheinen – schließlich wollen Sie nicht mit Kanonen auf Spatzen schießen – dann gibt es noch eine Reihe von Möglichkeiten, die sich aus der individuellen Konstellation ergeben. Ihnen fallen keine möglichen Konsequenzen ein? Treffen Sie sich mit Kollegen in vergleichbarer Lage zum Erfahrungsaustausch. Hier ein paar Beispiele:

- Vergünstigungen, Sonderrechte und Ausnahmeregelungen einschränken
- Gestaltung des Arbeitsplatzes

Abb. 30 Ob wir handeln, hängt
vom erwarteten Ergebnis ab

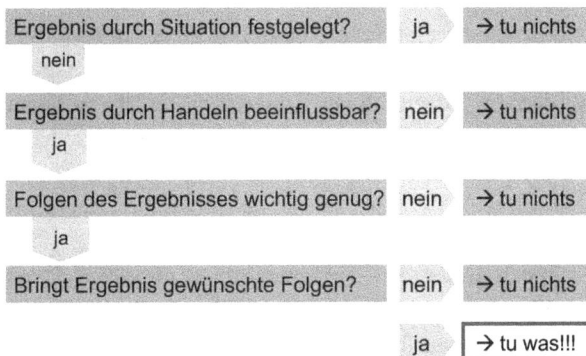

- Beauftragung mit unangenehmen/ungeliebten Aufgaben
- Mehr Außendienste/weniger Außendienste
- Verteilung beliebter Schichten
- Veränderungen der Teamzusammensetzung
- Enger führen/Veränderung der Kontrollfrequenz
- Verpflichtung zu einer Weiterbildung
- gewünschte Weiterbildung vertagen
- Entwicklungschancen in Frage stellen
- Hinweis auf Beurteilung im Jahresgespräch
- Gruppendruck nutzen
- Gespräch mit dem nächsten höheren Vorgesetzten androhen
- …

Jahresgespräche und Leistungsbeurteilung

Die Leistungsbeurteilung ist Ausgangspunkt und Voraussetzung für Personalentwicklung
und Zielvereinbarungen. Es empfiehlt sich, Leistungsbeurteilungen mit Zielvereinbarung
von den Gesprächen zur Personalentwicklung zu trennen.

Die Führungskraft beurteilt die Leistungen der Mitarbeiter nach Qualität und Quantität. Grundlage ist die genaue Beobachtung des Leistungsverhaltens und kontinuierliche
Rückkopplung im Arbeitsalltag (Querverweis: Kurskorrekturen im Alltag: Feedback). Mitarbeiter müssen wissen, wie ihre Leistungen beurteilt werden. Nicht Eigenschaften werden
beurteilt, sondern beobachtbares Verhalten bezogen auf die Anforderungen des Arbeitsplatzes und der Funktion. Dabei ist Bestätigung und Anerkennung ebenso wichtig wie
Kritik und Korrektur. Gute Leistungen anzuerkennen gehört zu den Pflichten einer Führungskraft. Beurteilungen und Rückmeldungen bedienen unsere Bedürfnisse nach Anerkennung, Sicherheit und Nutzen und sind wichtige Stützen für unser Selbstbewusstsein.

In vielen Unternehmen sind zwei jährliche Regelgespräche zwischen Vorgesetzten und
Mitarbeitern vorgesehen: Ein rückblickendes Gespräch über die Beurteilung der Leistung

und ein Gespräch über die Zielvereinbarungen für das nächste Jahr. Aus Zeitmangel läuft es dann in vielen Fällen darauf hinaus, dass beide Aspekte in einem Gespräch abgehandelt werden. Im Extremfall beschränkt sich das Jahres-„Gespräch" auf den Austausch der Gesprächsdokumentation per E-Mail. Der Vorgesetzte hat dann schon mal seine Beurteilung reingeschrieben. Die Mitarbeiterin oder der Mitarbeiter darf (vielleicht) Korrekturwünsche anmelden – meist soll er/sie jedoch nur unterschreiben. Das ist natürlich nicht im Sinne des Erfinders.

In den großen Unternehmen gibt es oft eine elektronische Unterstützung. So können die Mitarbeiter vorbereitend Fragebögen ausfüllen oder sich über den vorgesehenen Ablauf informieren. Und die Gesprächsdokumentation wird elektronisch verwaltet und ist im Rahmen des Enterprise Resource Managements gleich an die Lohn- und Gehaltsabrechnung gekoppelt. Wenn dann ein Jahresgespräch nicht stattfindet oder nur eine halbe Stunde dauert, ist die Perfektion in der Dokumentation nicht einmal ein schwacher Trost.

Aus den Berichten von Seminarteilnehmern ergibt sich folgendes Bild: Ein Teil der Vorgesetzten nimmt sich Zeit, hat den Rückblick über das ganze Jahr verteilt vorbereitet und setzt sich ernsthaft und wertschätzend mit den Mitarbeitern auseinander. Der andere Teil der Vorgesetzten (gefühlt die Mehrheit) vermittelt Mitarbeitern den Eindruck, das Jahresgespräch sei eine lästige Pflicht. Sie sagen Termine ab, sind nicht oder schlecht vorbereitet, bearbeiten nebenbei E-Mails und reduzieren das Gespräch auf ein Abhaken der geforderten Elemente. Dann haben sie ein Alibi: „Jahresgespräch? Klar! Ich habe doch mit meinem Mitarbeiter gesprochen!" Manche Vorgesetzte scheinen im Jahresgespräch auch eine willkommene Gelegenheit zu sehen, jemandem mal so richtig den Kopf zu waschen oder zu zeigen, wo der Hammer hängt und die Ansprüche der Mitarbeiter zusammenzustauchen. Das Gespräch fühlt sich dann für den Mitarbeiter wie ein Kritikgespräch an. Es wird zur Drohgebärde, zum Showdown mit ungleichen Waffen.[9]

Auch hier greift offensichtlich das Thema Konsequenzen: Wenn Durchführung und Erfolg von Jahresgesprächen und die Zufriedenheit der Mitarbeiter mit ihrer Führungskraft Gegenstand der Führungskräftebeurteilung sind und damit Auswirkungen auf flexible Einkommensanteile haben, ändert sich das Bild.

Ob nun Angst vor einem möglichen Autoritätsverlust, fehlende Zeit für Vorbereitung wie Durchführung oder unzureichende Prioritätskennzeichnung seitens der Unternehmensleitung – die Führungskräfte, die ihre Jahresgespräche schleifen lassen, verschenken damit Erfolgspotenzial:

Gut vorbereitet und richtig geführt sind diese Gespräche hervorragend geeignet, um für ein tolles Betriebsklima, Motivation und funktionierende Prozesse zu sorgen und damit die Produktivität – sprich den Erfolg der Führungskraft – zu steigern.

Inhalte des Jahresgesprächs Bei einer Kombination von Beurteilungs- und Zielgespräch geht es im Jahresgespräch darum, mit den Mitarbeitern in regelmäßigen Abständen:

---

[9] In einem am 25.1.2011 erschienenen Artikel über Tipps für das Jahresgespräch berichtet Manfred Engeser, wiwo.de, über eine Umfrage der Wirtschaftswoche, die diese Beobachtungen bestätigt.

- Leistungen und Verhalten des vergangenen Jahres zu besprechen und zu bewerten,
- Leistungs- und Verhaltensziele für das nächste Jahr zu vereinbaren,
- einen Überprüfungszeitraum festzulegen,
- unterstützende Maßnahmen zu vereinbaren,
- Aspekte der Zusammenarbeit zu besprechen, gegenseitige Erwartungen und Wünsche zu klären und
- das Engagement und die Begeisterung des Mitarbeiters zu gewinnen und zu erhalten.

In diesem Gespräch haben Sie die Chance, konkrete Leistungs- und Verhaltensziele verbindlich abzustimmen. Es ist kein Ersatz für Rückmeldungen zur Aufgabenerledigung im Alltag.

Vorbereitung Beobachtung des Mitarbeiters/der Mitarbeiterin über das Jahr verteilt, wie bei einer Multimomentaufnahme: Reflektieren Sie regelmäßig Ihre Wahrnehmungen und machen Sie sich Notizen zu kritischen Ereignissen und besonderen Erfolgen. Ein solches Protokoll kann auch der Mitarbeiter/die Mitarbeiterin für sich selbst führen. Dann haben Sie die Möglichkeit, diese im Gespräch nebeneinander zu legen und übereinstimmende Sichtweisen sowie Abweichungen und Hintergründe zu besprechen.

Gute Erfahrungen habe ich mit der Unterscheidung von Engagement und Fähigkeiten gemacht: Wie gerne macht die Person eine Aufgabe und wie gut/wie erfolgreich macht sie diese? Die Dinge, die wir gerne tun, machen wir in der Regel auch gut, weil sie uns interessieren und wir sie gut können. Wenn jemand eine Aufgabe nicht sehr gerne macht, wird sie meist auch nicht so gut und pünktlich erledigt. Gibt sich ein Mitarbeiter bei Engagement also ein Minus aber ein Doppelplus bei Fähigkeit und Erfolg, während Sie da eine weniger euphorische Einschätzung der Fähigkeiten und des Erfolgs haben, dann gibt es hier einen Ansatzpunkt für die Argumentation.

Aufgaben zwischen Engagement und Fähigkeiten (Vorlage für eine Tabelle)

Aufgaben/Tätigkeiten	Engagement	Fähigkeit/Erfolg	Beispiele
	-- - 0 + ++	-- - 0 + ++	

Nach meinen Erfahrungen gibt es bei dieser Art Vorbereitung selten gravierende Einschätzungsdifferenzen. In der Tendenz bewerten sich Mitarbeiter sogar vorsichtiger und bescheidener. Es will keiner als vorlauter Blender dastehen. Beide Seiten sind aufgefordert, ihre Einschätzung gegebenenfalls zu begründen, und dazu brauchen sie konkrete Beispiele. Das führt zu einer größtenteils realistischen Bewertung und Argumentation.

Sofern vorhanden, können Sie selbstverständlich auch anhand der oft ausführlichen Gesprächsfragebögen des Unternehmens vorgehen.

Ein individueller Fragebogen zur Vorbereitung des Gesprächs ist ebenfalls eine gute Idee. Geben Sie Ihren Mitarbeitern Fragen zur Vorbereitung an die Hand, beispielsweise mit der Einladung zum Jahresgespräch.

Ich freue mich auf Ihre Anregungen und Fragestellungen zu unserem anstehenden Jahresgespräch! Hier ein paar Ideen für Ihre Vorbereitung auf unser Treffen:

- Welche Erwartungen haben Sie an das Gespräch?
- Was halten Sie für Ihre wichtigste Aufgabe?
- Was gefällt Ihnen an Ihrer aktuellen Arbeit?
- Welche Dinge gefallen Ihnen nicht?
- Was würde Ihre Zufriedenheit steigern?
- Haben Sie Ideen, wie Aufgaben und Abläufe effizienter gestaltet werden könnten? Wenn ja, welche?
- Können Sie Ihre Fähigkeiten und Kenntnisse in der aktuellen Tätigkeit gut einsetzen?
- Wo sehen Sie Ihre Stärken? Wo wollen Sie noch dazulernen oder sicherer werden?
- Welche Ihrer Kompetenzen und Fähigkeiten würden Sie gerne mehr einsetzen? Von welchen bisher ungenutzten Kompetenzen könnte unsere Arbeit noch profitieren?
- Können Sie sich einen Aufgabenbereich vorstellen, für den Sie ebenfalls oder gar besser geeignet wären?
- Wie sehen Sie Ihre langfristige berufliche Entwicklung? Welchen Fortbildungs- oder Weiterbildungsbedarf sehen Sie in dieser Hinsicht?

Leistungsbeurteilung

Mitarbeiter zu beurteilen ist keine leichte Aufgabe. Wichtig ist dabei, möglichst unabhängig von persönlicher Sympathie oder Antipathie eine Einschätzung der Qualitäten des Mitarbeiters abgeben zu können. Bei der Beurteilung können Sie sich mit einer Reihe von Aspekten auseinandersetzen:

Planung und Organisation, Kreativität und Innovation, Sorgfalt und Qualitätsbewusstsein, Umgang mit Informationen, Konflikt- und Kritikfähigkeit, Leistungs- und Verantwortungsbereitschaft, Kooperationsfähigkeit, Kommunikationsfähigkeit, Problemlösefähigkeit, Fähigkeit, Komplexität zu bewältigen, Zuverlässigkeit, Sozialverhalten, Initiative, Lernbereitschaft, Flexibilität, Belastbarkeit, kritische Loyalität, Kundenorientierung, Veränderungsbereitschaft und -fähigkeit, Ergebnisorientierung, Kostenbewusstsein, Durchsetzungsfähigkeit, Menschenführung, Netzwerkpflege.

Beispiele für Beurteilungskriterien und beobachtbares Verhalten

Beurteilungskriterium	Beobachtbares Verhalten
Leistungsmotivation, Engagement	Zeigt Einsatzwillen und Initiative, zeigt Interesse, ist zielstrebig, hat Freude an Aufgabe und Ergebnis, drängt zu höheren und komplexeren Aufgaben
Verantwortungsbewusstsein	Ist verlässlich, arbeitet selbstständig, sieht Aufgaben im Zusammenhang, übernimmt Verantwortung, versteht und überblickt Unternehmenszusammenhänge, arbeitet kostenbewusst, ist bereit, neue und höhere Aufgaben anzunehmen, ist loyal, identifiziert sich mit dem Unternehmen oder Team
Leistung, Befähigung, Fachkompetenz	Erfüllt gestellte Aufgaben fachgerecht, produziert verwertbare Ergebnisse, erledigt Aufgaben fachlich korrekt, arbeitet präzise, liefert hohe Qualität, arbeitet in angemessenem Tempo, setzt Betriebsmittel rationell ein, zeigt Kreativität und Innovationsvermögen
Kommunikationsfähigkeit	Äußert sich gerne und bereitwillig, kann sich gut verständlich machen und klar ausdrücken, kann zuhören und spricht Probleme und Personen direkt an, kann Missverständnisse sachlich klären, kennt die für das Aufgabengebiet relevanten Ansprechpartner
Durchsetzungsfähigkeit	Ist aktiv, gibt nicht auf, drängt zu Entscheidungen, ergreift die Initiative, bemüht sich um bleibenden Einfluss
Entscheidungsfähigkeit	Kann Prioritäten setzen, geht logisch und analytisch vor, kann komplexe Zusammenhänge strukturieren und unabhängig, auf Grund von Kriterien, urteilen
Teamfähigkeit	Geht auf andere zu, kann Fehler eingestehen, erkennt die Beiträge anderer an, erkennt Konflikte, kann bei konkurrierenden Interessen vermitteln
Kundenorientierung	Geht wertschätzend mit internen wie externen Kunden um, übernimmt Verantwortung, arbeitet lösungsorientiert, sucht aktiv nach Informationen, Ideen und Trends zur Verbesserung der Dienstleistung
Flexibilität	Kann sich auf unterschiedliche Situationen einstellen und bei Veränderungen rasch umdisponieren

Beispiel für die Beurteilung von Führungsaufgaben

Aufgabe erfüllt	++	+	0	-	- -	Aufgabe nicht erfüllt

Planung, Organisation, Delegation

Plant und organisiert gut	Setzt keine Prioritäten
Setzt Prioritäten	Hält Termine nicht ein
Delegiert Aufgaben und entsprechende Kompetenzen	Delegiert flach (ohne Kompetenzen) oder gar nicht
	Macht alles selbst
	Oder delegiert nur, was ihm/ihr selbst keinen Spaß macht

Information, Kommunikation

Hält Informationswege ein	Informiert nicht oder zu spät
Informiert rechtzeitig, vollständig und freiwillig	Informiert unvollständig
	Hält Informationswege nicht ein
Kann gut mit allen kommunizieren	Kommuniziert nur teilweise oder gar nicht

Zielsetzung, Motivation

Setzt klare, fordernde Ziele	Kann keine klaren Ziele setzen
Kann loben	Keine Anerkennung für gute Leistung
Beherrscht konstruktive Korrektur	
Unterstützt Mitarbeiter	Verletzende Kritik
Kann begeistern	Wenig oder keine Unterstützung für Mitarbeiter

Unternehmerisches Handeln

Zeigt zielorientiertes Handeln und Entscheiden	Eigeninteressen stehen im Vordergrund
Arbeitet mit anderen Abteilungen gut zusammen	Denken beschränkt sich auf eigene Abteilung
Hinterfragt eingefahrene Prozesse	Abneigung gegen Neuerungen
Reagiert rasch auf Veränderungen	Schwerfällige Anpassung an Veränderungen

Verantwortungsbewusstsein

Trifft notwendige Entscheidungen	Keine Entscheidungen oder Überschreitung der Kompetenzen
Geht verantwortbare Risiken ein	Geht keine Risiken ein
	Geht unverantwortbare Risiken ein

Förderung der Mitarbeiter

Hilft Mitarbeitern, sich zu entwickeln	Kaum oder kein Interesse an den Mitarbeitern
Begleitet Mitarbeiter, erkennt und Fördert Potenziale	Erkennt die Potenziale nicht
	Keine Förderung

Vorbildfunktion des Vorgesetzten

ist den Mitarbeitern ein Vorbild	Verlangt von den Mitarbeitern, was er/sie selbst nicht vorlebt
Hält das Team zusammen	Ist kein Vorbild

Beurteilungsmaßstab

Schulnoten	Internationales Rating (PIGEX)	Punkte-System	
Herausragend	X = exceptional	9–10:	Leistung übertrifft die Anforde-
Sehr gut	E = excellent	7–8:	rungen erheblich
Gut	G = good and	4–6:	Leistung übertrifft die
Befriedigend	I = improvement needed	2–3:	Anforderungen
Ausreichend	P = poor	0–1:	Leistung entspricht in vollem
Mangelhaft			Umfang den Anforderungen
Nicht verwendbar			Leistung entspricht im Allge-
			meinen den Anforderungen
			Leistung ist nicht ausreichend

Herausragend, exceptional, 9–10 Punkte:

Diese Bewertung ist nur im absoluten Ausnahmefall erreichbar! Die höchste Bewertung bezeichnet ein absolut herausragendes Leistungsniveau, eine vorbildliche Demonstration der für die Position erwarteten Kompetenzen. Eine so bewertete Person hat die Grenzen ihrer Rolle aktiv und im Sinne des Unternehmenserfolgs ausgedehnt. Wenn Sie erst über-legen müssen, ob jemand diese Bewertung verdient hat, ist es wahrscheinlich nicht die richtige Entscheidung. Auch wenn ein Mitarbeiter eine Aufgabe gerade erst übernommen hat, ist eine herausragende Bewertung eher unwahrscheinlich.

Sehr gut, excellent, 7–8 Punkte:

Diese Bewertung geben Sie, wenn Sie durchgängig positiv „überrascht" sind von den Leistungen und dem Niveau der Fähigkeiten eines Mitarbeiters. Bezogen auf die Situation und Ziele gehen die Leistungen weit über das hinaus, was Sie in dieser Rolle erwarten wür-den. Erfüllt ein Mitarbeiter alle Ziele und hat Sie nur ein bis zwei Mal positiv überrascht, dann ist diese Bewertung wahrscheinlich zu hoch gegriffen. Die Überraschungsmomente sollten sich regelmäßig über das Beurteilungsjahr zeigen.

Gut/befriedigend, good, 4–6 Punkte:

Gut ist zwar eine mittlere Bewertung auf der Skala, bezeichnet aber kein Mittelmaß – sondern eine gute Leistung, wie sie die überwiegende Mehrheit der Mitarbeiter erbringt. Die Bewertung trifft auf Mitarbeiter zu, die nicht nur ihre Ziele und Aufgaben entspre-chend den Erwartungen erfüllen, sondern diese vielleicht sogar in Einzelfällen übertreffen.

Ausreichend, improvement needed (Verbesserungen erforderlich), 2–3 Punkte:

Bei dieser Stufe handelt es sich um eine auf Entwicklung gerichtete Bewertung. Die Zie-le wurden überwiegend, aber nicht vollständig erreicht. Aus dieser Performance entstehen keine unmittelbaren Nachteile. Damit die Leistungen den Anforderungen und Erwartun-gen in vollem Umfang gerecht werden, ist jedoch eine Verbesserung erforderlich.

Mangelhaft, nicht verwendbar, poor, 0–1 Punkte:

Ein Mitarbeiter, der diese Bewertung erhält, hat eine Leistung deutlich unterhalb der Erwartungen abgeliefert. Dieses Niveau genügt nicht und weist darauf hin, dass eine deut-liche Verbesserung der Fähigkeiten, Einstellung oder Leistung erforderlich ist, oder eine

Veränderung ansteht. Das gilt insbesondere, wenn das Team häufig Leistungsmängel auffangen und ausgleichen muss, so dass die Stimmung beeinträchtigt wird.

Beurteilungsfehler vermeiden

Hier ein paar typische Beurteilungsfehler, denen Sie aus dem Weg gehen wollen:

- Sie lassen sich von Ihren Gefühlen leiten statt von Fakten und Beobachtungen.
- Vorurteile prägen Ihre Bewertung.
- Ihnen fehlt die Neutralität, persönliche Beziehungen und Sympathie geben den Ausschlag.
- Generalisierung – fehlende Informationen: Sie haben zu wenig Verhaltensstichproben oder können auf Grund der Rahmenbedingungen kaum etwas beobachten.
- Sie sind zu streng oder zu nachsichtig.
- Sie nehmen sich selbst zum Maßstab, statt sich an den Möglichkeiten des Mitarbeiters zu orientieren.
- Sie bewerten einseitig, übertreiben oder überzeichnen einzelne Eigenschaften positiv oder negativ.
- Sie haben zu wenig Ahnung von der Aufgabe, die Sie beurteilen sollen (Fachkompetenz fehlt).
- Sie berücksichtigen die äußeren Einflussfaktoren nicht ausreichend (z. B. Veränderungen der Marktlage).
- Sie haben die Normalverteilung im Blick oder wollen bzw. müssen diese einhalten.
- Halo-Effekt: Einzelmerkmale oder eine hervorstechende Eigenschaft überstrahlen andere Punkte.
- Sie sind als Vorgesetzte(r) nicht unabhängig vom Mitarbeiter und können ihn/sie deshalb nicht objektiv beurteilen.

Jahresgespräche gestalten

Sie motivieren durch Wertschätzung: Widmen Sie Ihrem Gesprächspartner Zeit, schenken Sie Aufmerksamkeit, hören Sie zu und lassen Sie sich von Ihren Mitarbeitern deren Erfolge erzählen. Denken Sie an die Kraft positiver Motivation. Alles Positive verdient ebenso Aufmerksamkeit wie die Fehler. Achten Sie auf einen Ausgleich.

Das Setting ist auch und gerade für dieses Gespräch wichtig. Soll es auf Augenhöhe stattfinden, dann stellen Sie diese auch räumlich her. Eine Besprechungsecke im Büro oder der Konferenzraum sind gut geeignet. Am Schreibtisch passt es weniger, weil dort durch die Positionen vor und hinter dem Tisch schon die Hierarchieunterschiede unterstrichen werden. Außerdem ist eine frontale Gesprächsposition weniger entspannt, als wenn Sie über Eck oder an einem runden Tisch sitzen. Einander schräg gegenüber zu sitzen er-

Abb. 31 Elemente eines
Jahresgesprächs

Smalltalk zum Einstieg

Vorbereitung ansprechen

Mitarbeiter trägt vor

Vorgesetzte/r bespricht Aufgaben und Beurteilung

Kritische Punkte + unterschiedliche Sichtweisen klären

Ergebnisse zusammenfassen

Vereinbarung festhalten

Positiver Ausblick

möglicht es beiden Seiten, die Blicke auch mal schweifen zu lassen. Niedrige, sesselartige Sitzmöbel senden die falschen Signale aus: hier soll es zwar entspannt, aber professionell zugehen, dies ist ein Arbeitsgespräch und keine lockere Plauderei (Querverweis: Coachen, Atmosphäre gestalten).

Sie steigen am besten über die Beziehungsebene ein, mit einer freundlichen Bemerkung zu einem naheliegenden positiven Ereignis, gerne auch im privaten Bereich. Eine gut erfüllte Aufgabe, sportliche Erfolge von Kindern, die Frage nach einer Städtereise am letzten Wochenende, ein positives Erlebnis im Team. Ein Profi hat sich vorher ein Stichwort zum Smalltalk überlegt. Anschließend stellen Sie kurz die geplante Vorgehensweise vor: „Sollen wir einsteigen? Ich habe anderthalb Stunden reserviert. Sie haben sich ja genauso wie ich vorbereitet. Ich schlage vor, Sie erzählen erst einmal, wie Sie die letzten 12 Monate erlebt haben, Highlights, was war für Sie wichtig? Was ist prima gelaufen, was war nicht so toll? Danach gehen wir den Beurteilungsbogen durch und besprechen unsere Bewertungen. Dann haben wir noch das Thema Weiterbildung und sprechen über unsere Zusammenarbeit. Abschließend überlegen wir gemeinsam, welche Ziele wir für das nächste Jahr festhalten wollen."

Wichtig für den Einstieg: Wird es ein eher kritisches Jahresgespräch, d. h. die negativen Punkte überwiegen aus Ihrer Sicht bei weitem und Sie werden den Mitarbeiter/die Mitarbeiterin mit einer eher schlechten Beurteilung konfrontieren, die die Person möglicherweise so nicht erwartet? Dann darf der freundliche Smalltalk zu Beginn nicht zu lang sein. Sie wollen die „Karnickelfangschlag-Methode" vermeiden – erst gut und beruhigend zureden, bis sich das Kaninchen entspannt, und dann zuschlagen.

Nutzen Sie die Vorgehensweise aus dem klärenden Gespräch (Querverweis: Im Dialog präsent bleiben). Erfragen Sie die Darstellung des Mitarbeiters, um Fehleinschätzungen und Missverständnisse auszuräumen. Betrachten Sie Ihren Gesprächspartner auch als Experten, dessen Urteil Sie achten und schätzen. Auf Augenhöhe heißt, beide können zur Problemlösung etwas beitragen.

Abb. 31 zeigt die zentralen Punkte eines Jahresgesprächs.

Ziele verknüpft mit Vergütung Nicht jedes Beurteilungs- und Zielvereinbarungsgespräch hat eine monetäre Komponente. Viele Unternehmen haben jedoch Vergütungssysteme entwickelt, die die Mitarbeiter an der tatsächlichen wirtschaftlichen Entwicklung des Unternehmens beteiligen. In diesen Fällen werden die Ziele mit variablen Vergütungsbestandteilen verknüpft. Beim sogenannten Gain-Sharing werden Mitarbeiter an direkt beeinflussbaren Ergebnissen gemessen und erhalten einen Anteil am Gewinn, z. B. in Form einer Provision. Profit-Sharing beteiligt die Mitarbeiter, wenn ein bestimmtes Unternehmensergebnis erreicht wird. Andere Modelle berechnen den variablen Gehaltsbestandteil aus einer Kombination verschiedener Komponenten: individuelle Leistung, Teamerfolg, Abteilungs- und Bereichsergebnis und Ergebnis des gesamten Unternehmens. Ziel ist nicht ein Verteilungsmechanismus, mit dessen Hilfe eine Summe X in Form von Prämien und Bonuszahlungen, gleichmäßig über die Mitarbeiter verteilt wird. Ziel ist es, individuelle Leistungsanreize zu schaffen. Wenn das funktionieren soll, dann muss das System fair und transparent sein. Gleiche Leistung, gleiche variable Vergütung.

Das wird schwierig… Risiken können entstehen, wenn Sie zu enge oder zu weite Handlungsspielräume abstecken. Wenn Sie den Mitarbeitern Ziele überstülpen, statt diese gemeinsam zu vereinbaren. Sie verlieren an Glaubwürdigkeit, wenn Sie Ziele setzen, die nach menschlichem Ermessen, Erfahrungen und Prognosen nicht erreichbar sind. Solche offensichtlich zu hoch gelegten Messlatten sorgen für Frust statt Leistung. Oder wenn Sie bei der Überprüfung der Ziele externe Einflussfaktoren nicht berücksichtigen, die bei der Vereinbarung noch nicht absehbar waren, wenn Ziele sich verändern. Das wäre, als würden Sie im Fußball das Tor mal schnell woanders hin stellen, der Spieler schießt ins Leere und Sie sagen: „Ja schade, Ziel nicht erreicht!" Wenn die Rahmenbedingungen sich stark verändern, ist es wahrscheinlich erforderlich, das Tor ein bisschen größer zu machen.

Leistungen sinnvoll zu beurteilen fällt immer da schwer, wo keine messbaren Ergebnisse wie Produktionsleistung oder Verkaufszahlen zur Verfügung stehen.

Schwierig wird es auch, wenn Sie den Mitarbeiter oder die Mitarbeiterin kaum sehen oder die Überprüfung der Arbeitsqualität extrem aufwändig wäre. Wie wollen Sie beispielsweise die Kundenorientierung eines Schleusenwärters beurteilen? Allein die Menge der eingegangenen Beschwerden wird als Richtwert nicht ausreichen. Wie beurteilen Sie die Qualität einer Mitarbeiterin in der Registratur? Sie müssten Stichproben fahren um zu sehen, ob Akten richtig abgelegt wurden. Die Qualität der Ablage, sprich Wiederauffindbarkeit von Dokumenten, zeigt sich erst langfristig in der Praxis.

Hier ist Kreativität gefragt. Finden Sie gemeinsam mit Ihren Mitarbeitern und Kollegen in vergleichbarer Situation Beobachtungs- und Beurteilungskriterien.

Gerechtigkeit und Vergleichbarkeit von Beobachtungskriterien sind ein weiterer schwieriger Punkt. Gibt es mehrere Bereiche mit ähnlichen Aufgaben, dann brauchen Sie vergleichbare Kriterien. Für alle Mitarbeiter sollten vergleichbare Bedingungen herrschen. Das ist ähnlich wie bei der Bewertung sportlicher Leistungen: Ungleiche Voraussetzungen führen zu getrennten Messlatten – Frauen treten beim 100-Meter-Lauf nicht gegen Männer an, körperbehinderte nicht gegen gesunde Athleten. Ein Weltrekord, eine erzielte Zeit wird in Bezug zum Ort der Leistung, den unterschiedlichen Rahmenbedingungen gesetzt: Wurde die Leistung in 2.000 Metern Höhe erbracht oder knapp über dem Meeresspiegel? Bei Gegen- oder Rückenwind? Heimspiel oder Auswärts? Gibt es keine Kataloge für solche Beobachtungspunkte, entwickeln Sie welche.

Besonders schwierig wird es, wenn Sie bestimmte Dinge nicht betrachten dürfen. Zum Beispiel Einsatzbereitschaft nicht daran messen dürfen, ob jemand zu Mehrarbeit und Wochenendeinsätzen bereit ist, weil Betriebs- oder Personalrat Einspruch erheben. Oder wenn Sie keine Aufzeichnungen über die Erledigung von Aufgaben führen dürfen, weil das ein unzulässiger Eingriff in den individuellen Freiraum des Arbeitnehmers wäre, oder auf Grund von Datenschutz nicht möglich ist.

Interessante Blüten treibt die Beurteilung, wenn Verteilungsraster vorgegeben werden: Beispielsweise müssen Sie in einem Team immer die Gaußsche Normalverteilung einhalten. Das bedeutet, auch wenn alle fünf Mitglieder gleichermaßen gute Leistungen erbracht haben, muss eine Person den letzten und eine den ersten Rang bekommen. Wenn das dann noch mit einer höheren Prämie für den ersten Rang und Abzügen für den letzten Rang verbunden ist, ist der Frust der Mitarbeiter vorprogrammiert. Ähnlich schwierig wird es, wenn die Vergabe bestimmter Kriterien – z. B. die Note sehr gut – begrenzt wird, weil sie karriererelevant ist und die Positionen für den Aufstieg begrenzt sind. Dann werden zuweilen Mitarbeiter unter ihrer tatsächlichen Performance bewertet, damit sie keine Ansprüche auf Entwicklungspositionen anmelden.

Argumentationshilfen im Jahresgespräch

Unverständnis für die Bewertungsskala

Mitarbeiter: „Warum bekomme ich nur 5 Punkte!? Da bin ich ja schlecht!"

Reaktion: System erneut erläutern. „Das ist kein Schulnoten-System. 5 Punkte bekommen Sie, weil Sie genau die Leistung erbracht haben, die ich von einem Facharbeiter fordere."

Mitarbeiter: „Was soll ich denn für mehr Punkte noch alles machen? Andere kriegen mehr Punkte und machen auch nicht mehr!"

Reaktion: Nachhaken: „Mit wem genau vergleichen Sie sich gerade?" Die eigene Bewertungsskala erläutern: „In unserer Arbeitsgruppe bekommen Sie mehr Punkte, wenn Sie selbstständiger gearbeitet haben, wenn Sie Dinge in Angriff genommen und Initiative gezeigt haben, also ohne, dass ich etwas angewiesen hatte."

Mitarbeiter: „Also, wenn ich die Werkstatt fege, ohne, dass Sie mir das gesagt haben, bekomme ich mehr Punkte?"

Reaktion: Ernst nehmen. „Ich verstehe, dass Sie von mir jetzt eine konkrete Antwort haben möchten. Andererseits, wenn ich Ihnen jetzt Dinge nenne, dann ist es keine selbstständige Initiative mehr, also auch nicht mehr Punkte wert."

Machen Sie eventuell ein Angebot:„ Wenn Sie eine andere, neue Aufgabe übernehmen würden – vorausgesetzt, das Team ist mit dem Tausch einverstanden – und Sie würden sich da selbstständig einarbeiten und sich die Fachkenntnisse aneignen, dann sähe das schon anders aus. Sollen wir mal überlegen, wo Sie sich noch profilieren könnten?"

Mitarbeiter: „Was muss ich denn tun, um ein „sehr gut" zu bekommen?!"

Reaktion: Verstehen und Kriterien für die Punktevergabe erläutern. „Ich weiß, dass Sie an sich arbeiten wollen, und gerade das schätze ich an Ihnen. Nur stecke ich hier in einem Dilemma: Diese Bewertung gilt für Leistungen, die mich überraschen, die über das geforderte Maß hinausgehen. Wenn ich Ihnen jetzt sage, was Sie tun sollen, dann bin ich ja nicht mehr überrascht. Was wäre denn das schlimmste, was passieren könnte, wenn Sie auch in Zukunft ein guter Mitarbeiter und eine Stütze des Teams bleiben?"

Ungerechtigkeit beim Wechsel der Arbeitsgruppe:

Die vierteljährlich vereinbarte Punkteverteilung in den Gruppen ist von Arbeitsgruppe zu Arbeitsgruppe unterschiedlich und steht immer im Verhältnis zu den anderen Gruppenmitgliedern. Wenn nun ein Mitarbeiter mit einer hohen Bewertung innerhalb seiner Gruppe in eine andere Arbeitsgruppe wechselt, behält er zunächst seine hohe Bewertung. Und das, obwohl er in der Einarbeitungsphase in der neuen Gruppe möglicherweise weniger leisten kann als andere dort. Die anderen sind dann sauer, weil jemand, der objektiv im Augenblick weniger leistet, trotzdem mehr Geld bekommt.

Argumentieren Sie mit Gerechtigkeit: Die Leistungsprämie bezieht sich immer auf in der Vergangenheit gemessene Leistung. Und wird im Nachhinein gezahlt. Der gewechselte Mitarbeiter wird in der nächsten Berechnung der Gruppenspreizung in der Rangfolge nach unten wandern. Außerdem: Die Regelung gilt für alle Mitarbeiter gleich, jeder, der in eine andere Gruppe wechselt, wird gleich behandelt.

Bessere Beurteilung eingefordert:

Mitarbeiter: „Ich finde, ich habe da durchaus mal ein sehr gut verdient."

Reaktion: Beziehen Sie die Mitarbeiter in die Entscheidung ein, bitten Sie um Mithilfe: „Sie möchten in diesem Punkt eine sehr gute Bewertung haben. Das kann ich verstehen. Andererseits muss ich diese Bewertung begründen können, und da sehe ich nicht, wie das gehen soll. Bitte nennen Sie mir Argumente, mit denen ich eine solche Entscheidung vertreten soll."

Vorgesetzte/r ist nicht einzige Entscheidungsinstanz:

Sie können eine gewünschte Bewertung, die Sie selbst ebenfalls vertreten könnten, aus bestimmten Gründen nicht geben, die nicht in Ihrer Hand liegen? Beispielsweise, weil eine Beurteilungskonferenz stattfindet, bei der Mitarbeiter verschiedener Bereiche in Konkurrenz zueinander betrachtet werden. Nennen Sie diesen Grund und bitten Sie um Argumentationshilfe. „Ich möchte Ihnen wirklich gerne diese Bewertung geben, weil Sie bei individueller Betrachtung auch gerechtfertigt ist. Ich weiß jedoch auch, dass diese Bewertung in der Beurteilungskonferenz mit großer Wahrscheinlichkeit gekippt wird." Nun können Sie gemeinsam mit dem Mitarbeiter überlegen, wie Sie ihn bestmöglich verkaufen können, oder Sie diskutieren über die strategischen Vor- und Nachteile, eine geringere Bewertung zu akzeptieren, um so das Gesicht des Mitarbeiters in der Beurteilungskonferenz zu wahren.

Sprechen Sie gezielt die Motive an:

Was bringt Sie weiter? Wie stehen Ihre Chancen, in Ihrem Unternehmen ein Beurteilungssystem zu entwickeln, dass allen Mitarbeitern in allen möglichen Sondersituationen gerecht wird? Die Tendenz geht gegen Null. Überlegen Sie darum, wie Sie im Einzelfall argumentieren können, damit der Mitarbeiter trotz einer zunächst als ungerecht empfundenen Beurteilung weiter gute Arbeit leisten kann. Sprechen Sie deren Motive und Antreiber an.

- Nutzen: Was hat der Mitarbeiter davon, dass es jetzt eine neue Regelung gibt?
  Die Chance aus den Fehlern des vergangenen Jahres zu lernen, um im nächsten Jahr eine bessere Beurteilung zu bekommen; Prestigegewinn über besondere Aufgaben;
- Sicherheit: Wo ist der Mitarbeiter mit dieser Lösung auf der sicheren Seite? Wo/ wann schützt ihn diese Regelung?
  Routine bringt zwar keine Prämien, stellt aber auch sicher, dass der Mitarbeiter weniger Fehler macht; Schutz vor dem eigenen Übermut; …
- Anerkennung: Was könnte die fehlende monetäre Anerkennung ausgleichen?
  Die interessante, vielseitige Aufgabe; das gute Klima im Team; die Wertschätzung der Kollegen; die langjährige, vertrauensvolle Zusammenarbeit; die Übertragung von Verantwortung; …
- Gerechtigkeit: Aus welchem Blickwinkel ist die aktuelle Vorgehensweise auch gerecht?
  Die Bedingungen sind für alle gleich; in anderen Branchen ist es ebenso; …

Fordern und Fördern: Coaching und „systemische" Gespräche

Fördern und beraten

In Unternehmensleitbildern und Führungsliteratur ist häufig von einer Kultur des Forderns und Förderns die Rede. Den Teil des „Forderns" bewältigen Sie, indem Sie mit klarer Zielformulierung (SMART-Formel) und den 5 „W" der Delegation Mitarbeiter so mit Aufgaben betrauen, dass sie nicht nur altbekanntes routiniert herunterspulen müssen, sondern sich an neuen Aufgaben mit angemessenen Herausforderungen weiterentwickeln und neue Fertigkeiten und Kompetenzen erwerben können. In solchen Aufgaben liegt dann auch schon ein Teil des „Förderns". Darüber hinaus können Sie Ihre Mitarbeiter in Gesprächen fördern – indem Sie sie beraten oder coachen.

Bei einer Beratung geht es darum, Mitarbeiter bei einer Problemstellung mit Ihrem Expertenwissen und Ihrer Erfahrung zu unterstützen. Das geschieht, indem Sie systematisch die Ist-Situation einer vorgebrachten Problemstellung erfragen. Sie vermeiden es, Dinge zu be- oder verurteilen und schälen gemeinsam mit dem Mitarbeiter den Kern der Fragestellung, das eigentliche Problem heraus. Nach der Diagnose steigen Sie in die Lösungsfindung ein. Hier gilt es, wie beim Coaching, die Lösungsideen des Mitarbeiters durch stetes Hinterfragen und Paraphrasieren „heraus zu kitzeln". In einem Beratungsgespräch darf jedoch auch Ihre Erfahrung und Fachkompetenz auf den Tisch.

Ein Fördergespräch findet mindestens einmal im Jahr unter vier Augen statt. Es betrachtet individuelle Stärken und Schwächen bzw. Entwicklungspotenziale. Den Rahmen bilden die betrieblichen Anforderungen auf der einen und die Potenziale des Mitarbeiters auf der anderen Seite. Im Unternehmen bieten sich oft nicht die erforderlichen Aufstiegsmöglichkeiten – wenn Sie einen Mitarbeiter entwickeln, ohne den passenden Posten anbieten zu können, wird der entweder langfristig unglücklich oder sucht sich die Herausforderungen woanders. Umgekehrt strebt nicht jeder Mitarbeiter nach weiterführenden Aufgaben.

Wenn Entwicklungsmaßnahmen verabredet werden, ist es wichtig, die Inhalte und Lernziele zu beschreiben und einen Zeitplan zu vereinbaren. Soll der Mitarbeiter on-the-job oder off-the-job entwickelt werden? Wie werden die Ergebnisse kontrolliert, wie wollen Sie den Transfer sichern? Dazu gehört dann auch, dass nach der vereinbarten Maßnahme, dem vereinbarten Zeitraum, eine Evaluierung folgt. D. h., Sie sorgen gemeinsam für den Transfer des Gelernten in den Arbeitsalltag.

Vorbereitung und Fragen im Personalentwicklungsgespräch:
- Sind die Arbeitsziele klar?
- Gibt es Dinge, die die Arbeit behindern?
- Was war bisher dienlich für den Arbeitserfolg?
- Gibt es Wunschtätigkeiten, die aus Sicht des Mitarbeiters geeigneter wären?
- Was ist hinsichtlich zukünftiger Arbeitsziele für beide Seiten wichtig?
- Welche Weiterbildungs- und Personalentwicklungsmaßnahmen wurden bereits absolviert?
- Welche Erwartungen haben Vorgesetzte/r und Mitarbeiter/in an die weitere berufliche Entwicklung?
- Welche Initiativen hat der/die Mitarbeiterin selbst ergriffen?
- Welche Potenziale sehen Führungskraft und Mitarbeiter?
- Wo identifizieren beide Seiten Verbesserungsbedarf?

Beratungsgespräch (Phasen)

Gespräch eröffnen

In der ersten Phase geht es darum, den Kontakt herzustellen: Smalltalk machen, Anlass wiederholen. Hier geht es darum, eine gute „Chemie" zu schaffen und eine freundliche Grundhaltung zu signalisieren: Ich bin o. k. Du bist o. k. Lächeln ist erlaubt!

Situation klären

In der zweiten Phase stellen Sie offene Informationsfragen, um den Auftrag/die Ist-Situation zu klären bzw. eine Ist-Analyse zu machen: Was ist die Ausgangslage? Wo steht der Gesprächspartner? Offene Fragen stellen, zuhören, Verständnis zeigen.

Problem analysieren

In dieser dritten Phase klären wir das Ziel. Wo soll es hingehen? Was soll erreicht werden? Hier geht es darum, Themen abzugrenzen, herauszufinden, was einer Lösung bisher im Weg stand. Was denkt, will, braucht der Gesprächspartner? Es gilt, Hemmnisse zu erkennen, Widerstände zu hinterfragen, und Argumente zu sammeln.

Beratung/Lösung

Die berate Führungskraft formuliert die konkreten Verbesserungspunkte, würdigt möglicherweise schon vorgebrachten Lösungsversuche und Ideen des Gesprächspartners wertschätzend. Dann bietet der Beratende gegebenenfalls mit seiner fachlichen Kompetenz zusätzliche Lösungen an und erläutert, welche Vorteile/Nutzen damit verbunden sind. Gemeinsam erörtern Sie, welche Lösungsansätze sinnvoll/zielführend sind, und welche nicht.

Vereinbarung treffen/Umsetzung planen

Liegen die Lösungsangebote auf dem Tisch, können die Gesprächspartner das Ergebnis fixieren. Die Führungskraft holt sich abschließend noch einmal die Zustimmung und das Einverständnis des Gesprächspartners für die jetzt festgehaltene Lösung.

Gesprächsabschluss

Die Führungskraft zieht noch einmal ein positives Fazit und sorgt für einen angenehmen, aktiven Ausklang.

Begleitend zu solchen Gesprächen sollten Führungskräfte in Zusammenarbeit mit dem Personalbereich eine Nachfolgeplanung für Schlüsselpositionen und eine Förderkartei für den Nachwuchs haben.

Die Palette der Fördermaßnahmen ist breit:

- Entwicklung durch Einarbeitung oder Vertretung, mehr Verantwortung, Erweiterung der Aufgaben in die Tiefe oder in die Breite, Wechsel der Aufgaben (Job-Rotation), Gruppen- und Projektarbeit.
- Entwicklung durch Qualitätszirkel und Führungskreise, Peergroup-Kontakte und Supervision.
- Individuelle Beratung und Begleitung durch Tutoren, Mentoren, Paten, Sponsoren oder Coaching.
- Losgelöst von der Arbeitssituation (off-the-job) gibt es fachorientierte Seminare, persönlichkeitsorientierte Trainings und Workshops (Soft Skills), Förder-Assessment-Center strukturierte Ausbildungslehrgänge und E-Learning.

Checkliste Fördermaßnahmen

Warum diese Fördermaßnahme?	Ziel, Zweck, Ursache Unternehmensstrategie, Bedarfsanalyse
Wer ist geeignet?	Zielgruppe, Teilnehmer: Spezialisten, Führungskräfte, neue Mitarbeiter, Auszubildende
Was wird vermittelt?	Inhalte: Fachwissen, neue Technik, bessere Zusammenarbeit im Team, Führungsinstrumente, Soft Skills …
Wer führt aus?	Interne Fach- und Führungskräfte, externe Spezialisten, Trainer, Coaches, Referenten
Wie soll entwickelt werden?	Instrument, Methode: Präsenzseminar, E-Learning oder blended learning, CBT/WBT, Fallstudien, Projekte, praktische Übungen, Verhaltenstraining, Coaching, Shadowing, kollegiale Beratung
Wann?	Zeitpunkt, Zeitraum, Dauer: vor neuer Aufgabe, just-in-time, prozessbegleitend
Kosten?	Bezogen auf Bedarf, Risiken und Zielorientierung
Ort?	intern/in-house, on-the-job/am Arbeitsplatz, Seminarhotel, Intranet/Internet
Return on Investment und Transfer?	Wie und durch wen erfolgt die Erfolgsmessung? Übertragung in den Arbeitsprozess

Mitarbeiter in den Mittelpunkt stellen Hier noch ein Warnhinweis: Entwickeln Sie Mitarbeiter nicht um jeden Preis. Sie haben einen Mitarbeiter/eine Mitarbeiterin in der aktuellen Aufgabe beobachtet und Potenziale entdeckt? Dann gilt es zunächst, Interesse und Bereitschaft bei dieser/m Mitarbeiter/in zu prüfen und gegebenenfalls zu wecken: Durch Beratungsgespräche, Angebote, sich auszuprobieren (Aufgaben, Projekte…), Schnupperangebote (z. B. Hospitationen, Job-Rotation) oder auch das Angebot von Weiterbildung und Coaching. Wie die Diskussion des Themas Motive und Antreiber gezeigt hat: Es drängt keineswegs jeden Menschen dazu, Neues auszuprobieren (Querverweis: „Typgerecht" führen heißt, Bedürfnisse zu kennen und zu adressieren). Bei jemandem, der Sicherheit und Kontinuität vorzieht, könnte beispielsweise eine Rückkehroption die Bereitschaft fördern. Schließlich wollen Sie keine wertvollen Mitarbeiter „verheizen", sondern dafür sorgen, dass die zu entwickelnde Person in ihrer neuen Aufgabe gut zurecht kommt und langfristig motiviert bleibt.

Wichtig: Auch wenn der Mitarbeiter klar sagt: „Ich bin gerne hier und möchte hier bleiben", kann es sinnvoll sein, die ersten Schritte in Richtung einer Entwicklung zu gehen. Manchmal ist es Bequemlichkeit, Sozialisationserfahrung oder auch Schüchternheit, die da spricht. Was nicht geht: Jemanden gegen seinen Willen auf neue Positionen drängen.

Bevor solche Entscheidungen in die falsche Richtung gehen, machen Sie für Ihre Argumentation eine SWOT-Analyse (Querverweis: Probleme im Visier). Wägen Sie Kosten, Nutzen, Vor- und Nachteile und mögliche Risiken sorgfältig ab. Ist es wirklich der richtige

Weg, einen guten Facharbeiter auf eine Führungsposition zu entwickeln? Wird eine Mitarbeiterin, die im Backoffice alles im Griff hat, auch im Kundenservice an der „Front" erfolgreich sein können und umgekehrt? Investieren Sie Zeit in die Analyse der Bedürfnisse und Potenziale, nutzen Sie SWOT, der Aufwand lohnt sich.

Was Sie verhindern wollen: Dass ein Pinguin aus Grönland gegen alle Argumente auf den Posten eines Seeadlers in Südschweden entwickelt wird.

Der kann zwar lernen, mit einer Leiter auf den Baum oder Berg zu steigen, bekommt aber zerschlissene Schwimmhäute und wird an Heimweh kläglich eingehen.

Außerdem brauchen Sie dann einen Ersatz, der auf der Eisscholle in Grönland Fische fängt. Und wenn Sie dafür einen niedersächsischen Buntspecht bekommen, hackt der Löcher in die Eisscholle und Fische bekommen Sie auch keine mehr … Deshalb hier noch einmal ein Plädoyer für Respekt vor individuellen Stärken:

Gleiches Recht für alle

Eines Tages beschlossen die Tiere, dass sie etwas unternehmen müssten, um den Anforderungen der Zukunft gewachsen zu sein, und gründeten eine Schule. Sie führten einen Lehrplan für Leibesübungen mit den Fächern Laufen, Klettern, Schwimmen und Fliegen ein und beschlossen (weil das die Durchführung vereinfachte), dass jedes Tier an jedem Fach teilnehmen musste.

Die Ente war ein hervorragender Schüler im Schwimmunterricht und sogar besser als ihr Lehrer, bekam befriedigende Noten im Fliegen, war aber schwach im Laufen. Da sie im Laufen so langsam war, musste sie häufig nachsitzen und auch das Schwimmen aufgeben, um das Laufen zu üben. Das ging so lange, bis ihre Schwimmfüße arg verschlissen waren und sie nur noch ein durchschnittlicher Schwimmer war. Aber Durchschnittlichkeit wurde an der Schule akzeptiert, so dass sich keiner Gedanken darüber machte – außer der Ente.

Der Hase war anfangs Klassenbester im Laufen, erlitt dann aber einen Nervenzusammenbruch, weil er im Schwimmen so viel nachholen musste.

Das Eichhörnchen war ausgezeichnet im Klettern, bis der Unterricht im Fliegen es total frustrierte: Auf Anweisung des Lehrers musste es stets vom Boden aufwärts starten statt vom Baumwipfel aus nach unten. Diese Überanstrengung hatte zur Folge, dass das Eichhörnchen schließlich lahmte und eine Drei im Klettern und eine Vier im Laufen bekam.

Der Adler war ein Sorgenkind und wurde streng herangenommen. Im Klettern war er stets als erster auf dem Baum, bestand allerdings auch hartnäckig auf seine eigene Methode, hinaufzukommen.

Am Ende des Schuljahres hatte ein nicht ganz normaler Aal, der außerordentlich gut schwimmen und auch ein bisschen laufen, klettern und fliegen konnte, den besten Notendurchschnitt und durfte auf der Abschlussfeier die Abschiedsrede halten.[10]

Coachen

Der Übergang zwischen Beratung und Coaching ist fließend. Grundsätzlich gilt beim Coaching die Grundhaltung: Die zu coachende Person hat die Ressourcen, selbst eine Lösung zu entwickeln, der Coach fungiert lediglich als Geburtshelfer. Soweit die reine Leh-

---

[10] Reavis, G. H., Gleiches Recht für alle – oder vom Segen der kompensatorischen Erziehung, in: Newsletter der National Association for Gifted Children, London April 1982.

re. Wenn Sie nun als Führungskraft coachen, kann es durchaus vorkommen, dass Sie (zu einem möglichst späten Zeitpunkt im Gespräch) Ihre Lösungsideen anbieten. Es ist auch eine Frage der verfügbaren Zeit. Wo ist nun der Unterschied zwischen beraten und coachen? Eine Überlegung dazu: Sie beraten, wenn Sie sich in der Materie auskennen. Als Coach müssen Sie mit dem Problem und möglichen Lösungen keine Erfahrung haben. Es reicht aus, die richtigen Fragen zu stellen.

Systemischer Ansatz. Der Denkansatz der „systemischen Beratung" ist heute nicht mehr auf die Anwendung in der Psychotherapie beschränkt, sondern wird in Supervision, Coaching und Organisationsentwicklung angewandt. Die Grundannahme dieses Ansatzes: Der Mensch ist ein existenziell auf andere bezogenes Individuum – ein systemisches Lebewesen. Identität, Verhalten und Gefühlsleben hängen unmittelbar von den Systemen ab, denen das Individuum sich zugehörig fühlt. In der Kommunikation ist diese Betrachtungsweise hilfreich, wenn wir das Verhalten von Einzelpersonen und die Beziehungen in Gruppen verstehen wollen. Die systemische Sichtweise betrachtet Phänomene nicht isoliert, sondern will die Wechselwirkungen in komplexen Systemen begreifen. Aus diesem Verständnis heraus können dann Handlungsansätze entwickelt werden.

In der systemischen Sichtweise ist der von einer Situation betroffene Mensch entscheidend für die Lösung eines Problems. Dinge „sind" nicht an sich, sondern sie sind das, was wir ihnen zuschreiben. Die Wirklichkeit hängt von der individuellen Wahrnehmung und Befindlichkeit ab, jeder Mensch konstruiert seine eigene Wirklichkeit. So kann eine als schwierig empfundene Situation gelöst werden, indem die Person ihre Wirklichkeitskonstruktion verändert und sich in der Folge anders verhält als zuvor. Auf diese Weise macht die Person neue Erfahrungen und kann zu einer langfristig tragfähigen Verbesserung gelangen.

Wir können ein Phänomen begreifen, ein Problem lösen, wenn wir in der Lage sind, unsere Sichtweisen und Wahrnehmungen zu überdenken, Wahrnehmungsfilter zu verändern und uns selbst und andere unterschiedlich, d. h. neu wahrzunehmen. Daraus kann dann eine Änderung unseres Verhaltens folgen. Als Coach bieten Sie Hypothesen an, beziehungsweise erfragen solche Hypothesen, mit denen der Coachee sein Wirklichkeitskonstrukt verändern kann. Ob er diese Hypothesen nutzt, entscheidet der Coachee selbst.

Oberstes Gebot: Halten Sie Ihr Helferlein zurück! Stellen Sie Fragen, und hören Sie den Antworten zu. Wichtig ist dabei die Grundhaltung: Die Lösung steckt im Coachee. Die Wahrscheinlichkeit, dass wir eine Lösung umsetzen, ist größer, wenn wir sie selbst entwickelt haben. Außerdem laufen Sie als Führungskraft nicht Gefahr, Lösungen anzubieten, mit denen Ihr Coachee nichts anfangen kann. Die Anekdote vom Augenarzt beschreibt, was ich meine:

> Der Patient kann nicht mehr gut sehen. Der Arzt nimmt seine Brille ab, reicht sie dem Patienten und sagt: „Hier, versuchen Sie die doch mal, die hat mir jetzt schon zehn Jahre gut geholfen." Der Patient kann durch diese Brille gar nichts mehr sehen und schüttelt heftig den Kopf. Der Arzt ist daraufhin beleidigt, schließlich hat er doch so tolle Hilfe angeboten! Er fordert: „Also, Sie müssen sich schon ein bisschen Mühe geben!"

So wie andere Menschen nichts mit Ihrer Brille anfangen können, weil es eben eine ist, die für Ihre Augen angefertigt wurde, so ist es auch mit guten Ratschlägen. Die im Coaching angestrebten Lösungen müssen zum Coachee passen. Erst die Diagnose, dann das individuell passende Rezept.

Blickrichtung: Zukunft. „Lösungstrance" statt Problemtrance! Menschen, die ein Problem haben, neigen dazu, so lange um dieses Problem herum zu kreisen, bis ihnen schwindelig wird. Darum ist es besser nach Lösungen zu suchen, statt lang und breit das Problem auszuwalzen. In einem lösungsorientierten Gespräch eröffnen Sie Möglichkeiten, loten die Stärken und Ressourcen der Person aus, suchen nach Ausnahmen von der Regel, nach Situationen, in denen vergleichbare Schwierigkeiten erfolgreich überwunden wurden. Sie nutzen auch die Salamitaktik – auch Teillösungen und erste Schritte zählen.

Coaching-Techniken

Wenn Sie als Führungskraft Ihre Mitarbeiter coachen möchten, dann, weil Sie ihnen helfen wollen, Problemlösungen selbst zu finden. Das ist etwas anderes, als Lösungen vorzugeben, anzuleiten und Ratschläge zu erteilen. Im Mittelpunkt steht dabei die Wahrnehmung und Wirklichkeitskonstruktion des Mitarbeiters – und diese zu erkennen führt über intensive Beobachtung und voll ausgefahrene Wahrnehmungsantennen auf Seiten der Führungskraft.

Klassische Coaching-Techniken sind Rapport und Pacing. Das bedeutet, dass Sie zunächst in einem solchen Gespräch einen guten Kontakt herstellen wollen, dass Sie sich auf den anderen einstellen, sich auf eine gemeinsame Wellenlänge einschwingen. Ist das erreicht, können Sie Leading nutzen –die Situation führen – d. h. neue Richtungen einschlagen. Der wichtigste Part des Coachings besteht dann im aktiven Zuhören und schließlich im Reframing. Durch Fragen bringen Sie den Coachee dazu, die Situation genau zu beleuchten und bisherige Wahrnehmungsfilter auszuschalten. So kann der Coachee die Dinge aus einem anderen Blickwinkel neu wahrnehmen, und daraus ergeben sich neue Lösungsansätze. Der Coachee überprüft seine Wirklichkeitskonstruktion.

Es sind Techniken, die Sie ohnehin unbewusst in Gesprächen anwenden – hier geht es darum, diese Verhaltensweisen bewusst zu nutzen und zu steuern.

Rapport, Pacing, Leading Wir fühlen uns wohler, wenn wir mit dem Gegenüber eine gemeinsame Wellenlänge finden. Wenn wir dem Gesprächspartner eine Erscheinung und Sprache anbieten, die der seinen ähnlich ist, wird Vertrauen und Sicherheit aufgebaut. Das läuft über das räumliche Setting und die Kleidung und Körpersprache ebenso wie über Sprache.

Den körpersprachlichen Rapport stellen Sie in der Regel automatisch her. Beobachten Sie Menschen im Café: Wenn ein Gesprächspartner die Beine übereinanderschlägt, wird das wenig später auch die andere Person tun. Wir greifen zur Kaffeetasse, streichen uns die Haare aus der Stirn … Unbewusst spiegeln wir solche kleinen Gesten und stellen so eine gemeinsame Wellenlänge her.

Coaches, die mit NLP (Neurolinguistische Programmierung) arbeiten, setzen solche Spiegelungen bewusst ein. Das erfordert viel Erfahrung und Übung, sonst wirkt es aufgesetzt und irritiert eher. Gleiches gilt für die Beobachtung der Sprache. Je nach dem, welchen Wahrnehmungskanal wir bevorzugen, nutzen wir dazu passende Vokabeln und Vorstellungen. Die Abkürzung VAKOG ist jedem, der sich mit Rhetorik beschäftigt hat, ein Begriff. Erfolgreiche Rhetoriker sprechen alle Sinne an, um ihr Publikum zu erreichen: visuell (sehen), auditiv (hören), kinästhetisch (fühlen), olfaktorisch (riechen), gustatorisch (schmecken).

Bei NLP achtet der Coach beim Rapport darauf, welche Wahrnehmungskanäle der Coachee bevorzugt und spiegelt diese Vorliebe. Wir haben in der Regel zwei Kanäle, die wir generell bevorzugen – NLP unterscheidet in der Hauptsache visuelle, auditive und kinästhetische Typen. In verschiedenen Situationen, z. B. unter Stress, bei Angst oder Freude, können wir jedoch die bevorzugten Kanäle auch wechseln.

Unsere Sprache spiegelt bevorzugte Wahrnehmungskanäle

Visuelle Typen sagen beispielsweise: Das sehe ich nicht! … Da habe ich keine klare Vorstellung von. Das sehe ich nicht ein. … Da sehe ich schwarz! … Die Sache ist ziemlich undurchsichtig. … Ich will Einblick in die Sachlage haben, …

Auditive Typen nutzen Vokabeln wie: Das klingt super! Ich habe mich auch schon gefragt … .Ich sage mir immer … Wir haben es doch früher verstanden, diese Dinge in Einklang miteinander zu bringen! … Ich will da niemandem nach dem Mund reden. … Lassen Sie uns das gut vorbereiten, sonst gehen wir sang- und klanglos unter! … Das pfeifen die Spatzen doch schon von den Dächern …

Kinästhetische Typen sagen: Da habe ich ein ungutes Gefühl! … Mir wird kalt und heiß, wenn ich daran denke. … Das ist meine unumstößliche Meinung. … Welchen Standpunkt vertreten Sie denn? … Sie stellen mich hier vor vollendete Tatsachen. … Da lässt sich nicht dran rütteln. … Da kommt ein raues Klima auf uns zu. … Am Markt wird eine Tendenz zu … spürbar. … Mir wird schlecht bei diesem Gedanken …

Der olfaktorische Kanal findet sich bei Formulierungen wie: Da riecht man doch schon den Braten! … Ich habe die Nase voll! …

Gustatorisch sind Äußerungen wie: Das hat doch einen faden Beigeschmack! … Das schmeckt mir gar nicht, dass wir diesen Termin nicht bekommen.

Der Coach richtet seine Aufmerksamkeit darauf, welche Vokabeln der Gesprächspartner vorzugsweise benutzt und verwendet dann auch Worte und Metaphern aus diesem Umfeld. Der Einsatz dieser sprachlichen Rapport-Technik, erfordert intensive Vorbereitung und Übung. Ich empfehle, diese Beobachtungsmöglichkeit in schwierigen Fällen zusätzlich zu nutzen, wenn Sie merken, dass Sie keinen Zugang finden. Für die Kinästheten können Sie dann beispielsweise überlegen, wie Sie Dinge im Wortsinn greifbar, (an-)fassbar machen können. Es kann auch sinnvoll sein, mit diesen Menschen Dinge im Rahmen einer Begehung zu besprechen. Wenn Sie bemerken, dass Sie es mit einem auditiven Menschen zu tun haben, kann es hilfreich sein, wenn Sie beim Gespräch nebeneinander sitzen, dann lenken visuelle Impulse nicht so sehr von den besprochenen Inhalten ab. Für visuelle Menschen sind Illustrationen und andere Visualisierungen nützlich.

Atmosphäre gestalten In jedem Falle sollten Beratungs- und Coachinggespräche nicht „frontal" mit Sitzpositionen vor und hinter einem Schreibtisch stattfinden. Eine Besprechungssituation auf „Augenhöhe" mit der Möglichkeit, die Blicke schweifen zu lassen passt besser. Räume haben übrigens großen Einfluss auf den Wohlfühlfaktor. Zu groß oder zu klein ist ebenso kontraproduktiv wie extrem grelle/kalte oder eher gedämpfte, „funzelige" Beleuchtung. Der Geräuschpegel der Umgebung kann ebenfalls ein erheblicher Störfaktor sein. Dazu zählen Verkehrslärm und Maschinengeräusche ebenso wie brummende Neonröhren oder Trafospulen. Bei unpassenden Raumgrößen und unglücklicher Beleuchtung habe ich die Erfahrung gemacht, dass es schwieriger wird, den Kontakt zu den Menschen aufzunehmen – die Aufwärmphase dauert länger und kostet den Coach mehr Kraft.

Ist der Rapport hergestellt, kommt das Pacing. Wir lassen uns auf das Tempo des Coachee ein. So wie wir bei einem Spaziergang zu zweit unser Schritt-Tempo und unsere Schrittlänge auf den anderen einstellen, so nehmen wir als Coach das Tempo unseres Gesprächspartners auf. Wir sprechen und bewegen uns in einem ähnlichen Rhythmus, gleichen unsere Lautstärke an, passen unsere Atmung in Frequenz und Tiefe an.

Ist schließlich die Vertrautheit und Sicherheit aufgebaut, kann der Coach dazu übergehen, die Führung zu übernehmen: Leading. Dann nehmen Sie bewusst Tempo raus oder sprechen bewusst schneller. Oder Sie schlagen eine neue Richtung ein und nehmen den anderen mit.

Aktiv zuhören und Reframing Aktiv zuhören ist im Coaching nicht anders als in allen anderen Gesprächen: Die andere Person steht im Mittelpunkt. Wir hören genau hin, wie ein Reporter, so dass wir hinterher das Gehörte wiedergeben können. Aufmerksam, Blickkontakt halten, zugewandte Körperhaltung. Dabei ist es hilfreich, die eigenen Gedanken im Zaum zu halten und nicht mit Worten auszuhelfen. Warten Sie, bis die andere Person ihre Gedanken formuliert hat. Sie hören zu, spiegeln, was bei Ihnen angekommen ist und stellen weitere Fragen. So beleuchten Sie gemeinsam mit dem Coachee die Situation/Fragestellung von allen Seiten.

Wenn sich der „Casus Knacksus" herauskristallisiert hat, können Sie durch weitere Fragen den Coachee anleiten, seine Wahrnehmungen und Gedanken in einen neuen Rahmen zu setzen. Reframing hilft, bestimmte Aspekte, die dem Betroffenen zu schaffen machen, quasi in einen anderen Zusammenhang zu stellen, Bekanntes und Vertrautes, auf eine neue Art, aus einer anderen Perspektive zu sehen.. Das kann der Blickwinkel einer dritten Person sein oder auch eine Betrachtung in der Vergangenheit oder Zukunft. Beispielfragen: „Wie würde Ihr Kollege X die Situation angehen?" „Hatten Sie so eine Situation schon einmal in einem anderen Zusammenhang, z. B. im Privatleben?"

Assoziiertes und dissoziiertes Verhalten Agieren Sie emotional beteiligt oder betrachten Sie das Problem losgelöst, von außen? Jedes System, jede Organisationsstruktur, jeder „Problembesitzer" möchte einen Außenstehenden zum Beteiligten machen. Immer dann, wenn Sie als Berater von einer Situation persönlich emotional betroffen sind, sind Sie assoziiert, d. h. Sie laufen Gefahr, die Sichtweise des Coachees bzw. des Problemumfeldes einzunehmen. Vorteil: die Beteiligten sehen dies als Vertrauensbeweis. Nachteil: Sie verlieren die Neutralität und den nötigen Abstand, die Dinge von außen zu betrachten.

Dissoziiertes Verhalten ist daher für jede Beratungssituation notwendig, um den Betroffenen neue Perspektiven aufzeigen zu können. Durch die Außensicht ist es möglich, eine Problemsituation in all ihren Facetten umfassend zu betrachten. Als guter Berater/Coach oszillieren Sie ständig zwischen dissoziiertem und assoziiertem Verhalten. So können Sie einerseits Verständnis entwickeln und Vertrauen aufbauen und andererseits Neutralität und Lösungskompetenz einbringen.

Coachen mit GROW (s. Abb. 32)[11]

G Goal setting

Was ist das Ziel des Gesprächs? Was will der Coachee verändern? Klären Sie in dieser ersten Gesprächsphase diese Punkte so konkret wie möglich und den „Soll-Zustand"!

R Reality checking

Wie sieht die aktuelle Wirklichkeit aus? Machen Sie das ganze Bild bewusst. In dieser Phase analysieren und hinterfragen Sie die Situation, sowohl die Fakten, als auch die Wahrnehmung des Coachee. Ebenso werden hier unzureichende Lösungsversuche der Vergangenheit beleuchtet. Beschreiben statt beurteilen! Wenn die Problemstellung sich nach der Analyse anders darstellt als zuvor angenommen, kann das Ziel neu formuliert werden.

O Obstacles + Options

Welche Handlungsalternativen gibt es? Hier sprechen Sie über mögliche Lösungen. Die Ideen entwickelt der Coachee. Der Coach hilft durch Fragen beim Reframing. Alle Ideen schriftlich festhalten.

W Way out

Coachee plant die Umsetzung von Lösungsansätzen. (smart!) Je nach Situation kann dies eine Selbstverpflichtung sein oder eine Verpflichtung gegenüber anderen/dem Vorgesetzten. Wichtig: zu den Lösungsschritten und einem Zeitplan gehört auch der Einbau von Kontrollmechanismen.

---

[11] Dieses Modell entstand in den 80er Jahren des 20. Jahrhunderts. Ein eindeutiger Urheber ist nicht bekannt. Als Beitragende finden sich Berater und Autoren wie Graham Alexander, Alan Fine, Sir John Whitmore oder auch Max Landsberg.

Abb. 32 Coachen mit dem GROW-Modell

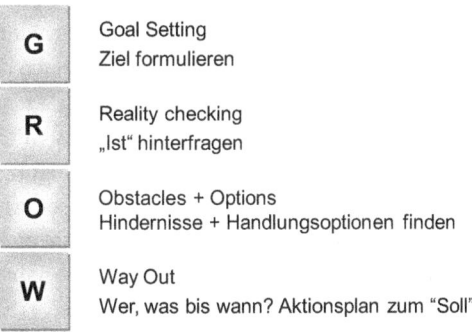

G — Goal Setting
Ziel formulieren

R — Reality checking
„Ist" hinterfragen

O — Obstacles + Options
Hindernisse + Handlungsoptionen finden

W — Way Out
Wer, was bis wann? Aktionsplan zum "Soll"

Noch ein Tipp von meinem ersten Coach, den ich Ihnen gerne weiterreiche: Sie sind nicht die Kindergartentante/der Kindergartenonkel Ihrer Mitarbeiter. Wenn Sie sich dabei erwischen, die Probleme anderer lösen zu wollen, pfeifen Sie sich selbst zurück. Mein Mentor riet mir damals, eine Windel an die Wand gegenüber dem Schreibtisch zu nageln. Immer, wenn ich meinen Leuten den Hintern abwischen wolle, solle ich das Ding ansehen und es lassen.

Als Trainer und Coach lernen Sie das Phänomen der Klagenden kennen, das sich auch im Führungsalltag findet. Ein/e Klagende/r sucht nicht in erster Linie eine Lösung. Anders ausgedrückt: Die Lösung besteht für diese Person zunächst darin, ihr Leid zu klagen. In solchen Fällen hilft mitfühlendes Zuhören, bieten Sie kurze Äußerungen an: „Hmm, … Oh! … Ach! … Ich verstehe! Wirklich?!" Wenn Sie in einer solchen Situation forschend nachfragen, die Situation analysieren wollen, um dem Gesprächspartner auf die Sprünge zu helfen, werden Sie nach meinen Erfahrungen jede Menge „ja, aber…!" hören. Oder wahlweise: „Hab' ich doch schon alles versucht!" zur Antwort bekommen. Je mehr Energie und Optimismus Sie dagegensetzen, desto länger wird das Klagelied. Und weil Ihre Energien ins Leere laufen, sind Sie am Ende mindesten so frustriert wie der Klagende. Darum: Gehen Sie darauf ein und lassen Sie die Person klagen. Es kommt der Zeitpunkt, da ebbt das Klagen ab, dann können Sie fragen: „Und was wollen Sie jetzt tun?" Kommt jetzt ein Hinweis, dass Sie helfen sollen, fragen Sie weiter: „Und was hatten Sie überlegt, wie ich Ihnen helfen könnte?" Nach meinen Erfahrungen haben diese Personen oft tatsächlich eine wahre Odyssee hinter sich und befinden sich in einer Situation, die ich als Sintflut bezeichne – alle Optionen für Veränderung scheinen ausgeschöpft. Sie haben sich für den Moment arrangiert oder versuchen sich selbst davon zu überzeugen. Sie sind noch nicht so weit, drastischere Konsequenzen zu ziehen. Der Frust muss zwischendrin mal raus.

Beispiele für Coaching-Fragen

Eine Reihe von Grundgedanken lenken die Fragen im Coaching:

- Alle wirken mit. Probleme sind „interpersonell", also zwischen Menschen. Es gibt immer einen Kontext, und es lohnt sich, den zu hinterfragen: die an einer Situation beteiligten Personen, die zwischenmenschlichen Beziehungen und die Umstände.

- Alles hat einen Nutzen. Menschen verhalten sich in einer bestimmten Art und Weise, weil sie etwas davon haben. Also hat auch die Verhaltensweise, die zum Problem führt, einen Nutzen. Welchen? Wir suchen daher nach positiven Bewertungen. Was ist „gut" an der aktuellen Situation? Was ist das Gute im Schlechten? Wem nützt das?
- Nichts gilt immer. Die Welt ist in Bewegung, wir betrachten also den jeweiligen Augenblick. Wir arbeiten dabei lösungsorientiert, d. h. wir wollen dem Coachee helfen, die Zukunft zu gestalten (statt die Vergangenheit zu bewältigen).
- Zielbeschreibung: Der Coachee beschreibt den zu erreichenden Lösungszustand und findet heraus, welche Voraussetzungen erfüllt sein müssen, um diese Lösung zu erreichen. Dabei wird geklärt, welche Hindernisse überwunden werden müssen, um den Lösungszustand zu erreichen.

Konkretisierungsfragen Die Schwierigkeit bei der Problemlösung liegt häufig darin, dass das Problem zu allgemein beschrieben ist. Durch konkretisierende Fragen richten wir unser Augenmerk auf beobachtbare Fakten, Merkmale und Kriterien.

- Wie zeigt sich das Verhalten?
- Was tut der andere genau?
- Woran merken Sie es?
- Was tun Sie, wenn…?
- Ab wann sagen Sie, jemand ist…?
- Welches Verhalten erleben Sie, wenn Sie sagen jemand ist…?
- Beschreiben Sie bitte ein Beispiel.

Klärende Fragen Mit diesen Fragen wollen wir Zusammenhänge und Hintergründe und Zustandekommen von Ereignissen sichtbar machen oder Interessen und Beziehungsmuster erkennen.

- Wann tritt das Problem auf?
- Wie läuft das ab?
- Welche Wirkungen und Effekte haben Sie beobachtet?
- Wer ist denn noch davon betroffen?
- Wie erklären Sie sich das?
- Wo würden Sie Ihren Anteil sehen?
- Wie stehen Sie zu den anderen Beteiligten?
- Wer profitiert von dieser Situation?
- Gibt es Ausnahmen? Wann tritt das Problem nicht auf?
- Warum tritt das Problem in der anderen Situation nicht auf? Was machen Sie da anders?

Bisherige Lösungsversuche
- Welche Schritte haben Sie schon unternommen?
- Was haben Sie erreicht?

- Welche Ergebnisse haben Sie damit geschaffen?
- Wie haben Sie es geschafft, dass es nicht noch schlimmer geworden ist?
- Was könnten Sie tun, damit die Situation noch schlimmer wird?

Ziel finden – Lösung im Fokus

- Wenn Sie einen Tag Urlaub vom Problem machen könnten, wie könnten Sie das am besten erreichen?
- Was wäre, wenn das Problem plötzlich nicht mehr da wäre?
- Wunderfrage stellen: Angenommen, es würde über Nacht – während Sie schlafen – ein Wunder geschehen, und Ihr Problem wäre gelöst. Wie würden Sie das merken? Wer würde es zuerst bemerken? Was wäre an diesem Morgen anders?
- Welchen anderen Blickwinkel kann der Coachee einnehmen? Angenommen, Sie würden dieses Problem mit den Augen Ihrer Kunden (eines Kollegen/eines Experten) sehen, welche neuen Blickwinkel ergäben sich daraus?

Ziel überprüfen Mit hypothetischen Fragen werden Lösungsansätze durchgespielt und auf ihre Machbarkeit und Zielorientierung überprüft. Angenommen …

- …, Sie führen das Gespräch mit XY. Was würde sich ändern?
- Nehmen wir an, das Ziel ist erreicht, wer verhält sich da wie?
- Gesetzt den Fall, das Ziel wäre erreicht, was unterlassen Sie, was unterlassen andere?
- Was wäre, wenn… Stellen Sie sich vor, das Problem wäre gelöst … Was wäre dann anders? …Was hätte sich geändert? …Was wäre passiert?
- Angenommen, Sie setzen diese Lösung jetzt um. Wenn wir uns in zwei Monaten wieder darüber unterhalten, was wird anders sein?
- Woran werden die anderen merken, dass das Problem gelöst ist?

Umsetzung absichern

- Was genau werden Sie nun tun? (Was sind die ersten drei Schritte, die Sie nun umsetzen?)
- Wann werden Sie es tun?
- Wer muss wissen, was Sie vorhaben?
- Welche Hindernisse könnten Sich Ihnen in den Weg stellen?
- Welche Unterstützung benötigen Sie für die Umsetzung? (Personen? Sachmittel, sonstige Ressourcen?)
- Wie und wann werden Sie diese Unterstützung bekommen?

Skalierungsfragen Bewerten Sie auf einer Skala von 1 bis 10, wie sicher Sie sind, dass Sie diese Vereinbarung wirklich umsetzen, dass Sie tatsächlich so handeln werden. Bewertet der Coachee unter 8, ist die Lösung noch nicht tragfähig.

Change: Menschen in Veränderungssituationen begleiten

Veränderungen in Unternehmen sollten gut vorbereitet sein. Wenn Sie privat von Hamburg nach München ziehen wollen, dann packen Sie ja auch nicht die Koffer und marschieren los. Sie schauen erst einmal, wie Sie in München Ihre Brötchen verdienen können und wo Sie ein Dach über dem Kopf finden. Darum hilft es, Veränderungen gründlich vorzubereiten.[12]

Veränderungen vorbereiten:

Zeitplan	Enthält Beginn, Ende, Schritte, Meilensteine/Entscheidungs- und Überprüfungspunkte.
Ressourcenplanung	Wer bringt wann wie viel Zeit ein und welche finanziellen Mittel werden benötigt.
Kommunikationsplan	Fasst zusammen, wann wer was mit Hilfe von welchen Medien, wo und bei welcher Gelegenheit sagt.
Implementierungsrisiken	Bereitschaft oder Widerstand seitens der Beteiligten für die Durchführung der Veränderung? Was sind die Quellen hierfür? Ist es Unsicherheit und Mangel an Information? Sind die Mitarbeiter über ihre Qualifikation unsicher? Haben Sie Verlustängste – warum? Welche Maßnahmen sind möglicherweise zu ergreifen?
Motivation und Akzeptanz	Maßnahmen, die Partizipation zulassen, Bedeutung der Führungskräfte als Leitbilder und Förderer herausstellen, positive Folgen gegenüber dem jetzigen Zustand abwägen und Chancen für die Zukunft betonen
Plan der Fortschrittskontrolle	Enthält Messkriterien, erleichtert ganz wesentlich das Controlling der einzelnen Veränderungsschritte, zum Beispiel die Arbeitsschritte Datensammlung, Analyse, Entwickeln von Alternativen und Einführungsmaßnahmen.
Projektorganisation	Berücksichtigt Entscheidungsregeln und Verantwortlichkeiten (Feedback-Schleifen, um aus Fehlentwicklungen zu lernen; Frühwarnsignale, um Koordinationsprobleme zu lösen und Konflikte positiv zu nutzen).
„Landkarte" der Beteiligten	Macht deutlich, wer Förderer (Sponsoren), betroffene Zielgruppen, Projektbeteiligte und Meinungsführer im Unternehmen für oder gegen das Vorhaben sind.

Wenn eine Veränderung geplant ist, dann brauchen Sie das, was auch für eine Entscheidungsvorlage (Querverweis: Entscheidungen herbeiführen) erforderlich ist – als Führungskraft wollen Sie antwortfähig sein:

---

[12] Die Literatur zum Thema Change ist vielfältig. Einen guten Überblick über die praktische Seite von Changemanagement gibt der Artikel von Ulrich Althauser in: Handbuch Personal, Landsberg am Lech, 2005. S.380 ff.

Abb. 33 Zwischen Partizipation und Tempo: Erfolgsfaktoren in Veränderungsprozessen

• Die Antwort auf die Sinnfrage: Warum findet dieses Veränderungsprojekt statt? (Vorgeschichte, Auslöser, Antreiber, Erfahrungen, übergeordneter Zusammenhang)
• Wie lautete das konkrete Ziel?
• Nutzen? Welche Argumente sprechen dafür? Welche sprechen dagegen und warum ist das nicht Priorität? Wem nützt die Veränderung? Gibt es unterschiedlichen Nutzen für verschieden Gruppen?
• Wer initiiert und trägt die Veränderung? Sind sich alle Träger von Verantwortung einig? Wer unterstützt? Wer blockiert? Welche Interessen sind tangiert? Wie ist die Kultur im Unternehmen (Vertrauen oder Misstrauen?)
• Wie wird die Sache ablaufen? Organisation, Dauer, Controlling: Wann passiert was? Wie lange dauert es? Wie läuft der Informationsfluss im Veränderungsprojekt? Wie werden die Mitarbeiter eingebunden? Ist Unterstützung vorgesehen? Wie wird der Fortschritt überprüft?

Das alles wollen Sie wissen, damit Sie die Menschen, die Sie führen, einbinden können, denn die Erfolgschancen einer gezielten Veränderung im Unternehmen wachsen mit der Einbindung der Betroffenen. Der zweite Faktor ist das Tempo, mit dem die Veränderung voranschreitet. Ein Veränderungsprozess soll die Leute nicht über den Haufen rennen, aber auch nicht durch zögerliches Hin- und Her ausbremsen (s. Abb. 33).

Menschen reagieren mit ähnlichen Verhaltensweisen auf Veränderungen. Zunächst wollen Sie es nicht glauben, dann stellt sich Ärger und Wut ein. Wenn deutlicher wird, dass die Veränderung tatsächlich kommt, dann verlegen sie sich aufs Feilschen: Was bekomme ich denn dafür, wenn ich mitmache. Schließlich wird klar: Es gibt nichts zu feilschen. Der dann folgenden Resignation schließt sich eine Phase an, in der wir uns in unser Schicksal fügen und am Ende sogar anfangen, die neue Situation auszuloten. Daraus kann dann

Abb. 34 Verhaltensmuster bei Veränderungen

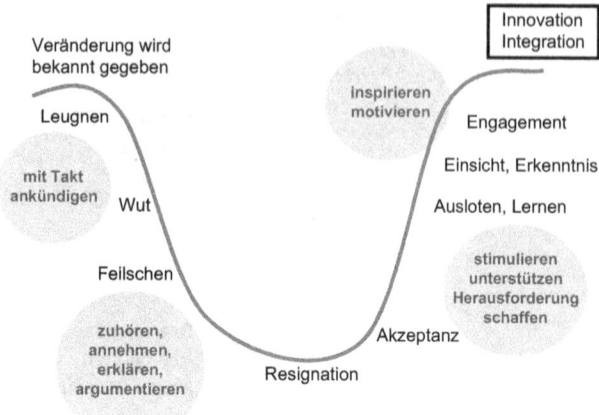

wieder neues Engagement entstehen. Die Kurve der Verhaltensmuster bei Veränderungen beschreibt diesen Verlauf.[13]

Als Führungskraft können Sie diese Welle begleiten: Mit Takt ankündigen. Vorteile, Sinn und Zweck der Neuerungen erläutern. Zuhören, akzeptieren und erklären. In der letzten Phase ist es Ihre Aufgabe, zu stimulieren und Herausforderungen zu schaffen.

Wichtig: Sie können Veränderungen nur dann gut begleiten und „verkaufen", wenn Sie selbst dahinter stehen. Das bedeutet, Sie sollten zunächst bei sich selbst eine Überzeugungsbasis schaffen, damit Sie andere überzeugen können. Was nicht gut funktioniert: Mit schulterzuckender Resignation voranzugehen: „Die da oben wollen das, da kann ich auch nichts machen…" Besser: „Ich sehe durchaus die Defizite dieser Veränderung, es spricht jedoch Folgendes dafür …" Nennen Sie die Gründe, warum Sie selbst eine Neuerung initiieren oder akzeptieren. Was hilft Ihnen, die Sache trotz Bedenken zu tragen? Dann können Ihre Mitarbeiter Ihnen folgen (s. Abb. 34).

Ebenfalls hilfreich: Mitarbeiter an Entscheidungsprozessen beteiligen. Wer selbst zu der Erkenntnis gekommen ist, welche Lösungen praktikabel und welche utopisch sind, kann die Umsetzung leichter tragen.

Bei jeglicher Veränderung gilt: Sie verändert auch die Spielregeln und das Gleichgewicht.

Menschen verändern sich nur dann freiwillig, wenn sie etwas gewinnen können. Und diese Frage entscheiden sie nicht nach rationaler Analyse und gewichteten und bewerteten

---

[13] Es gibt mehrere Quellen, an denen sich diese Darstellung orientiert. Da ist das 3-Phasen-Modell von Kurt Lewin: Auftauen – Bewegen – Einfrieren (1947). Eine viel genutzte Vorlage lieferte Elisabeth Kübler-Roß, eine schweizerisch-amerikanische Psychiaterin, die ihre Krebserfahrung dokumentierte, und eine solche Veränderungskurve aufzeichnete: Kübler-Ross, Elisabeth, On Death and Dying, New York, 1969. Claudia Kostka und Annette Mönch haben eine Kurve gezeichnet, die die Wahrnehmung der eigenen Kompetenz einbezieht. 2009 erschienen: Change Management: 7 Methoden für die Gestaltung von Veränderungsprozessen.

Abb. 35 Veränderung ist das Ergebnis von Erwartungen und vermuteten Kosten

- Jede Veränderung verändert auch die Spielregeln und das Gleichgewicht
- Ich verändere mich nur dann freiwillig, wenn ich etwas gewinnen kann

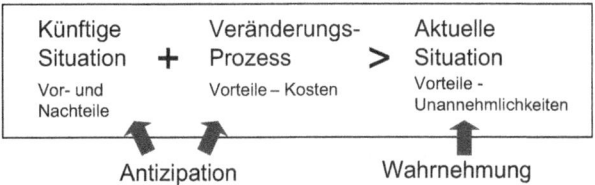

Kriterien, sondern nach ihren ganz individuellen Wahrnehmungen und Erwartungen (s. Abb. 35).

Veränderungen lassen sich nicht verordnen. Wenn daraus eine dauerhaft tragfähige Situation erwachsen soll, müssen die Betroffenen eingebunden werden. Veränderungen in Unternehmen begleiten heißt darum: Zwang ausüben und ihn zugleich akzeptabel machen – für die einzelne Person und für die Gruppe, das Kollektiv. Es gilt, Bedingungen zu schaffen, die kollektives Lernen erlauben.

Es gibt keine einfachen Rezepte für die Durchführung von Veränderungen, weil so viele Faktoren mitwirken:

Komplexität, Kontingenz, Geschwindigkeit und Beschleunigung, individueller und kollektiver Einsatz, die „Macht" der Akteure. Jeder Schritt muss von Fall zu Fall gestaltet werden. Wenn Sie ein Veränderungsvorhaben ausarbeiten wollen, beachten Sie bitte diese fast gesetzmäßige Logik:

Regel 1: Keine Veränderung ohne Widerstand

Regel 2: Alles eignet sich zum Widerstand gegen Veränderungen

Am Anfang jeden Widerstands stehen Ängste:

Psychologisch:

- die Angst vor dem Unbekannten, dem Neuen
- Vorrang/Vorliebe für die Stabilität und die Gewohnheiten
- Angst, zu verlieren, was man besitzt – sozialer Status, Anerkennung, Abwechslungsreichtum und Interesse an der Arbeit, soziale Kontakte
- die Angst, dem Wandel nicht gewachsen zu sein, es nicht zu schaffen, nicht ausreichend fähig/kompetent zu sein

Ökonomisch:

- die reale und objektive Perspektive, nach der Veränderung in einer schlechteren finanziellen Situation zu sein (Gehalt, Prämien,…)

Soziologisch:

- Angst, nach der Veränderung weniger Autonomie, weniger Einfluss, weniger Handlungsspielraum zu haben und weniger Macht …

Phasen und (Gesprächs-)Führung Der Widerstand ist gegen Bewegung gerichtet. Es ist jedoch kein einfacher Stillstand, sondern eine Phase der Reifung, ebenso notwendig wie unumgänglich. Die Menschen wollen und müssen die Veränderungen, die sie betreffen, verstehen, bevor sie darauf reagieren können.

Der Widerstand gegen Veränderungen ist nicht mehr oder weniger rational, nicht mehr oder weniger legitim als die Veränderung, die ihn hervorruft!

Die Reaktion der Menschen ist vor allem emotional. Angesichts von Veränderungen durchlaufen Mitarbeiter in Unternehmen in der Regel fünf „normale" Stadien, die Sie in Ihren Führungsgesprächen begleiten:

Die erste Reaktion ist Ablehnung, Leugnen, die Weigerung, zu verstehen:„

Das glaube ich nicht! Das stimmt gar nicht! Das ist nicht möglich, warum ich?" Die Menschen verstehen nicht, was ihnen geschieht und versuchen es auszublenden. Hier hilft: Information, Information und noch einmal Information. Sie erklären den Sinn und Nutzen der Veränderung und in welchen Schritten sie sich vollziehen wird.

Dann folgt Wut, die Menschen lehnen sich auf:

„Da mache ich nicht mit! … Ich werde das niemals akzeptieren! Wir haben noch nie…! Nein! Und wenn die sich auf den Kopf stellen!" Es kommt zu Schuldzuweisungen an scheinbar Verantwortliche „Die sind doch Schuld, dass es so weit gekommen ist! Ihre beste Reaktion: Auffangen, verstehen und Verständnis äußern, geduldig sein."

Nach einer Weile – der Veränderungsprozess ist weiter in Gang – folgt das Feilschen: „Wenn das so ist, dann möchte ich im Gegenzug, dass…" Die Menschen versuchen, Vorteile herauszuschlagen und tatsächliche oder erwartete Nachteile auszugleichen. Das hören Sie sich an und nehmen es auf. Wenn sinnvolle Angebote dabei sind, spricht nichts dagegen, sie aufzugreifen. Sie erklären, argumentieren, „verkaufen" den Prozess. Grundsätzlich: Sagen was geht, sagen was nicht geht. Hier passt die Dialogstrategie (Querverweis: Durchsetzungsorientierte Dialogstrategie).

Schließlich folgt die Resignation: „Da kann ich offensichtlich nichts ausrichten!" Die Menschen werden sich der Tatsachen bewusst, dass sie den Prozess nicht aufhalten können. Als Führungskraft informieren Sie weiter und erklären den Sinn und Nutzen der Veränderung. Erlauben Sie Ihren Mitarbeitern diese Trauerphase.

Das letzte Stadium bringt Akzeptanz. Die Veränderung wird in die individuelle Wirklichkeit „eingebaut", Kompromisse gefunden: „Am Ende ist es vielleicht besser so." Die Menschen akzeptieren die Situation und deren Folgen. Jetzt können Sie bestätigen und bestärken, fördern und unterstützen.

Führungskräfte können und dürfen Widerstand nicht sofort unterdrücken. Aber Sie können alles daransetzen, ihn zu verringern.

Dieser Weg führt über umfassende Information: Das „Was", „Warum", „Wohin" und „Wie" erklären. Es hilft, über die Ergebnisse vergleichbarer Prozesse in anderen Bereichen des Unternehmens zu berichten. Es nützt, Mitarbeiter zu coachen, zu unterstützen und zu ermutigen. Sie zu trainieren, ihnen zu helfen, ihre Fähigkeiten zu entwickeln, die am Ausgangspunkt der Sorgen und Bedenken stehen. Wichtig ist es auch, „Verluste" (materiell und sozial) zu identifizieren und zu diskutieren. Am wichtigsten ist Geduld. (Querverweis: siehe auch Info „verkaufen" ohne Überzeugung?)

Mut zu neuen Ufern: Trennung kann beiden Seiten gut tun

Sie haben in Ihren Gesprächen alles richtig gemacht, eine(n) Mitarbeiter(in) informiert, begleitet, gefordert und gefördert, vielleicht sogar Jahre mit der Person zusammengearbeitet und doch ist ein Punkt erreicht, an dem es nicht mehr weiter geht? Das kann jederzeit passieren. Die Gründe sind vielfältig: Die Anforderungen des Unternehmens haben sich verändert, Anpassungen an die aktuelle wirtschaftliche Lage fordern Tribut, in der Folge von Zusammenschlüssen werden Stühle gerückt, der/die Mitarbeiter(in) ist an einem Punkt angelangt, an dem das Unternehmen keine passende Aufgabe mehr anbieten kann … Die Entscheidung sich zu trennen ist in solchen Fällen schwer – und wichtig.

Dabei eröffnen sich dadurch auch Chancen. Ein Mitarbeiter, der an einer Stelle nicht mehr gut passt, kann mit seinen Erfahrungen an anderer Stelle einen guten Job machen und erneut Erfolge erleben. Mit solchen neuen Erfahrungen im Gepäck könnte die Person zu einem späteren Zeitpunkt sogar für das alte Unternehmen wieder interessant werden.

Dahinter steckt der Gedanke, dass wir im Laufe unseres Berufslebens nie aufhören zu lernen und stetig neue Fähigkeiten und Erfahrungen sammeln. Es wäre demnach nur logisch, dass wir uns nach einer gewissen Zeit neu orientieren und positionieren. Das wäre ganz im Sinne eines flexiblen Arbeitsmarktes, an dem Unternehmen die richtigen Fachleute für aktuelle Anforderungen finden.

Nun ist der Verlust eines Arbeitsplatzes für die wenigsten der Schritt in eine Neuorientierung, sondern wird in erster Linie als Makel empfunden. Die Motivation: sofort einen Anschlussjob finden! Wilder Aktionismus statt strukturierter, strategischer Herangehensweise. Die Enttäuschung wird oft nicht überwunden. Die „Bedürftigkeit", die die Freigesetzten mit sich herumtragen, überstrahlt ihre Selbstdarstellung.

Damit das nicht passiert, ist es wichtig, eine Trennung für beide Seiten so zu gestalten, dass Arbeitgeber und scheidender Arbeitnehmer sich nach wie vor in die Augen schauen können.

Das ist nicht nur für die Motivation des Mitarbeiters wichtig, sondern auch für das Unternehmen. Denn:

Das Verhalten des Unternehmens gegenüber ausscheidenden Mitarbeitern entfaltet in jedem Falle Wirkung.

Einerseits gibt es eine Wirkung nach innen: Wenn Unternehmen sich von Mitarbeitern trennen, wirkt sich das auf das ganze Unternehmen aus. Das Krisenbewusstsein wächst, Konkurrenz und Konfliktverhalten können zunehmen, häufig lässt die Identifikation mit dem Arbeitgeber nach, die Arbeitsmoral sinkt. Es kann sein, dass An- und Abwesenheitszeiten sich verändern, der Informationsfluss steigt – auch durch den sog. Flurfunk. In vielen Fällen wirken sich Trennungen auf die Produktivität aus, und es kann wahlweise sein, dass die Veränderungsbereitschaft wächst oder mit dem Grad der Betroffenheit die rationale Verarbeitung von Informationen nachlässt. Trennungen haben also häufig Folgen für Betriebsklima und Arbeitsmoral. Trennungen können sich – wenn sie im Zuge von Anpassungsmaßnahmen geschehen – auch auf die Bereitschaft für Veränderungen in der verbleibenden Belegschaft und die Durchsetzbarkeit künftiger Anpassungsprojekte auswirken.

Andererseits entsteht auch eine Außenwirkung: Das Image des Unternehmens am Markt, die Beziehungen zu Kunden und Lieferanten werden beeinflusst. Die Außenwahrnehmung, wie ein Unternehmen seiner sozialen und gesellschaftlichen Verantwortung gerecht wird (Corporate Responsibility, Basel III), verändert sich. Außerdem kann das Employer Branding, also die Attraktivität des Unternehmens, für künftige Rekrutierung von Mitarbeitern darunter leiden.

Es gibt Beispiele, in denen Unternehmen in schwieriger Marktlage Personalanpassungsmaßnahmen umsetzen mussten. Den „Headcount" verringern ist in solchen Fällen häufig die Ansage aus der Firmenzentrale. Als dann die Auftragslage wieder besser wurde, brauchten diese Firmen genau solche Leute, wie sie vorher freigesetzt hatten. Wer in einer solchen Situation wieder Aufstocken will, hat gut daran getan, die Trennung von Mitarbeitern so zu gestalten, dass die Arbeitnehmer zurückkommen können – ohne Ärger und ohne Gesichtsverlust.

Grundsätzlich gilt: Prüfen Sie bei einer Kündigung noch einmal gründlich die Kündigungsgründe und Auslöser und wägen Sie die Auswirkungen einer Kündigung bzw. eines eventuellen Kündigungsschutzprozesses gut ab.

Überlegen Sie, wie Sie die Trennungskonditionen gestalten können. Was wollen/können Sie anbieten? Zumutbarer Austrittstermin? – Freistellung? – Finanzieller Ausgleich? – Abfindung? – Altersversorgung? – Outplacement? – Qualifizierte Transfermaßnahmen? – …

Wichtig: Gute Vorbereitung. Schließlich ist es auch für Sie nicht einfach!

Vorbereitung der Gesprächsführung in Trennungssituationen

Bereiten Sie das Gespräch gründlich vor. Klären Sie zunächst Ihre eigenen Empfindungen und Ihre Beziehung zu der/dem Betroffenen: Wie empfinde ich? Welche Gefühle werden bei mir ausgelöst?

Trennungsgespräche sind auch für Führungskräfte eine hohe emotionale Belastung. Sie fühlen sich als Täter und haben genau so Ängste wie die betroffenen Mitarbeiter.

Angst vor den Vorwürfen des Mitarbeiters/der Mitarbeiterin, vor den Erwartungen der Geschäftsleitung, um den Verlust der eigenen Glaubwürdigkeit, vor einem Imageverlust bei den bleibenden Mitarbeitern, vor der Konfrontation mit Unerwartetem oder einer Überreaktion des Mitarbeiters (Stichwort Suizid). Sie haben Angst, Ihre Fürsorgepflicht zu verletzen, sind sich nicht sicher, ob die Beweislage ausreicht oder Sie am Ende eine Mitschuld tragen wegen fehlender Einarbeitung, Weiterbildung oder Unterstützung. Sie stellen sich die Frage, ob Sie bei Fehlern und Leistungsmängeln ausreichend Feedback gegeben haben oder Versprechungen gemacht haben, die nun nicht zu halten sind.

Darum gilt: Ängste überwinden: vorbereitet sein! Drei Fragen helfen dabei:

- Wovor habe ich wirklich Angst? Warum habe ich davor Angst?
- Was kann mir schlimmstenfalls passieren, wenn meine Befürchtung zutrifft?
- Will ich dieses Ereignis abwenden oder mindern? Was kann ich dafür tun?

Vor diesem Hintergrund bereiten Sie das anstehende Gespräch vor.

Sammeln Sie alle verfügbaren Informationen und sortieren Sie nach Muss- und Kann-Info – welche Informationen müssen Sie weitergeben, welche könnten Sie weitergeben?

- Kündigungsgründe und Auslöser prüfen
- Personalakte, Fristen, rechtliche und finanzielle Ansprüche?
- Entscheiden: Kündigung oder Aufhebungsvertrag
- Auswirkung einer Kündigung/eines Prozesses abwägen
- Trennungskonditionen definieren
- Zumutbarer Austrittstermin?
- Freistellung?
- Finanzieller Ausgleich? Abfindung? Altersversorgung?
- Outplacement-Angebot? Qualifizierte Transfermaßnahmen?

Schätzen Sie nun ab, mit welchen Einwänden Ihr Gesprächspartner wahrscheinlich aufwarten wird und überlegen Sie sich schon einmal Ihre Antwort/Reaktion. Alles, was Sie im Vorfeld bedacht haben, wirft Sie im Gespräch später nicht mehr aus der Bahn.

Versetzen Sie sich in die Interessenlage Ihres Gesprächspartners. Was würden Sie als Arbeitnehmer wollen? Ihren Arbeitsplatz sichern – in alter oder neuer Firma. Ihr Gesicht/Image wahren – Imageverluste vermeiden. Ihre Karriere fortsetzen. Konditionen „optimieren.

Überlegen Sie, wie die Person tickt, von der Sie sich trennen. Welche Motive können Sie ansprechen? Nutzen, Sicherheit, Anerkennung, Gerechtigkeit? (Querverweis: „Typgerecht" führen heißt, Bedürfnisse zu kennen und zu adressieren)

- Keine Unsicherheit durch Rechtsstreit
- Energie auf die Zukunft richten
- Schluss mit dem Frust: unbefriedigende berufliche Situation beenden
- Identifikation mit alter Firma weiter möglich
- Mitgestalten der Austrittsmodalitäten ist möglich

Werden weitere Personen am Trennungsgespräch beteiligt sein, z. B. führen Personalverantwortliche(r) und Fachvorgesetzte(r) es gemeinsam? Ist die Anwesenheit des Betriebsrates erforderlich? Dann sprechen Sie mit den anderen Beteiligten Gesprächsstil, Ziel und Rollenverteilung ab. Definieren Sie die kommunizierbaren offiziellen Trennungsgründe und stimmen diese mit der Geschäftsführung ab. Überlegen Sie, welche Informationen an die Mitarbeiterschaft, das Team oder die direkten Kollegen der ausscheidenden Person gegeben werden sollen, und wie Sie dabei vorgehen wollen. Bereiten Sie ggf. einen Aufhebungsvertrag vor.

Die betroffene Person soll sich ebenfalls vorbereiten können. Die Einladung zum Gespräch enthält neben Datum, Uhrzeit, Dauer und Ort auch den Grund der Einladung.

Ein weiterer Punkt der Vorbereitung ist Ihr Spielraum: Was passiert, wenn eine sofortige Einigung nicht erreicht werden kann? Welchen zeitlichen Spielraum haben Sie? Wie kann bei einer Vertagung die Vertraulichkeit gewahrt bleiben?

Sollte die/der Mitarbeiter(in) zustimmen, was ist dann der nächste Schritt?

Natürlich bereiten Sie das Gespräch wie bei allen kritischen Gesprächen so vor, dass Sie sich ungestört miteinander unterhalten können und stellen Sie Taschentücher und Wasserglas bereit.

Was wird Ihr nächster Schritt sein, falls der Mitarbeiter nicht zustimmt?

Im Gespräch: Plan einhalten! Wertschätzend bleiben!

Sie haben das Gespräch vorbereitet, nun halten Sie sich an Ihren Plan! Was ist die Botschaft? Gehen Sie nacheinander Ihre inhaltlich vorbereiteten Gesprächsschritte:

1. Das Unternehmen kündigt Ihren Arbeitsvertrag
2. Das sind die Gründe: … (Fachvorgesetzter)
3. Bei Sozialauswahl: Warum Sie und nicht andere?
4. Stichwort Betriebsrat
5. Was geht? (Personaler nennt Trennungsmodalitäten)
6. Das sind die nächsten Schritte: …

Achten Sie auf Ihren Gesprächsstil. Bleiben Sie wertschätzend! Die Terminologie sollte angemessen sein, d. h. weder verletzend noch zu behutsam. Seien Sie bereit, mit Emotionen umzugehen, lassen Sie sie zu und geben Sie den Gefühlen des Betroffenen Raum. Bauen Sie Dank und Respekt für die Person ein, würdigen Sie deren Beitrag. Machen Sie faire und nachvollziehbare Aufhebungsangebote. Zeigen Sie die Chancen der Situation auf und streichen Sie den Nutzen möglicher Unterstützung heraus (z. B. eine Begleitung durch eine Outplacement-Beratung).

Achtung: Keine Diskussion über Schuld und Umstände! Denken Sie an einen guten Gesprächsabschluss. Kündigen Sie zu Beginn an, wie viel Zeit Sie sich für das Gespräch genommen haben, behalten Sie die Uhr im Auge und halten Sie sich an die angekündigte Zeit.

Unterbrechen Sie solche Gespräche nach Möglichkeit nicht, wenn, dann nur im „emotionalen Notfall" und für maximal ein bis zwei Stunden. Sorgen Sie für einen klaren Gesprächsabschluss und kündigen Sie an, welche Schritte nun folgen. Formulieren Sie das Ergebnis direkt im Anschluss schriftlich. Falls Sie ein Outplacement oder eine anschließende Beratung angeboten haben, kann eine Fortsetzung nach dem Informationsgespräch des/der Mitarbeiters(in) mit einem Berater geplant werden.

Wenn's schiefgeht ... Häufige Fehler

Wenn ein solches Trennungsgespräch schief geht, dann liegt das wahrscheinlich an einer dieser drei Ursachen: mangelnde Vorbereitung – keine Gesprächsdisziplin – keine Verantwortung.

Die „kalte Schwalldusche" ist hier genau so wenig zielführend wie der „Karnickelfangschlag". Im ersten Fall überfallen Sie den Gesprächspartner zu direkt mit dem Thema und lassen die Aufwärmphase weg, die das Signal senden soll: Hier geht es um die Sache, nicht um Dich als Person! Ebenso schwierig wird es, wenn Sie die Aufwärmphase zu lang gestalten und/oder Gesprächszeiten nicht einhalten. Damit lullen Sie Ihre Gesprächspartner ein, diese lehnen sich im Stuhl zurück und denken: Ach, es kommt ja gar nicht so schlimm! ... Und dann kommen Sie mit der Keule. Damit besteht die Gefahr, dass die Botschaft auf der anderen Seite nicht ankommt und das Gespräch in Wiederholungsschleifen rutscht.

Weitere Sollbruchstellen:

- Trennungsabsicht nicht klar benannt
- Störungen während des Gespräches
- Trennungsgründe
  - unsauber definiert
  - Diskussionen bis ins Detail zulassen
  - zu viele aufzählen
  - andeuten, aber nicht konkret werden
- Rechthaberei und einseitige Schuldzuweisungen
  - Den Menschen treffen, nicht die Sache
- Verantwortung für die Trennungsentscheidung
  - auf andere schieben oder
  - bagatellisieren
- Unverbindlichkeit im weiteren Vorgehen
- Auf sofortige Einigung drängen

So können Mitarbeiter reagieren

Die Gesprächskonstellation bestimmt bereits einen Teil der Wahrnehmung. Da Mitarbeiter ein Trennungsgespräch weder vermeiden noch steuern, werden sie sich wahrscheinlich eher als Opfer fühlen. Sie sind verletzt oder geschockt und stehen unter einer hohen emotionalen Belastung. Ihre Wertigkeit wird in Frage gestellt und Ängste schwingen mit, z. B. angesichts der zu erwartenden Reaktion der Familie, von Freunden, sozialem Umfeld, Nachbarn. Sie fürchten sich vor gesellschaftlicher Stigmatisierung und haben Angst um ihre Existenz.

Menschen reagieren sehr unterschiedlich auf den Stress eines solchen Gesprächs. Bei manchen werden Sie eine enorme Selbstbeherrschung beobachten. Das ist beispielsweise der Fall, wenn die betroffene Person die Tatsache zunächst vor sich selbst verleugnet.

Andere reagieren geschockt. Das kann deren Wahrnehmung blockieren, wie nach einem anderen schockierenden Erlebnis wie z. B einem Unfall.

Häufig zu beobachten ist auch eine aggressive, aufbrausende Reaktion. Der/die Mitarbeiter(in) wird wütend und trotzig reagieren und möglicherweise Drohungen aussprechen.

Manche reagieren auch nüchtern, gelassen und konstruktiv. Dabei stellt sich die Frage, ob die Person die Situation tatsächlich rational und konstruktiv verarbeitet oder Sie Zeuge hoher Schauspielkunst sind.

Checkliste zur Vorbereitung auf Einwände Was wollen Sie antworten? Auf diese typischen Einwände sollten Sie vorbereitet sein:

Einwand	Ihre Reaktion
Warum gerade ich?	
Der Betriebsrat ist nicht einverstanden.	
Ich bin aber immer gut beurteilt worden.	
In meinem Alter finde ich keine neue Stelle.	
Warum haben Sie die Kritik nicht schon früher geäußert?	
Ich bin nicht mobil.	
Das kann ich meiner Familie nicht erklären.	
Bei einer Kündigung bringe ich mich um.	
Ich habe viele Jahre für meine Firma die Gesundheit geopfert.	
Das Unternehmen hat mich nicht genug ausgebildet.	
Sie haben persönlich etwas gegen mich!	
Wenn ich bleiben kann, nehme ich jede Stelle!	
Ich habe immer einen guten Arbeitseinsatz gebracht!	
Früher durfte ich in der Not helfen, jetzt werde ich einfach gefeuert.	
Das Management macht Fehler und der kleine Mann muss einfach gehen.	
Ich habe nur noch 5 Jahre bis zu meiner Pensionierung.	
Was machen Sie, wenn ich vors Arbeitsgericht ziehe?	
Welche Rechtsmittel stehen mir zur Verfügung?	
Kann die Firma mich vermitteln?	
Ich möchte den Betriebsrat dabei haben.	
Kann ich früher als … gehen?	
Ich habe Kündigungsschutz!	

Abb. 36 Erfolg in kritischen Gesprächen

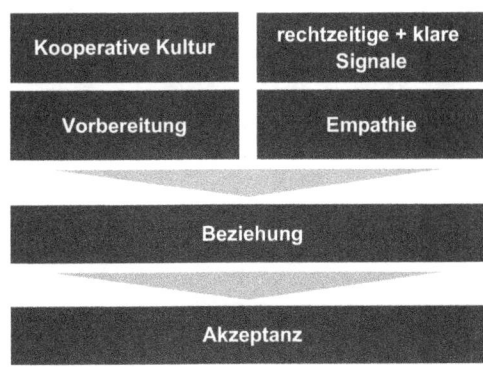

Klippen umschiffen Wie in andere kritischen Gesprächen gilt auch hier: Mensch und Problem trennen! Akzeptieren und verstehen Sie den Ärger des anderen. Sagen Sie, was möglich ist, machen Sie (wenn möglich) ein Angebot.
Niemals …

- auf Verständnis „hoffen"
- an die Geduld appellieren
- Routinen als Ausrede benutzen
- Andere vorschieben

Das geht …

- Einwände positiv aufnehmen – Verständnis zeigen
- weiter mit „und" …
- Klare Position, keine Einladung zur Diskussion

Abb. 36 zeigt die kritischen Erfolgsfaktoren im Überblick.

Tipps für den Führungsalltag

Wie bleibe ich sachlich?

Spannungen in Gesprächssituationen entstehen, wenn Bedürfnisse kollidieren, Rollen und Aufgaben nicht klar sind. Wenn die Erwartungen aneinander nicht bekannt sind und die Spielregeln nicht explizit und deutlich angesprochen wurden. Wenn Wellenlänge und Kommunikationsstile verschieden sind und das gegenseitige Verständnis fehlt. Und wenn Beziehungen gestört oder belastet sind. Eine Spruchweisheit sagt: Kommunikation wurde vom Teufel erfunden, um Missverständnisse zu erzeugen. Oberstes Gebot sollte also sein, Missverständnissen vorzubeugen.

Finden Sie heraus, was auf der anderen Seite los ist. Was genau der Gesprächspartner sagen will. Stellen Sie fest, was Sie beobachten und zeigen Sie Verständnis. Umarmung statt Konfrontation: Statt „ja, aber …" sagen Sie „ja, und…!" So konstruieren Sie keinen Gegensatz, sondern stellen sich neben den anderen und schauen gemeinsam in die gleiche Richtung.

Formulierungen, die zu Lösungen führen

Wissen wollen und zurück zur Sache

- Was meinen Sie mit …?
- Was genau verstehen Sie unter …?
- Wie definieren Sie …?
- Interessant! Was genau bedeutet für Sie …?
- Ich möchte Sie richtig verstehen. Können Sie mir ein Beispiel geben für …?
- Bringt uns das jetzt weiter?
- Was würden Sie an meiner Stelle jetzt auf diese Bemerkung antworten?
- Was hindert Sie daran, meinem Vorschlag zu folgen?
- Was genau brauchen Sie, um…

M. Boden, *Mitarbeitergespräche führen,*
DOI 10.1007/978-3-658-02363-8_4, © Springer Fachmedien Wiesbaden 2013

Offensichtliches feststellen, Verständnis zeigen

- Sie sind offensichtlich anderer Meinung als ich ...
- Sie sind im Moment verärgert.
- Meine Position/Antwort/Vorschlag gefällt Ihnen nicht.
- Sie haben etwas anderes erwartet.
- Sie sind skeptisch.
- Sie machen sich Gedanken über ...

Umarmung

- Genau! Das ist ein wichtiger Punkt! Und dann gibt es da noch folgenden Aspekt: ...
- Aus Ihrer Sicht ist das verständlich. Aus meiner Perspektive sieht es so aus: ...
- Ich kann mir vorstellen, dass Sie das so sehen. Und ich möchte, dass...
- Ich verstehe, dass Sie ... Und ich brauche ...
- An Ihrer Stelle würde ich das auch sagen. Bleibt die Frage, wie ...

Berechtigter Vorwurf? Recht geben!

- Stimmt!
  Ist das immer noch nicht fertig?
  Stimmt, es ist noch nicht fertig! Ich kümmere mich ... (Termin, gleich ...) darum.
- Vorwurf überhören
  Sie sind ja nie erreichbar! Ich habe den ganzen Vormittag versucht, Sie zu erreichen!
  Jetzt bin ich ja da. Was kann ich denn für Sie tun?
- Selbstverständlich!
  Können Sie die Sachen nicht dahin legen, wo sie hin gehören?
  Selbstverständlich. Was suchen Sie denn gerade?
- Mag sein...
  Früher ging es doch auch!
  Mag sein! Doch heute brauchen wir ...

Wie komme ich in potenziell „brenzligen" Situationen weiter?

Grenzen überschritten? Ich-Botschaft!

Jeder ist mal verärgert, jedem platzt mal der Kragen. Das halten wir in aller Regel aus, zumal, wenn wir die Menschen mögen, die da gerade platzen. Im beruflichen Umfeld sind die Grenzen des Erlaubten enger gesteckt. Was der eine als kumpelhafte „Frotzelei" versteht, kommt auf der anderen Seite als übergriffige Anmache an. Und es ist zuweilen erforderlich, solche persönlichen Grenzen zu benennen oder an die Spielregeln zu erinnern.

Ist Ihr Gegenüber zu weit gegangen? Dann sagen Sie das! Ändern Sie Tempo und Tonfall. Machen Sie klar, dass gerade eine Grenze überschritten wurde: Klären Sie die Spiegelregeln. Sorgen Sie dafür, dass Ihre Körperhaltung dieser Aussage entspricht: aufrecht, zugewandt. Atmen Sie ruhig ein und aus. Schauen Sie Ihrem Gegenüber bei der Antwort in die Augen. Lassen Sie sich auf keine Diskussionen ein und werden Sie wortkarg.

Ich-Botschaft heißt: Ich bin nicht bereit, das Gespräch in dieser Form fortzusetzen.

> Sie haben mich schon zum zweiten Mal unterbrochen. Ich schlage vor, wir lassen einander ausreden.
> Ich möchte diesen Punkt in Ruhe besprechen, bitte lassen Sie die Sticheleien.
> Lassen Sie uns bitte auf dieser Ebene nicht weiterreden. Ich schlage vor, wir…
> Sie haben gerade gesagt … Möchten Sie mich beleidigen?
> Ich wünsche mir, dass wir anders miteinander umgehen.
> Das war eine Beleidigung. Bitte lassen Sie solche Bemerkungen!
> So möchte ich mit Ihnen nicht weiterreden. Hören Sie auf, mich zu beleidigen.

Ist Ihr Gegenüber nicht klar im Kopf – z. B. mitten in einem cholerischen Anfall – ziehen Sie den Stecker, brechen Sie das Gespräch ab:

> Ich weiß im Augenblick nicht, was ich sagen könnte, das Sie nicht noch mehr verärgert/auf die Palme bringt. Darum beende ich das Gespräch jetzt hier. Wir können gerne später noch einmal miteinander sprechen.

Sie haben es im Moment der Äußerung nicht geschafft, Ihre Emotionen zu kontrollieren? Sie waren so baff, dass Sie nicht wussten, wie Sie das parieren sollen? Sprechen Sie die Sache auch mit zeitlichem Abstand noch einmal an. „In unserem gestrigen Gespräch haben Sie diese Bemerkung (zitieren) gemacht. Das habe ich als Beleidigung empfunden. Das ist nicht mein Verständnis von einem kollegialen und respektvollen Umgang miteinander. Bitte lassen Sie solche Bemerkungen künftig."

Unangenehme Botschaften

Oft fällt es uns schwer, Kritik zu üben oder auch nur Rückmeldungen zu geben. Wir haben Angst, den anderen zu verletzen, die Beziehung zu gefährden. Schließlich wissen wir selbst nur zu gut, wie es sich anfühlt, wenn andere Kritik an uns üben.

Verletzung befürchtet? Wind aus den Segeln nehmen Leiten Sie Ihre Rückmeldung ein, indem Sie Ihre Bedenken gleich mitliefern!

> Vielleicht stoße ich Sie vor den Kopf, wenn ich Ihnen das jetzt sage. Mir ist die Sache jedoch sehr wichtig…
> Ich weiß nicht, in wie weit ich Sie jetzt vielleicht enttäusche …
> Ich befürchte, dass Sie verärgert reagieren, wenn ich das Thema anspreche …
> Bitte erlauben Sie mir…

Ungeschriebene Spielregeln nicht eingehalten? Ansprechen Zuweilen tragen Mitarbeiter Kleidungsvarianten, die nicht Ihren Vorstellungen einer angemessenen Kleidung entsprechen. Grundregel: Die Freiheit des Einzelnen endet da, wo die Freiheit anderer berührt wird. Arthur Schopenhauers Parabel von den Stachelschweinen erklärt dies:

> Eine Gesellschaft Stachelschweine drängte sich an einem kalten Wintertage recht nah zusammen, um durch die gegenseitige Wärme sich vor dem Erfrieren zu schützen. Jedoch bald spürten sie die gegenseitigen Stacheln, was sie dann wieder voneinander entfernte. Wenn nun das Bedürfnis der Erwärmung sie wieder näher zusammen brachte, wiederholte sich jenes zweite Übel, so dass sie zwischen beiden Leiden hin und her geworfen wurden, bis sie eine mäßige Entfernung voneinander herausgefunden hatten, in der sie es am besten aushalten konnten. Und diese Entfernung nannten sie Höflichkeit und feine Sitte.

Bei unangemessener Kleidung besteht die Möglichkeit, sich auf die ungeschriebenen Spielregeln des Unternehmens, die eigenen Erwartungen oder die Erwartungen von Kunden zu beziehen.

> Herr … ich sehe, Sie tragen heute Jogginghose und Flip-Flops. Das ist in meinen Augen eine sehr großzügige Interpretation des Casual Friday. Ich erwarte von meinen Mitarbeitern, dass sie in angemessener Kleidung ihren Aufgaben nachkommen. Bitte beschränken Sie sich künftig auf gehobene Freizeitkleidung, dazu zählen für mich: ….

Peinlich weil intim? Körperhygiene und Sauberkeit sachlich ansprechen Ein Klassiker in diesem Zusammenhang ist die Schwierigkeit, andere auf Sauberkeit oder Mund- oder Körpergeruch anzusprechen. Da wird gerne mit den üblichen Zaunpfählen gewunken: Pfefferminz anbieten, ein Stück Seife oder ein Deo auf den Schreibtisch stellen… Die Sache ist einfach zu persönlich und damit peinlich. So etwas dürfen höchstens enge Familienangehörige oder Lebenspartner ansprechen. Nun haben Sie aber eine(n) Mitarbeiter(in) mit starkem, unangenehmem Körpergeruch, eine Person, die in konzentriertem Parfum zu baden scheint, Mundgeruch hat oder im Kundentermin intensiv nach kaltem Zigarettenrauch riecht.

Ist es eine einmalige Beobachtung, z. B. bei einem Kundentermin zu zweit, die andere Person hat Mundgeruch. Hier können Sie nach dem Termin noch kurz über den Gesprächsverlauf sprechen. Dann einen Tipp anbieten: „Ich habe da noch einen Hinweis/ Tipp für Sie. Es ist allerdings etwas sehr persönliches." „Da ist noch etwas, was ich Ihnen gerne sagen möchte. Es ist allerdings sehr persönlich." Die andere Person ist jetzt neugierig, sie wird es wissen wollen. Sie konstatieren nur noch das Faktum: „Ich bemerke bei Ihnen seit zwei Stunden Mundgeruch."

Beim Thema Körpergeruch ist es meist so, dass direkte Kollegen sich nicht trauen etwas zu sagen, damit aber zum Vorgesetzten kommen, weil sie mit der betroffenen Person nicht mehr in räumlicher Nähe arbeiten können. Unabhängig von der Frage, ob die Ursache physiologisch ist oder von einem Phlegma in Sachen Körperhygiene und Waschfrequenz herrührt – diese Situation ist ein Fall für „WWW": „Ich schätze Sie als verlässliche Kraft, darum möchte ich heute ein sehr persönliches Thema ansprechen. Das wird Ihnen möglicherweise unangenehm sein, ich sehe jedoch keine andere Möglichkeit, als es direkt anzusprechen: Ich bemerke bei Begegnungen mit Ihnen regelmäßig einen starken Körpergeruch. Das ist nicht nur für mich unangenehm, sondern auch für andere Menschen in Ihrer Umgebung. Bitte ändern Sie das."

In ähnlicher Weise dürfen Sie Mitarbeiter ansprechen, die Arbeitskleidung verschmutzt und verdreckt ist. „Frau … An Ihrem Kittel sind Flecken, die schon vor fünf Tagen zu sehen waren. Es sind neue hinzugekommen. Das wirkt unordentlich und entspricht nicht dem Bild, das wir in den Augen unserer Kunden abgeben wollen. Bitte wechseln Sie verschmutze Kleidungsstücke aus." Hier können Sie selbstverständlich auch erst einmal herausfinden wollen, warum das so ist: „Das kenne ich sonst gar nicht von Ihnen. Was ist los?"

Info „verkaufen" ohne Überzeugung?

Sie sind Abteilungsleiter und werden von Mitarbeitern in der letzten Zeit immer wieder auf ein Gerücht über Personalabbau angesprochen. Sie haben Ihren Bereichsdirektor daraufhin gefragt, der sagt, es gebe keine derartigen Pläne, Sie könnten die Leute beruhigen.

Andererseits wissen Sie, dass Büros zusammengelegt und Teile des Verwaltungsgebäudes leer geräumt wurden. Es gibt bereits konkrete Verhandlungen über eine Vermietung. Außerdem sollen mehr Aufgaben als bisher an freie Mitarbeiter vergeben werden, und Sie wissen von Gesprächen mit Zeitarbeitsfirmen. Das passt alles nicht zusammen… und auch die Mitarbeiter wissen das. Was tun?

Dieses Dilemma zwischen Loyalität nach oben und Loyalität nach unten ist kaum aufzulösen. Ihre Chance: Geben Sie die Info von „oben" so weiter, wie Sie sie bekommen haben: „Ich habe mit dem Bereichsdirektor gesprochen. Seine Antwort lautet: …" Jetzt werden Ihre Leute sagen: „Das glauben wir nicht! Man hört schließlich so einiges!" Hier können Sie nachfragen: „Was genau habt Ihr denn gehört?" Seien Sie ehrlich: Haben Sie das auch schon gehört? Dann geben Sie das zu. Ist das neu/ein offensichtlich haltloses Gerücht: Sagen Sie das. Und dann erklären Sie Ihren Leuten, wie Sie selbst mit dieser Unsicherheit umgehen:

> Ich verstehe, dass Ihr alle ein mulmiges Gefühl habt. Das geht mir nicht anders, ich möchte Euch da kein X für ein U vormachen. Andererseits: Es ist wirklich noch nichts entschieden und ich bleibe am Ball. Ich strecke meine Fühler aus und vertrete unsere Interessen, wo immer das möglich ist. Zum Beispiel habe ich nächste Woche ein Gespräch mit Z. – Bringt es uns weiter, wenn wir jetzt die Schultern hängen lassen und Gerüchte diskutieren? So wie ich das sehe, liegt unsere beste Chance darin, gute Arbeit zu machen. Nach meinen Erfahrungen verkauft man sich besser, wenn man Leistung bringt. Nörgeln und lamentieren macht uns nicht attraktiver. Also: Wir halten Augen und Ohren offen und hängen uns rein!

Zum Thema zurückkehren – unpassende Beiträge

Wenn mir jemand ins Wort fällt Wenn andere Sie im Gespräch unterbrechen, dann ist das meist impulsgetrieben, spontan. Da ist ein Stichwort gefallen, und der spontane Gedanke oder Einwand drängt heraus. Das geschieht unbewusst. Es reicht in den meisten Fällen, das Verhalten der anderen Person zu beschreiben.

> Sie fallen mir gerade ins Wort, und ich möchte meinen Gedanken zu Ende führen.

Damit machen Sie der anderen Person ihr Verhalten bewusst und sie wird ihre Spontaneität im Zaum halten.

Bei bewussten und wiederholten Unterbrechungen gehen Sie auf die Meta-Ebene: Sie sprechen über die Spielregeln für diesen Austausch. Die Metaebene aufsuchen heißt, ein Gespräch über das Gespräch zu führen. Klären Sie, wie der Umgang miteinander aus Ihrer Sicht funktionieren soll.

> Ich möchte Ihnen erklären, welche Schritte aus meiner Sicht für diese Aufgabe wichtig sind. Nun haben Sie mich zum dritten Mal unterbrochen. Ich verstehe, dass auch Sie bereits Vorstellungen von einer Lösung haben. Bitte lassen Sie mich meine Punkte jetzt zu Ende führen. Anschließend sprechen wir dann über Ihre Vorstellungen und Bedenken.

Faden wieder aufnehmen Sie haben die Diskussion kurz laufen lassen und wollen den Faden wieder aufnehmen.

> Das ist eine interessante Diskussion! Unser Thema ist jedoch ein anderes. Ich möchte gerne zum Stoff zurückkehren, weil wir sonst nicht durchkommen. Ist das in Ordnung?
> Das Thema brennt den Besprechungsteilnehmern auf den Nägeln, sie wollen nicht loslassen: Ich verstehe Ihren dringenden Wunsch. Das ist ein wichtiges Thema. Sie sehen auch das Dilemma, in dem ich stecke. Bitte helfen Sie mir: Bis heute Abend müssen wir eine Entscheidung getroffen haben, und wir brauchen die verbliebene Zeit dafür. Sehen Sie eine Lösung, wie Sie dennoch darüber sprechen können?

Wenn es wirklich ernst ist, werden sie eine konstruktive Lösung finden. Als letzte Frage hilft: „Können Sie damit leben, wenn wir jetzt mit meinem Thema weitermachen?" Diese Frage kann niemand ernsthaft mit nein beantworten.

Auf einen Einwurf/Einwand eingehen

> Interessant! Ich möchte das ganz genau verstehen!
> Fragen stellen: Wie? Was?…
> Sehr interessant! Wir notieren das im Themenspeicher.
> Achtung: Hier unbedingt auch Zeit einplanen, um den Speicher zu bearbeiten.
> Sehr interessant! Bitte sprechen Sie mich in der Pause darauf an!
> Ein guter Punkt! Ich denke, das können wir bilateral klären. Wir vereinbaren im Anschluss, wann wir darüber sprechen.

Sie können nicht auf den Einwand eingehen Eine gute Strategie, vor allem in Diskussionen mit mehreren Beteiligten: Beginnen Sie Ihre Antwort mit einer wertschätzenden, anerkennenden, verständnisvollen Äußerung. „Guter Punkt! Ich verstehe!…" Sagen Sie, warum etwas nicht geht und warum Sie einschreiten, und nennen Sie eine plausible Begründung! „Sehr gut! Ich verstehe, dass Sie das interessiert. Passt jetzt nur schlecht hierher, weil: … (Menge des Stoffs, Zeit, Abhängigkeiten…)"

Gegebenenfalls bieten Sie einen konstruktiven Vorschlag an oder fragen: „Können Sie damit leben, wenn diese Frage heute unbeantwortet bleibt?" „Ist es in Ordnung, wenn wir das im Anschluss bilateral klären?"

Sie haben Verständnis gezeigt, den Besprechungsteilnehmer mit seinem Wunsch wahrgenommen. Bleibt er/sie hartnäckig, geben Sie die Entscheidung an die Gruppe weiter. So wahren Sie das Gesicht des Fragers: „Das ist ein wichtiger Punkt, und ich verstehe, dass Sie das Thema B klären möchten. Nun steht die heutige Besprechung unter der Überschrift C. Wenn wir jetzt B klären, reicht die Zeit nicht, um für C zu einer Entscheidung zu kommen, und genau dafür haben doch viele von uns den heutigen Termin reserviert. Ich frage darum die Gruppe: Wie wollen wir das handhaben?"

Sie wollen nicht darauf eingehen, es handelt sich um eine Störung/Provokation „Interessant! Wie kommen Sie gerade jetzt auf diese Frage?" Diese Aufforderung, „Butter bei die Fische zu tun", sorgt meist schon für Ruhe. Alternativ warten Sie gar nicht erst auf eine Antwort, sondern kehren ohne weitere Umschweife zu Ihrem Thema zurück.

Sprechen Sie die Provokation an – mit WWW: „Sie fragen mich, was das für eine ‚Scheißargumentation' sei. Das ist in meinen Augen eine Provokation und keine sachliche Frage. Melden Sie sich gerne wieder zu Wort, wenn ich Ihnen eine Sachfrage beantworten kann."

Antworten aufgreifen und nutzen – auch wenn sie falsch waren Sie sprechen einen Besprechungsteilnehmer an und erhalten eine seltsame, in Ihren Augen unpassende oder gar falsche Antwort.

Grundsätzlich: Stellen Sie offene Fragen und lassen Sie sich den Gedankengang erklären: „Wie kommen Sie auf diese Lösung?" Die Person kommt entweder beim Erklären selbst auf den Trichter oder Sie helfen ihm/ihr, in dem Sie die einzelnen Gedanken hinterfragen: „Ist das so? Gibt es da noch andere Möglichkeiten?" Geben Sie die Frage weiter. „Danke! Ich möchte noch weitere Antworten sammeln/Was meinen die anderen?" Oder sprechen Sie den Sitznachbarn an: „Sind Sie mit der Erklärung Ihres Kollegen einverstanden?"

Sie verstehen sich als Moderator, also ist es o. k., Lösungsmöglichkeiten und Antworten zu diskutieren. Außerdem werden „falsche" Antworten nicht benotet! Sie erarbeiten gemeinsam ein Thema. Das können Sie beim Einstieg in die Diskussion als Regel klären.

Sie haben Angst, Besprechungsteilnehmer bloßzustellen? Klären Sie, dass unterschiedliche Ansichten und Lösungswege normal sind. Wir müssen auch Überlegungen nutzen, die von unserer eigenen Denkweise abweichen – so können wir unser Blickfeld erweitern und Fehler vermeiden.

Andere zum Reden bringen?

Wie kriege ich andere zum Reden? Diese Frage stellt sich in Besprechungen wie im Einzelgespräch. Sie ist ohne einen Blick auf das Gegenüber nicht zu beantworten. Mit welchem Grundtyp habe ich es zu tun? Spricht die Person sonst viel und spontan und ist jetzt unerwartet still? Sprechen Sie genau das an. Ist die Person heute so ruhig, wie sonst auch? Stellen Sie eine offene Frage und machen Sie eine lange Pause, bei der Sie die Person freundlich, entspannt und erwartungsfroh anschauen.

Bei der kleinen Plauderei zum Gesprächseinstieg wollen Sie wortkargere Menschen nicht zwingen, zu reden. Sie machen ein kleines Angebot, eine lockere Bemerkung. Kommt etwas zurück, gerne weiter, kommt nichts, nehmen Sie die Abkürzung und kommen gleich zum Thema. Das gilt übrigens auch für Smalltalk-Situationen bei Veranstaltungen: Werfen Sie dem anderen einen Ballon zu. Fängt er ihn auf, machen Sie weiter. Lässt er ihn fallen, suchen Sie sich einen anderen Gesprächspartner. „Wir sehen uns sicher später noch. Ich sehe da drüben einen Kollegen …" Oder nehmen den Schweiger mit „… kommen Sie mit rüber?!" Wenn alle Stricke reißen, gehen Sie sich die Hände waschen, um an anderer Stelle wieder in die Gruppe einzusteigen.

Angenommen, Sie sind in einem Problemgespräch und die Mitarbeiterin/der Mitarbeiter schweigt, was das Zeug hält. Geduld ist hier das Stichwort. Stellen Sie eine offene Frage (keine Kettenfragen!) und warten Sie auf eine Antwort. Halten Sie mindestens zwei Minuten durch. Kommt keine Reaktion, fragen Sie nach: „Ich habe Sie nach XY gefragt, und bekomme keine Reaktion von Ihnen. Woran liegt das?" Jetzt wieder eine lange Pause. Kommt immer noch nichts, prüfen Sie Ihre Hypothesen: Ahnen Sie den Grund, weshalb die Person nichts sagt? Sprechen Sie das an. Achten Sie auf körpersprachliche Signale, auch diese sind Antworten, auf die Sie eingehen können. Kommt jetzt immer noch nichts, können Sie noch eine Schleife drehen und fragen, ob die Person grundsätzlich bereit ist, sich zu äußern. Wenn das auch keine Reaktion zeigt, sagen Sie, was geht und was nicht: „Ich bemühe mich jetzt seit zehn Minuten, von Ihnen eine Antwort/Reaktion zu bekommen. Das scheint offensichtlich im Augenblick nicht möglich. Ich kann verstehen, wenn Sie sich Sorgen machen und darum nichts sagen. Für mich ist das jedoch keine Lösung, weil ich nicht weiter komme. Entweder, Sie tragen zur Lösung bei, oder ich beende dieses Gespräch und suche einen anderen Weg. Für Sie heißt das dann (Konsequenz nennen). Kommt jetzt in den nächsten Minuten immer noch keine Reaktion, beenden Sie das Gespräch, stehen Sie auf, begleiten Sie die Person nach draußen. Und dann ziehen Sie die angekündigen Konsequenzen.

Nach meinen Erfahrungen ist die Fähigkeit, Schweigen aushalten zu können, in solchen Situationen der Schlüssel. Üben Sie freundliches, schweigendes Warten.

Sie bringen andere Menschen zum Reden, indem Sie sich für sie interessieren, nachfragen, wissen wollen, Offensichtliches feststellen oder die Umarmungstaktik anwenden: „Ich verstehe Sie! Und ich brauche… weil das für mich/das Team/die Kunden wichtig ist." Auch die Beziehung anzusprechen ist hilfreich: „Ich bin enttäuscht, dass ich nach so vielen Jahren fairer Zusammenarbeit von Ihnen keine Reaktion bekomme."

Nützt das nichts, gilt die Regel: Weich in der Form, hart in der Sache. Beenden Sie die Situation freundlich und bestimmt mit einer Ich-Botschaft. „Ich sehe, dass wir heute nicht weiterkommen. Ich beende dieses Gespräch hier."

Wie überzeuge ich andere?

Sie wollen ein Anliegen vertreten: gegenüber Mitarbeitern – gegenüber der nächst höheren Führungsebene, der Geschäftsführung oder auch der weit entfernten Konzernspitze der Muttergesellschaft im internationalen Unternehmen. Sie brauchen Unterstützung? Dann lernen Sie, Ihre Wünsche zu „verkaufen": Machen Sie eine Entscheidungsvorlage.

Entscheidungen herbeiführen

Auch das ist eine Gesprächsvariante, die gut vorbereitet sein sollte. Schließlich wollen Sie etwas erreichen – ob Mitarbeiter oder ein Entscheider in der Geschäftsführung – jemand soll das „kaufen", was Sie da vorstellen (s. Abb. 1).

Am Anfang stehen ein smart formuliertes Ziel und der Arbeitsauftrag an den Entscheidungsträger. Dafür gelten die gleichen 5 W wie in der Delegation (Querverweis Delegieren: Freiraum lassen, Kontrolle behalten).

Für die Argumentation und Ihren Vortrag bedenken Sie nach der S-I-E-Formel, in welcher Situation oder Form Sie präsentieren, welche Interessenlage den Adressaten bewegt und welche Einstellung die Person oder das Gremium zu Ihnen als Vortragendem/zu Ihrem Unternehmensbereich/Team hat (Querverweis Das Ziel anvisieren und unterwegs flexibel bleiben, Abbildung S-I-E). Wenn Sie wissen, dass die Geschäftsführung darüber nachdenkt, Ihre Aufgaben auszugliedern, überlegen Sie genau, wie Sie die Ansprechpartner mit Ihrem Investitionsvorschlag trotzdem abholen können.

Ist das Ohr der Zuhörer offen, kommt die Erläuterung, warum das, was Sie wollen so wichtig ist. Sie erklären den Sinn im Unternehmenskontext.

Jetzt tragen Sie die Argumente passend zu den üblichen Entscheidungskriterien zusammen: Kosten, Nutzen, Risiken, Abhängigkeiten, … Was bedeutet Ihr Vorschlag für die beteiligten Stakeholder: Aktionäre, Kunden, Zulieferer, Mitarbeiter, Markt, Standort, Gesellschaft …

Sie werden sicher nicht alle Argumente benötigen, sondern suchen sich zunächst drei gute Argumente aus. Dann stellen Sie das Drittbeste vor, dann das Zweitbeste. Und wenn diese nicht reichen, holen Sie das As aus dem Ärmel und legen Ihr bestes Argument nach. So sind schon ein paar „ja, aber…" aufgebraucht, wenn das As kommt.

Im Vorfeld haben Sie sich schon einmal in die Schuhe Ihres Entscheiders gestellt und überlegt, womit dieser so kommen könnte und für welche Art Einwände und Fragen er/sie berüchtigt ist. Auch darauf haben Sie schon Antworten parat oder haben sich überlegt, wie Sie die Antwort geschickt umschiffen oder vertagen können.

Abb. 1 Entscheidungsvorlagen vorbereiten

Ziel	Was soll erreicht entschieden werden?
	5 W: Wer – Was – Warum – Wann – Wie?
Entscheider	Vor wem präsentieren Sie? Wer entscheidet?
	Situation – Interesse – Einstellung?
Bedeutung	Warum ist diese Entscheidung erforderlich?
	Sinn …im Unternehmenskontext
Argumente	Motive und Perspektiven ansprechen
	Nutzen, Sicherheit, Anerkennung, Gerechtigkeit …
	Führung, Markt, Kunden, Lieferanten, Mitarbeiter, …
Diskussion	Fragen vorausahnen
	Worauf muss ich Antworten haben?
Schluss	Plan für den Ausstieg

Sie wollen natürlich am liebsten mit einer positiven Entscheidung aus der Sache hervorgehen. Hat das geklappt, Sie haben ein „Ja, das machen wir!" bekommen, sorgen Sie für sofortigen Abschluss: Entweder haben Sie eine unterschriftsreife Auftragsbestätigung dabei: „Prima! Ich habe die Beauftragung schon mal formuliert, unterschreiben Sie bitte unten rechts." Oder Sie fixieren jetzt einen Termin, bei dem Sie sich die Unterschrift abholen.

Es gibt noch keine Entscheidung, Sie werden vertröstet? Holen Sie sich wenigstens einen Termin zum nachfassen: „Gut, ich verstehe, dass Sie das so schnell nicht entscheiden können. Ich schicke Ihnen die Vorlage noch mal per E-Mail. Wann darf ich denn noch einmal nachfragen? Reichen Ihnen 14 Tage Bedenkzeit?"

Checken Sie Ihre Vorbereitung:

- Ist das Problem/die Fragestellung klar definiert? Sind die 5 W beachtet?
- Ist die Sinnfrage beantwortet?
- Haben Sie die passenden Argumente ausgewählt?
- Ist ein roter Faden erkennbar?
- Wurden mögliche Einwände bedacht?
- Haben Sie an die nächsten Schritte gedacht?

Diese Hinweise gelten, wenn Sie in Deutschland, bzw. in einer deutschsprachigen Kultur etwas erreichen möchten. In anderen Kulturen ticken die Uhren anders.

Andere Kultur? Feedback geben und einholen!

So wie einzelne Menschen verschieden sind, so weisen auch Kulturen Unterschiede auf: Sie bewegen sich entlang der gleichen Linien wie bei den Individuen. Für die einen ist das Kollektiv/die Gruppe wichtiger, für die anderen das Individuum. Die einen kommunizie-

Abb. 2 Unterschiede zwischen Kulturen bewusst wahrnehmen

Zeit: linear	Zeit: flexibel
Gruppe ist wichtig	Individuum ist wichtig
Hierarchie: Wer du bist	Gleichheit: Was Du bist
Beziehung	Fakten
Entscheiden: Regeln folgen	Entscheiden: situativ
Kommunikation: indirekt	Kommunikation: direkt

ren direkt, die anderen indirekt. Die einen handhaben Zeit linear, die anderen flexibel. Die einen handeln eher nach Lage der Situation, für die anderen stehen Regeln im Vordergrund. Für die einen ist die Hierarchie maßgebend (wer du bist) für die anderen die Fachlichkeit (was du machst) (s. Abb. 2).

- Zeitverständnis
  Wie koordinieren wir unsere Pläne? Wie gehen wir mit Pünktlichkeit um?
- Hierarchien
  Gruppe oder Individuum? Entscheiden alleine die Führungskräfte, oder werden Teammitglieder beteiligt?
- Motivation
  Steht das Individuum im Vordergrund oder der Erfolg der Gruppe?
- Probleme lösen, Entscheidungen treffen
  Versuch und Irrtum oder strategische Vorbereitung, kleinteilige Planung und Evaluierung?
- Konfliktstile
  Gleich zur Sache oder mit großer Vorsicht? Direktes Feedback oder Gesicht wahren?

Wenn Sie diese Unterschiede kennen, können Sie passende Strategien entwickeln. So sind beispielsweise Firmen in Frankreich hierarchischer strukturiert als in Deutschland. Das bedeutet der Weg über die Hierarchie muss eingehalten werden. Die Politik der kurzen Wege und direkten Abstimmung unter Kollegen zwischen zwei Abteilungen oder Bereichen funktioniert hier nicht. Auch werden dort Entscheidungen auf informellen Kanälen vorbereitet und lanciert, sie werden eher selten in Besprechungen verhandelt und beschlossen (s. Abb. 3).

Aus der subjektiven Perspektive wirken die Unterschiede zwischen Kulturen stärker entfernend und die Gemeinsamkeiten rücken aus dem Blickfeld. Wenn Sie also ein Team von Mitarbeitern aus verschiedenen Kulturkreisen führen, finden Sie heraus, was diese

Abb. 3 Mit anderen Kulturen
gut umgehen

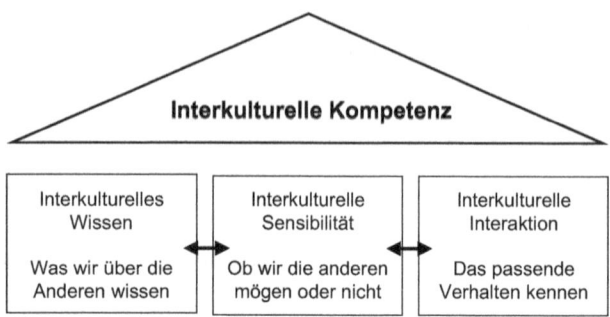

unterscheidet. Nehmen Sie Unterschiede bewusst wahr und sprechen Sie mit Ihren Leuten darüber![1] Nur, wenn die unterschiedlichen Kommunikationsvorlieben und Herangehensweisen gegenseitig bekannt sind, können wir Verständnis entwickeln und Wege finden, diese auszuräumen.

Beiträge in Diskussionen einbringen

Prägnante Beiträge liefern In Diskussionen und Besprechungen Dinge auf den Punkt zu bringen erfordert zuweilen rhetorisches Geschick, dass nicht jedem gleichermaßen in die Wiege gelegt wurde. Es lässt sich durch Übung und Struktur, wie in Abb. 4 dargestellt, ausgleichen:

Halten Sie sich an drei Schritte: Ankündigen, ausführen, Punkt machen. Diese können Sie an drei Fingern abzählen. Sie nennen zunächst die Überschrift. Worauf beziehen Sie sich? Worauf wollen Sie antworten? Wozu werden Sie etwas sagen? Hier grenzen Sie auch ab, worüber Sie nichts sagen wollen:Ich spreche heute über A, B und C, nicht über D. … Ich beziehe mich auf den ersten Teil des Vortrags und möchte 3 Fragen aufwerfen: …

Im zweiten Schritt führen Sie Ihren Redebeitrag aus: Sprich darüber! Formulieren Sie Ihre/n Punkt/e.

Damit Ihr Beitrag rund wird, schließen Sie ihn ordentlich ab und sagen noch einmal, worum es ging: Indem Sie das noch einmal nennen, zusammenfassen, mit einem Appell oder einer Aufforderung verbinden, ist allen klar, dass Sie jetzt fertig sind. Und Sie machen keine unglückliche Figur, die mit den Armen rudert und stottert: „Hmm, ja, ähm, ich glaube, das war's so in etwa…"Besser: "Das waren meine Punkte A, B und C. Vielen Dank!" Im Vortrag: "Ich freue mich auf Ihre Fragen."

Das Publikum versteht die Struktur und kann leicht folgen. Sie haben einen Faden, an dem Sie sich festhalten können. Unser Gehirn kann sich übrigens ungerade Mengen

---

[1] Eine gute Einführung in dieses Thema bietet Kumbier, Dagmar und Friedemann Schulz von Thun, Interkulturelle Kommunikation, Methoden, Modelle, Beispiele, Hamburg 2006. Weitere Literatur in der Literaturliste.

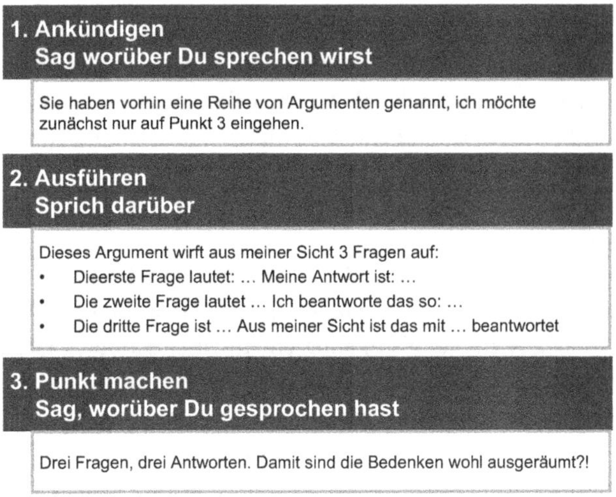

Abb. 4 Drei Schritte zum
klaren Standpunkt

1. Ankündigen
Sag worüber Du sprechen wirst

Sie haben vorhin eine Reihe von Argumenten genannt, ich möchte
zunächst nur auf Punkt 3 eingehen.

2. Ausführen
Sprich darüber

Dieses Argument wirft aus meiner Sicht 3 Fragen auf:
- Dieerste Frage lautet: … Meine Antwort ist: …
- Die zweite Frage lautet … Ich beantworte das so: …
- Die dritte Frage ist … Aus meiner Sicht ist das mit … beantwortet

3. Punkt machen
Sag, worüber Du gesprochen hast

Drei Fragen, drei Antworten. Damit sind die Bedenken wohl ausgeräumt?!

besser merken, und mit drei Aspekten laufen Sie nicht Gefahr, Ihre Kollegen/Zuhörer zu
überfordern.

Mitarbeiter „fernsteuern"

Aus den Eckpunkten „Aufgabe", „Menschen", „Kommunikation" und „Zeit" können in
dezentral organisierten Teams besondere Risiken erwachsen. Die Zusammenarbeit in solchen Teams erfordert ein hohes Maß an Freiheit und Eigenmotivation aller Beteiligten.
Zugleich sind ein hohes Maß an Mitteilungsbereitschaft und -fähigkeit sowie Disziplin,
Offenheit und Wachsamkeit für die Bedürfnisse anderer nötig.

Phänomene in virtuellen Teams

Virtuelle Teams arbeiten häufig nur temporär zusammen und werden kurzfristig zusam-
mengestellt. Sie arbeiten an verschiedenen Orten und häufig auch in verschiedenen Zeit-
zonen. Sie haben – wie in der klassischen Teamdefinition – eine gemeinsame Aufgabe, ein
gemeinsames Ziel. Sie kommunizieren hauptsächlich medienvermittelt und sind für ihre
Arbeit häufig ebenfalls auf elektronische Medien angewiesen. Außerdem zeichnen sich die
Teammitglieder meist durch stark differenzierte Kernkompetenzen aus.

Ein Phänomen in solchen Teams ist der sogenannte Darwiportunismus (= Darwinis-
mus und Opportunismus): Loyalität und lebenslange Beschäftigung sind passé. Darwiportunismus beschreibt das „Survival of the fittest", sich durchsetzen und überleben, im
freien Wettbewerb der Eigeninteressen. Das Marktprinzip funktioniert über Leistungsbeurteilung. Der individuelle Opportunismus ist die zentrale Antriebskraft. Sie dient dem

eigenen und dem kollektiven Nutzen. Es gibt Gewinner und Verlierer, darum steht der eigene Vorteil im Mittelpunkt.

Die sehr unterschiedlichen Kernkompetenzen können dabei zentrifugal wirken, das wird als „Dorothy-Effekt" bezeichnet. Das heißt, einzelne Mitglieder des Teams oder Teile verselbständigen sich, nabeln sich ab, weil sie mit ihrer spezialisierten Kernkompetenz sehr selbstständig agieren und irgendwann feststellen, dass sie auch alleine weiterkommen können.

In diesen Teams sind die Teamkultur und die gemeinsame Vision eine wichtige Klammer, weil technisch-bürokratische Mechanismen nicht funktionieren. Kommunikation ist noch wichtiger als in anderen Arbeitssituationen. Gegen die Zentrifugalkräfte wirken regelmäßige Kontakte, die die Identifikation aufrecht erhalten. Ebenso hilft eine Rotation der Akteure und Standorte. Ein Bindemittel können Aufgaben für die Zentrale sein.

Solche Team-Situationen sind schwierig, weil genau das fehlt, worum es in diesem Buch geht: Das persönliche Gespräch in physischer Gegenwart des Gesprächspartners.

Besonderheiten in dezentralen Teams:

* Keine Ad-hoc-Kommunikation. Problemlösung und Austausch von Schreibtisch zu Schreibtisch entfällt. Die Team-Mitglieder erkennen nicht, woran die anderen gerade arbeiten.
* Eine Face-to-face-Kontrolle durch Vorgesetzte ist nicht möglich.
* Durch E-Mail, Messaging und Telefon geht die Information nonverbaler Kommunikation verloren, Gestik und Mimik fehlen.
* Virtuelle Interaktion ist komplex, aufwändig und ermüdend. Zum Beispiel gibt es bei Videokonferenzen häufig Übertragungsverzögerungen, die Sichtbarkeit der Gesprächspartner ist nicht immer gewährleistet. Wenn Sie in die Kamera schauen, sieht der andere zwar Ihre Augen, Sie schauen aber nicht in seine. Die Dialogsteuerung ist wegen verzögerter Sprechpausen schwieriger. Bei größeren Gruppen sind entweder nicht alle Personen zu sehen, oder nur sehr klein in der Wiedergabe.

Vertrauen, Greifbarkeit und „schriftlich" sprechen

Spielführer sein, Vertrauen schenken Die fehlende Nähe gleichen Sie als Führungskraft durch mehr und häufigere Klärung der Spielregeln und Prozesse aus: Da „face-to-face"-Situationen seltener stattfinden, müssen die seltenen Gelegenheiten noch besser vorbereitet und genutzt werden. Die Führungskraft hat in dezentralen Teams eine ergänzende Aufgabe als „involved sponsor". Virtuelle Teams brauchen starke Spielführer, die eine Projekt-Kultur als sozialen Klebstoff schaffen, über ihre Autorität Ziele und Regeln definieren und gruppenspezifische Visionen formulieren. Sie kommunizieren sehr klar Ideen und Aufgabenstellung. Seien Sie Vorbild und Modell für die virtuelle Kommunikation. Sind Sie in der Lage, Sinn in Form von Text zu vermitteln? Das ist eine wichtige Voraussetzung für diese Art von Führungsaufgabe.

Ihre Aufgabe ist es, den Faktor „Mensch" einzubauen und den Mangel an räumlicher, zeitlicher und emotionaler Nähe auszugleichen. Vor allem, indem Sie Interaktion organisieren und strukturieren. Ermöglichen und erleichtern Sie Beteiligung. Machen Sie die persönlichen Dimensionen der Team-Mitglieder sichtbar. Deren individuelle Beiträge öffentlich anzuerkennen, ist Teil davon. Es hilft sehr, wenn Sie wissen, dass nicht alles in einer Datenbank abgelegt werden kann.

In dezentralen Teams ist die Fähigkeit, Vertrauen aufzubauen, eine Kernkompetenz für Führungskräfte. Machen Sie sich die Risiken und möglichen Unzuverlässigkeiten bewusst und leisten Sie Vertrauen als persönlichen Beitrag. Geben Sie einen Vertrauensvorschuss! Ihre Mitarbeiter müssen sich Ihr Misstrauen erst einmal verdienen! Das ist eine bewusste Entscheidung, bei der Sie eine mögliche Enttäuschung von vornherein einkalkulieren.

Stellen Sie Vertrauen zur Diskussion: Was bedeutet es für die einzelnen Teammitglieder? Welche Kriterien verbindet das Team mit „Vertrauen"? Woran merken wir, dass wir einander vertrauen können? Was können die Teammitglieder aktiv tun, um Vertrauen aufzubauen?

Gesprächskompetenz in dezentralen Führungssituationen = Lese- und Schreibkompetenz In dezentralen Teams können Sie seltener miteinander sprechen. So banal das klingt: Aufmerksam und sorgfältig lesen zu können, ist hier eine zentrale Kompetenz. Lesen Sie aufmerksam und erfassen Sie E-Mails „vollständig". Achten Sie einmal darauf, wie genau Sie eine Mail lesen, die Sie auf dem Smartphone empfangen, und vergleichen daneben Ihre Präsenz beim Lesen vom E-Mails am Rechner und beim Lesen von Briefpost.

Hinterfragen Sie die Wirkung: Welches Gefühl haben Sie beim Lesen, welche Bilder und Vorstellungen entstehen? Glauben Sie das, was da steht? Analysieren Sie Inhalt und zentrale Botschaften. Was wird noch vermittelt? Sind Erwartungen formuliert – eindeutig oder zwischen den Zeilen? Bearbeiten Sie Antworten so, als würden Sie ein Gespräch führen wollen:

Zur Schreibkompetenz gehört, einen positiven Gesamteindruck aufzubauen. Formulieren Sie einen freundlichen, empathischen Einstieg. Gliedern Sie Ihre E-Mails optisch. Wie im mündlichen Gespräch äußern Sie Verständnis für die Sichtweise des Schreibers, erkennen Sie die Berechtigung des Anliegens an. Was haben Sie verstanden – was ist für Sie relevant? Unterscheiden Sie explizite Fakten und Ihre Interpretation. Benennen Sie offene Fragen und Antwort-Optionen. Behandeln Sie die Korrespondenz mit Ihren Teammitgliedern so, wie ein Profi Angebotsanfragen oder Kundenbeschwerden behandelt.

Sorgen Sie für Verbindlichkeit: Was ist der nächste Schritt? Mein Auftrag? Meine Erwartungen? Es gibt keinen eindeutigen Auftrag? Dann schreiben Sie das wörtlich hin.

Sichtbar und fassbar sein und bleiben

- Finden Sie zu Beginn eines neuen Projekts Wege, etwas Zeit in direktem Kontakt mit Ihren neuen Mitarbeitern zu verbringen. Sobald Sie wissen, dass Sie mit Menschen in einem Projekt zusammenarbeiten werden, sichern Sie sich einen Block Zeit in deren

Kalender. Egal, wie weit Sie weg sind, und wie viel Sie auch zu tun haben – Sie wollen Zeit im selben Raum verbringen. Persönliche Verbindungen, die Basis für eine starke Arbeitsbeziehung, entstehen nicht alleine durch elektronische Verbindungen: Trust needs touch – Tuchfühlung aufnehmen schafft Vertrauen.

- Disziplinieren Sie sich bei der Auswahl der Kommunikationsmittel. E-Mail und Instant Messaging haben die Geschäftskorrespondenz revolutioniert, Sie können jedoch niemals die Kontext-Informationen und subtilen Infos zwischen den Zeilen vermitteln, die in einem Gespräch ausgetauscht werden. Greifen Sie öfter zum Telefon als Sie das tun würden, wenn Sie dichter beieinander säßen. Wenn direkte Gespräche nicht möglich sind, nutzen Sie Voice-Mail.

- Suchen Sie nach Gelegenheiten, Rückmeldungen zu geben und zu bekommen. Wenn Sie beide sehr beschäftigt sind, dann schleicht sich leicht eine Dynamik des „aus den Augen, aus dem Sinn" ein. Nehmen Sie sich Zeit, tägliche Routinen abzustimmen: Wann sind Sie gut erreichbar? Wann sind Sie im Auto oder mit dem Zug unterwegs (nach Hause oder zu einer Besprechung)? Nutzen Sie solche Zeiten, um Kontakt zu halten.

- Betrachten Sie es als Ihre Aufgabe, den Kontakt zu Ihren Mitarbeitern zu pflegen. Melden Sie sich regelmäßig. Schreiben Sie Erinnerungen in Ihren Kalender. Denken Sie daran: Instandhalten ist günstiger. Sie tragen die Konsequenzen, falls die Verbindung schlecht ist oder unterbrochen wird.

Die Mutter aller guten Gespräche: Innere Balance

Zum Thema Emotionen stand schon einiges im Werkzeugkoffer (Querverweis: Emotionen raus – bloß wie?Die Grundlage dafür ist Ihre innere Balance. Halten Sie Balance?

Die einen brauchen sehr regelmäßige Mahlzeiten, andere weniger. Welche Nahrungsmittel bekommen Ihnen gut? Beobachten Sie Ihr Essverhalten und wie es Ihnen damit geht. Tipp: Je stärker der Arbeitsdruck, desto mehr benötigen wir alle regelmäßigere Kalorienzufuhr. Die Frage, welche Kalorien für Sie die richtigen sind, finden Sie leicht heraus, wenn Sie sich mit der einschlägigen Literatur zum Thema Ernährung beschäftigen.

Welche Art von Bewegung tut Ihnen gut? Bewegen Sie sich genug, um den Adrenalinpegel wieder abzubauen? Passt der Sport, den Sie machen, zu Ihnen? Nicht jeder von uns ist geschaffen, stundenlang durch den Wald zu traben. Finden Sie heraus, wie viel Belastung Ihnen gut tut. Gehen, sanfte Gymnastik, Yoga und Fahrradfahren belasten Kreislauf und Gelenke weniger.

Haben Sie genügend Pausen und Erholungszeiten eingebaut? Haben Sie einen gesunden Schlaf? Bekommen Sie regelmäßig etwa sechs Stunden Schlaf? Gehen Sie vor Mitternacht ins Bett, damit Ihr Körper ausreichende Tiefschlafphasen für den Aufbau von Botenstoffen bekommt?

Haben Sie Aufgaben und Tätigkeiten, die Ihnen Spaß machen, die Sie ausfüllen, bei denen Sie Motivationsschübe spüren?

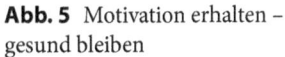

Abb. 5 Motivation erhalten –
gesund bleiben

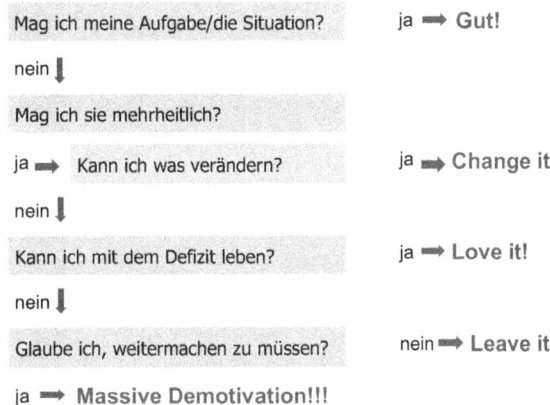

Prüfen Sie Ihr soziales Umfeld. Wie viele Menschen sind da und wie oft sind Sie mit diesen zusammen? Womit füttern Sie Ihren Grips?

Bei all dem gilt ein zentraler Grundsatz in Sachen eigener Motivation: Change it, love it, leave it (s. Abb. 5). Wenn etwas nicht passt, sollst Du es ändern, Dich ändern oder Dich verändern. Nutzen Sie Gespräche und Strategien, um Dinge zu verändern. Wenn das nicht klappt, erklären Sie sich selbst, warum es so, wie es ist, gut ist. Was spricht dafür, die Situation beizubehalten und es sich darin „gemütlich" einzurichten? Dabei programmieren Sie Ihre Gedanken um, ändern Ihre Haltung oder Ihr Verhalten. Wenn das nicht klappt, sollten Sie die Situation verlassen. Erleben wir über einen längeren Zeitraum eine Situation, die uns stört, ärgert, schadet, und wir können uns nicht selbst davon überzeugen, dass andere Vorteile diesen Mangel ausgleichen, dann werden wir – je nach Dicke des Fells – bald höchst demotiviert sein.

Es gibt keine Garantie dafür, dass es besser wird, wenn wir Dinge anpacken und darüber reden. So viel ist jedoch sicher: Wenn etwas besser werden soll, müssen wir darüber reden – und zwar rechtzeitig und angemessen. (frei nach Georg Christoph Lichtenberg)

Literatur

Covey, Stephen R. 1992. *Die sieben Wege zur Effektivität*. München: Heyne.

Dilts, Robert B. 1994. *Strategies of genius*. Volume I: Aristotle, Sherlock Holmes, Walt Disney, Wolfgang Amadeus Mozart, California/USA.

Dilts, Robert B., und Todd Epstein. 1994. *Know-how für Träumer: Strategien der Kreativität, NLP & modelling, Struktur der Innovation, Paderborn*. Reihe: Pragmatismus & Tradition – Bd. 31 (Aus dem Amerikanischen; engl. Originaltitel: Tools for dreamers).

Fisher, Roger, William Ury, und Bruce Patton. 1984/2004/2006. *Das Harvard-Konzept*. Frankfurt: Campus.

Hargens, Jürgen. 2006. *Systemische Therapie … und gut, Ein Lehrstück mit Hägar, Dortmund*. 3. Aufl. ein wunderbarer Band, Systemik erklärt mit Hägar dem Schrecklichen (Cartoons).

Harris, Thomas A., Ich bin o.k. Du bist o.k. 2007. *Wie wir uns selbst besser verstehen und unsere Einstellung zu anderen verändern können, eine Einführung in die Transaktionsanalyse*. Hamburg: Rowohlt.

Häusel, Hans- Georg. 2000. *Think Limbic! Die Macht des Unbewussten verstehen und nutzen für Motivation, Marketing und Management*. 4. Aufl. 2010. Freiburg: Haufe.

Häusel, Hans- Georg, Hrsg. 2007. *Neuromarketing. Erkenntnisse der Hirnforschung für Markenführung, Werbung und Verkauf*. 2. Aufl 2012. Freiburg: Haufe.

Herzberg, Frederick, Bernard Mausner, Barbara B. Snyderman, Motivation to Work, Erstauflage bei Wiley, New York 1959, 12. Neuauflage 2010, Transaction Publishers

Hossiep, R., und Paschen, M. 2003. *Bochumer Inventar zur berufsbezogenen Persönlichkeitsbeschreibung (BIP)*. (2. Aufl.). Göttingen: Hogrefe (unter Mitarbeit von O. Mühlhaus).

Hüther, Gerald. 2010. *Bedienungsanleitung für ein menschliches Gehirn*. Göttingen: Vandenhoek & Ruprecht.

Klein, Susanne. 2009. *Wenn die anderen das Problem sind, Konfliktmanagement, Konfliktcoaching, Konfliktmediation*. Offenbach: Gabal.

Kostka, Claudia, und Annette Mönch. 2009. *Change Management: 7 Methoden für die Gestaltung von Veränderungsprozessen*. München: Carl Hanser Verlag.

Kumbier, Dagmar. 2006. *Friedemann Schulz von Thun, Interkulturelle Kommunikation: Methoden, Modelle, Beispiele*. Hamburg: Rowohlt.

Lay, Rupert. 2010. *Dialektik für Manager, Methoden des erfolgreichen Angriffs und der Abwehr, München 2010 Ullstein* (Ein Klassiker, 1974 zum ersten Mal bei Rowohlt erschienen!).

Lewis, Richard D. 2006. *When cultures collide, leadig across cultures*. Boston: Nicholas Brealey Publishing.

Mücke, Klaus. 2009. *Probleme sind Lösungen, Systemische Beratung und Psychotherapie, ein pragmatischer Ansatz*. Potsdam: Ökosysteme Verlag.

Naumann, Andrea. 2000. *Super Visionen, Cartoons*. Freiburg – unbedingt angucken.

M. Boden, *Mitarbeitergespräche führen*,
DOI 10.1007/978-3-658-02363-8, © Springer Fachmedien Wiesbaden 2013

Navarro, Joe (mit Marvin Karlins). 2013. *Menschen lesen, Ein FBI-Agent erklärt, wie man Körpersprache entschlüsselt.* (9. Aufl.). München: mvg-Verlag – alter Wein in neuen Schläuchen, ordentlich gemacht.

Paul Hersey, Paul, und Ken Blanchard. 1982. *vgl. u. a. deren Publikation: Management of Organizational Behavior.* 4. Aufl. New York: Prentice-Hall.

Riemann, Fritz. 2006. *Grundformen der Angst. Eine tiefenpsychologische Studie.* 2006 in einer neuen Auflage bei Reinhardt, München, als Taschenbuch erschienen.

Schlicksupp, Helmut. 2004. *Innovation, Kreativität und Ideenfindung.* 6. Aufl. Vogel: Würzburg.

Schulz von Thun, Friedemann. *Miteinander Reden (1): Störungen und Klärungen; Miteinander Reden (2): Stile, Werte und Persönlichkeitsentwicklung, Miteinander Reden (3): Das innere Team und situationsgerechte Kommunikation, Miteinander Reden (4): Kommunikationspsychologie für Führungskräfte.* Rowohlt Taschenbuch. Hamburg (die Bände sind allesamt Klassiker und werden in Abständen neu aufgelegt).

Seiwert, Lothar. 2005. *Wenn Du es eilig hast, gehe langsam.* Frankfurt/New York: Campus, überarbeitete Auflage.

Simon, Fritz B., und Gunthard Weber. 2012. *Navigieren beim Driften, Post aus der Werkstatt der systemischen Therapie.* 4. Aufl. erschienen. Heidelberg: Carl Auer.

Sprenger, Reinhard K. 2002. *Mythos Motivation, Wege aus der Sackgasse.* Frankfurt/New York: Campus.

Storch, Maja. 2010. *Machen Sie doch was Sie wollen! Wie ein Strudelwurm den Weg zur Zufriedenheit und Freiheit zeigt.* Bern: Verlag Hans Huber.

Tannen, Deborah. *Warum sagen Sie nicht, was Sie meinen? Jobtalk, Mosaik 2000, und: Du kannst mich einfach nicht verstehen. Warum Männer und Frauen aneinander vorbeireden,* erschien 1986 auf Deutsch. Hamburg: Ernst Kabel.

Thomann, Christoph, und Friedemann Schulz von Thun. 1988. *Klärungshilfe.* Hamburg Rowohlt.

Walther, George. 1997. *Sag was du meinst, und du bekommst, was du willst, Mit Power Talking zum Erfolg.* Berlin: Econ.

Wunderer, Rolf. 2007. *Führung und Zusammenarbeit.* 7. Aufl. Neuwied: Luchterhand.

Wunderer, Rolf, und Wolfgang Grunwald. *Führungslehre I, Grundlagen der Führung, Berlin/New York: de Gruyter (1980), Führungslehre II, Kooperative Führung, de Gruyter (1995).*